中国海洋大学教材建设基金资助

海洋科学概论

赵进平 ◎ 等编著

中国海洋大学 出版社
CHINA OCEAN UNIVERSITY PRESS

内容简介

本书深入浅出地介绍了海洋科学主要分支的基本内容,涉及面广,易于理解,有利于读者拓展知识面,增进对海洋科学的全面理解。该书力图从较高的立点看待海洋科学,努力建立基础知识与最新科学认识的关系,注重不同学科之间的联系,有利于海洋科学的学科交融。本书可供涉海高校海洋科学类专业的本科生,非海洋专业的本科生、研究生授课使用,也可用于社会各领域人员的海洋科学知识培训。

图书在版编目(CIP)数据

海洋科学概论 / 赵进平等编著. —青岛:中国海洋大学出版社, 2016.4(2023.6重印)

ISBN 978-7-5670-1138-0

Ⅰ.①海… Ⅱ.①赵… Ⅲ.①海洋学—高等学校—教材 Ⅳ.①P7

中国版本图书馆CIP数据核字(2016)第085553号

出版发行	中国海洋大学出版社
社 址	青岛市香港东路23号 266071
网 址	http://pub.ouc.edu.cn
出 版 人	杨立敏
电子信箱	flyleap@sohu.com
责任编辑	邓志科 张跃飞 **电 话** 0532-85901040
印 制	青岛国彩印刷股份有限公司
版 次	2016年12月第1版
印 次	2023年6月第4次印刷
成品尺寸	185 mm × 260 mm
印 张	22.5
字 数	480千
印 数	8100~11100
定 价	72.00元
订购电话	0532-82032573(传真)

高等学校海洋科学类本科专业基础课程规划教材
编委会

总前言

海洋是生命的摇篮、资源的宝藏、风雨的故乡,贸易与交往的通道,是人类发展的战略空间。海洋孕育着人类经济的繁荣,见证着社会的进步,承载着文明的延续。随着科技的进步和资源开发的强烈需求,海洋成为世界各国经济与科技竞争的焦点之一,成为世界各国激烈争夺的重要战略空间。

我国是一个海洋大国,拥有18000多千米的大陆海岸线和约300万平方千米的主张管辖海域。这片广袤海疆蕴藏着丰富的海洋资源,是我国经济社会持续发展的物质基础,也是国际安全的重要屏障。我国是世界上利用海洋最早的国家,古人很早就已从海洋获得"舟楫之便,渔盐之利"。早在2000多年前,我们的祖先就开启了"海上丝绸之路",拓展了中华民族与世界其他国家的交往通道。郑和下西洋的航海壮举,展示了我国古代发达的航海与造船技术,比欧洲大航海时代的开启还早七八十年。然而,到了明清时期,由于实行闭关锁国的政策,我们错失了与世界交流的机会和技术革命的关键发展期,我国经济和技术发展逐渐落后于西方。

新中国建立以后,我国加强了海洋科技的研究和海洋军事力量的发展。改革开放以后,海洋科技得到了迅速发展,在海洋各个组成学科以及海洋资源开发利用技术等诸多方面取得了大量成果,为开发利用海洋资源,振兴海洋经济,作出了巨大贡献。但是,我国毕竟在海洋方面错失了几百年的发展时间,加之多年来对海洋科技投入的严重不足,我国的海洋科技水平远远落后于其他海洋强国,在国际海洋科技领域仍处于跟进模仿的不利局面,不能最大限度地支撑我国海洋经济社会的持续快速发展。

当前,我国已跨入实现中华民族伟大复兴中国梦的征程,党的十八大提出了"提高海洋资源开发能力,发展海洋经济,保护海洋生态环境,坚决维护国家海洋权益,建设海洋强国"的战略任务。推动实施的"一带一路"战略,开启了"21世纪海上丝绸之路"建设的宏大工程。这些战略举措进一步表明了海洋开发利用对中华民族伟大复兴的极端重要性。

实施海洋强国战略,海洋教育是基础,海洋科技是脊梁。培养追求至真至善的创新型海洋人才,推动海洋技术发展,是涉海高校肩负的历史使命!在全国涉海高校和学科如雨后春笋快速发展的形势下,为了提高我国涉海高校海洋科学类专业的教育质量,教育部高等学校海洋科学类专业教学指导委员会(2013～2017)根据教育部的工作部署,制定并由教育部发布了《海洋科学类专业本科教学质量国家标准》,并依据本标准组织全国涉海高校和科研机构的相关教师与科技人员编写了"高等学校海洋科学类本科专业基础课程规划教材"。本教材体系共分为三个层次:第一层次为涉海类本科专业通识课:《普通海洋学》;第二层次为海洋科学专业导论性质通识课:《海洋科学概论》《海洋技术概论》和《海洋工程概论》;第三层次为海洋科学类专业核心课程:《物理海洋学》《海洋气象学》《海洋声学》《海洋光学》《海洋遥感及卫星海洋学》《海洋地质学》《化学海洋学》《海洋生物学》《海洋生态学》《海洋资源导论》《生物海洋学》《海洋调查方法》等,将由中国海洋大学出版社陆续出版发行。

本套教材覆盖海洋科学、海洋技术、海洋资源与环境和军事海洋学等四个海洋科学类专业的通识与核心课程,知识体系相对完整,难易程度适中,作者队伍权威性强,是一套适宜涉海本科院校使用的优秀教材,建议在涉海高校海洋科学类专业推广使用。

当然,由于海洋学科是一个综合性学科,涉及面广,且限于编写团队知识结构的局限性,其中的谬误和不当之处在所难免,希望各位读者积极指出,我们会在教材修订时认真修正。

最后,衷心感谢全体参编教师的辛勤努力,感谢中国海洋大学出版社为本套教材的编写和出版所付出的劳动。希望本套教材的推广使用能为我国高校海洋科学类专业的教学质量提高发挥积极作用!

教育部高等学校海洋科学类专业教学指导委员会
主任委员　吴德星
2016年3月22日

序　言

　　海洋科学是19世纪40年代伴随着人类认识海洋的需要而逐步发展起来的年轻学科，是研究海洋的自然现象、性质及其变化规律，以及与开发利用海洋有关的知识体系。海洋科学的研究对象是占地球表面积71%的海洋，其中包括海水、溶解和悬浮于海水中的物质、生活于海洋中的生物、海底沉积和海底岩石圈，以及海面上的大气边界层和河口海岸带。海洋科学是地球科学的重要组成部分。

　　随着人类开发利用海洋的需求不断增强，海洋科学在开发利用海洋中的作用显得尤为重要。开发利用海洋的各个技术领域均需要海洋科学的研究成果来支撑。随着我国海洋强国战略的进一步实施，国家对海洋科技的依赖程度越来越高，从深海探测、极地科考到海底矿产资源开发，从海水淡化、船舶工程到海洋空间资源开发，都依靠海洋高新技术的应用。海洋科技的进步同时带动了海洋产业的发展，蓝色经济已成为我国经济的重要支柱。只有大力发展海洋科技，才能不断提高海洋开发能力、推动海洋经济发展，也才能更好地维护国家海洋权益。尤其需要强调的是，由于海洋不当开发利用带来的海洋环境问题，同样需要新的海洋科技来解决，海洋生态文明建设也需要海洋科技来保障。

　　我国涉海高校承担着培养海洋科技人才的历史重任。无论哪个领域的海洋科技人才，都必须对海洋科学有一个系统的、理性的基本认识，这就是教育部海洋科学类专业教指委倡议在涉海高校普遍开设"海洋科学概论"这门基础课程的原因。海洋是一个开放的、庞大的、多样性的复杂系统，具有各种不同的时空尺度及不同层次的物质存在与运动形式，这就决定了海洋科学的多学科综合与交叉性质。因此海洋科学的研究领域十分广泛，其主要内容涉及海洋中的物理学、化学、生物学、地理学、地质学以及海气相互作用等的基础研究，又有面向海洋资源开发利用以及海上军事活动的应用研究，再加上海洋本身的整体性、各种海洋过程的复杂性，使海洋科学成为一门综合性很强的学科，形成了物理海洋学、海洋生物学、海洋化学、海洋地质学、海洋气象学等二级学科。知识领域广与多学科交融是海洋科学的重要特征。因此，要编写一部高校通识性质的《海洋科学概论》教材谈何容易！

令人高兴的是，在教育部2013年开始的普及科学知识精品课程建设项目的支持下，由中国海洋大学赵进平教授组织领导的、由中国海洋大学海洋科学专业的12位知名教授（赵进平、翟世奎、刘素美、茅云翔、汝少国、丁海兵、高会旺、江文胜、彭临慧、张亭禄、林巨、马君）组成的编创团队，历时两年多，终于完成了《海洋科学概论》教材的编写工作。本教材定位在：为海洋科学专业的学生扩展知识范畴，为非海洋专业学生普及海洋科学知识。因此，本教材涵盖了海洋科学的主要内容，凝聚了最新海洋科学知识的精华，力求做到深入浅出、信息丰富、通俗易懂、图文并茂，是一部优秀的海洋科学类专业本科生基础课教材，也可以作为涉海机构员工普及海洋科学知识的培训教材。

希望借助这部教材的出版，能对我国高等学校海洋科学类本科专业的教学改革起到积极的推动作用！

中国科学院院士　冯士筰
2016年3月25日

全书作者名录

章节	内容	作者	工作单位
绪论		赵进平	中国海洋大学海洋与大气学院
第一章	海底地形地貌	翟世奎	中国海洋大学海洋地球科学学院
第二章	海水运动	赵进平	中国海洋大学海洋与大气学院
第三章	海水的化学组成	刘素美	中国海洋大学海洋化学理论与工程技术教育部重点实验室
第四章	海洋中的生命	茅云翔	中国海洋大学海洋生命学院
第五章	海洋生态系统	汝少国	中国海洋大学海洋生命学院
第六章	海洋生物地球化学循环	丁海兵	中国海洋大学海洋化学理论与工程技术教育部重点实验室
第七章	海洋矿产资源	翟世奎	中国海洋大学海洋地球科学学院
第八章	海洋与气候	赵进平	中国海洋大学海洋与大气学院
第九章	海洋中光的传输	张亭禄、马君	中国海洋大学信息科学与工程学院
第十章	海洋中声的传播	林巨、彭临慧	中国海洋大学信息科学与工程学院
第十一章	海洋环境保护	高会旺	中国海洋大学环境科学与工程学院
第十二章	海洋调查	江文胜	中国海洋大学环境科学与工程学院

作者简介（排名不分先后，按章节作者顺序排列）

赵进平，男，1954年生，理学博士，物理海洋学家，中国海洋大学海洋与大气学院二级教授，博士生导师，山东省泰山学者。现任中国海洋大学极地海洋过程与全球海洋变化重点实验室主任。主要从事北极物理海洋学、海冰物理学、极地气候学、极地卫星遥感等领域的研究。jpzhao@ouc.edu.cn

翟世奎，男，1958年生，理学博士，海洋地质学家，中国海洋大学海洋地球科学学院二级教授，博士生导师，国家优秀中青年人才专项基金和国家杰出青年科学基金获得者。现任海底科学与探测技术教育部重点实验室主任，海洋地球化学研究所所长。长期从事海洋地质学研究，着重于现代海底成矿作用和环境地球化学方面的研究。zhaishk@public.qd.sd.cn

刘素美，女，1967年生，理学博士，化学海洋学家，中国海洋大学海洋化学理论与工程技术教育部重点实验室二级教授，博士生导师，国家杰出青年科学基金获得者和中国青年科技奖获得者，全国优秀科技工作者和山东省泰山学者。多年从事生源要素的海洋生物地球化学研究，重点为生源要素循环，氮同位素示踪，环境演变，硅的溶解动力学，营养盐与食物网的相互作用等。sumeiliu@ouc.edu.cn

茅云翔，男，1967年生，理学博士，中国海洋大学教授、博士生导师。现任海洋生命学院副院长，海洋生物遗传学与育种教育部重点实验室副主任。教育部新世纪优秀人才和全国农业科研杰出人才。长期从事藻类遗传学研究，重点为藻类遗传多样性、红藻系统演化、藻类基因组特性、藻类重要性状分子遗传解析、紫菜分子育种技术体系构建及良种选育、藻类繁育与栽培新技术研发等。yxmao@ouc.edu.cn

汝少国，男，1967年生，理学博士，中国海洋大学海洋生命学院教授，博士生导师，现任中国海洋大学海洋生命学院环境生态系主任，主要从事海洋污染生态学和环境内分泌干扰物研究。rusg@ouc.edu.cn

丁海兵，男，1970年生，现任中国海洋大学海洋化学理论与工程技术教育部重点实验室教授。入选教育部新世纪优秀人才。对有机物生物地球化学循环有广泛而深入的研究。dinghb@ouc.edu.cn

张亭禄，男，1965年生，理学博士，中国海洋大学海洋技术系教授，博士生导师。主要从事海洋光学及光学遥感的研究和教学工作。主要研究领域包括海洋光学基本理论及海洋光学性质的现场测量、水色遥感反演与应用、光学技术在海洋科学研究及海洋环境监测中的应用等。zhangtl@ouc.edu.cn

马君，女，1963年生，理学博士，中国海洋大学信息科学与工程学院物理系教授，青岛市教学名师。主要从事海洋光学和激光光谱学领域的研究。majun@ouc.edu.cn

林巨，男，1969年生，工学博士，中国海洋大学信息科学与工程学院海洋技术系副教授。主要从事水下声传播特性和海洋环境参数声学监测方法的研究，重点开展声学反演和声学观测系统研制等方面研究。julin97@gmail.com

彭临慧，女，1960年生，中国海洋大学信息科学与工程学院教授，博士生导师。主要从事与海洋声学相关的科研和教学工作。研究兴趣主要集中于海洋中非均匀性所造成声散射的机理及其对声场影响规律性问题的研究。penglh@ouc.edu.cn

高会旺，男，1966年生，理学博士，博士生导师，山东省教学名师。现任中国海洋大学环境科学与工程学院二级教授，海洋环境与生态教育部重点实验室主任。主要从事海洋环境与大气环境的交叉科学研究，注重从物质循环的角度理解海气相互作用及其环境与气候效应。hwgao@ouc.edu.cn

江文胜，男，1969年生，理学博士，中国海洋大学教授，博士生导师，现任中国海洋大学环境科学与工程学院院长。主要从事浅海动力学研究，主要研究近海环流、潮致余流、近海环境引起的物质输运、风暴潮预报等领域。wsjang@ouc.edu.cn

目　录

绪　论

　　我们居住的地球是在大约50亿年前形成的。在地球形成早期, 地表是炽热的高温熔岩。经过5亿~6亿年的冷却收缩, 逐渐形成了岩石圈。在地球的冷却过程中, 岩浆中溢出的水汽形成大气圈, 参与地球的循环冷却、降水, 雨水聚集逐渐汇成了现今的海洋。海洋占地球表面积的70.8%左右, 共有约14亿立方千米的水体。海洋是地球上生命的摇篮, 孕育了庞大的生命系统。海洋是人类赖以生存的环境, 是资源的宝库, 支撑着人类的繁衍和社会的发展。

　　承载着海水的是坚硬的岩石圈。岩石圈分成大小不等的板块, 板块之间发生缓慢的相对运动, 相向运动的板块挤压褶皱而发生造山运动, 相背运动的板块之间岩浆涌出形成大洋中脊。与陆地的地貌一样, 海底地貌也是由平原、山脉和沟壑组成, 平原构成了

图0-1　地球上浩瀚的海洋

大洋的海底，山脉构成了海岭、浅滩和岛屿，沟壑构成了海沟或海底峡谷。在海洋与大陆的衔接处，形成了特殊的地貌，称为大陆架。在漫长的地质年代里，海陆分布和海底地貌经历了巨大的变迁。海洋形成后，不断有各种物质通过径流和大气沉降进入海洋，形成厚厚的沉积层，将海水与岩石圈隔绝开来。实际上，裸露在海水中的岩石圈主要集中在海底隆起的部分，范围很小，平坦的海底和海沟都由厚厚的沉积层覆盖。沉积层的物质包含了海洋发展变化的信息，成为人类研究古海洋和地球环境变迁的重要信息源。

在海底，有人类生存与发展需要的各种资源。岩石圈里有很多资源，主要是地球物质形成的各种矿藏；沉积层里有大量的新生资源，石油、天然气、天然气水合物、多金属结核、富钴结壳等。这些资源数量极为庞大，可以满足人类社会长久发展的需要。陆地上的资源因开采而大量丧失，而海底的资源保存完好，是子孙后代的希望所在。

从海洋形成开始，海水就处于无休止的运动之中。海洋的绝大部分运动是大气驱动的，形成了海流、波浪、内波等各种运动；在远离大气的深海，海水会由于密度不均匀而产生热盐环流；海水还因受日月的引力而发生潮汐现象；海底的地震和火山会产生海啸波等强动力过程。海水的这些运动可以归为4类：波动、流动、涡旋和湍流。波动的尺度从微小的毛细波到海盆尺度的长波，其特点是携带能量传播。海洋中各种规模的流动称为海流，即便是一支较弱的海流，其能量也比河流强大很多倍。在流动不均衡的情况下会发生不稳定，产生海洋涡旋。这3种海水运动形式都是能量和物质的传输形式，而第4类运动——海洋湍流是能量的耗散形式，各种海水运动的能量最终都通过湍流转化为热能。运动的海洋蕴含着巨大的能量，取出一点点就可以极大地满足人类发展的需要。

如果认为海水的运动都是大气驱动的，那就有失偏颇。实际上，大气的运动也是海洋驱动的。大气只能直接吸收很少一部分太阳辐射，绝大部分太阳辐射能进入海洋，转换为热能，再以辐射热、传导热和相变热三种形式释放给大气，成为大气运动的主要能源。因此，海洋是形成全球气候的主要因素，海洋与大气之间有密切的相互作用，气候的振荡性变化一般与海洋密切相关。海洋与大气相互作用，产生6种重要的海气耦合振荡，构成气候的振荡性变化。

海水并不是纯净的水，其中溶解了大约3.5%的其他物质。这些物质中的绝大部分是在海洋形成过程中从地球岩石圈的物质中分解出来的，也有来自地球上火山喷发、海底热液排放的物质及降落到地球表面的宇宙尘埃。这些物质大体可以分成五大类：离子类（不同元素构成的各种带电的离子，可以与其他元素结合）、营养元素类（海洋中植物生长的肥料）、溶解气体类（海洋生物与化学过程产生的气体和来自大气的气体）、有机质（海洋中生物过程产生与陆源输入的物质）以及痕量元素类（主要是各种金属元素）。海洋中的这些化学元素构成了特殊的环境，供海洋生物生存与繁衍。

海洋中的物质供养了数量庞大、多种多样的海洋生物，形成了奇妙的生物多样性。最小的海洋生命形态是病毒、细菌等微微型生物。直接吸收营养物质生长的是各种浮游植物，包括肉眼难见的微型藻类。较小的、没有很强游泳能力的动物称为浮游动物,靠摄食浮游植物而生存,并成为各种游泳动物的饵料。鱼类是主要的游泳动物,它们灵活的运动能力使其可以追逐饵料生存。比鱼类生命力更为强大的是海洋哺乳动物,比如鲸类、海豚、海豹、海象、北极熊等。海洋鸟类是生活在海洋之外、却以海洋生物为食的生物,它们主要捕食海洋中的鱼类,形成庞大的种群。浮游植物的种子和浮游动物死亡后的残骸会下沉到海底,成为海底底栖生物的饵料,这些底栖生物形成了特殊的生物群落。

海洋中生物种群与环境相互作用构成海洋生态系统。在海洋生态系统中,生物种群按功能不同,大致分为三种:生产者、消费者和分解者。生产者主要是能进行光合作用的植物,还有参与光合作用的细菌。消费者主要是各类海洋动物,靠消费海洋植物或其他海洋动物而生存。分解者为海洋细菌和真菌,将死亡的生物分解。理论上讲,上层海洋有多少营养物质,就有可能供养多大的生物种群,是营养物质的总量限制了生物种群的规模。海洋中的营养物质主要存在于海洋深层,借助海水发生上升运动时,才可以像水泵一样把深层的营养物质运输到海洋上层,补充上层营养物质的消耗。令人遗憾的是,海水的上升运动的时空范围极其有限,制约了海洋生物生产力。

海洋浮游植物的生长消费了大量营养物质,地球上的营养物质岂不是要越来越少? 这种情况之所以没有发生,是因为海洋中存在一种特殊的循环,称为生物地球化学循环。海洋中的营养物质和其他物质在生物繁殖过程中被消耗并形成有机质,有机质在食物网中被传递,在生物死亡后,又通过分解过程还原成原有的物质形态回到了海洋,形成了自然的循环。生物地球化学循环使得海洋中的物质不断被生物活动循环利用,既保证了海洋中营养物质的基本守恒,又支持了海洋生命的生生不息。

人类以海洋生物为食,海洋承载着舟船,人类与海洋是伴生关系。人类活动形成的大量垃圾倾入大海,但历经成千上万年,大海依旧清洁,这是因为大海有强大的自净能力。工业化是人类损害海洋的开始,工业化过程排放了很多自然界中并不存在的物质,大量的污染物质排入海洋中,超出了海洋的自净能力,导致海洋污染。人类伤害海洋的同时,也开始了海洋伤害人类的进程。污染的海洋中有各种致病菌类和有毒有害物质,通过海洋生物和环境危害人类健康。人类对海洋造成了伤害,也就有义务减轻海洋污染,保护海洋环境,使海洋恢复往昔的生机与活力。

海洋观测是了解海洋的手段。早期的海洋观测手段极为有限,只有诸如测深绳、表层温度计、甚至目测等内容。只有在使用仪器进行海洋观测后,才进入了定量认识海洋的时期,即器测时期。器测时期的测量仪器早期多为机械类。到了20世纪80年代,电子技术的发展开启了海洋仪器的新时代,大量新型仪器被开发出来。承载海洋仪器进行观测的装备称为"平台"。船是最常见、最重要的观测平台。最近几十年,各种类型的海洋平台问世,包括漂浮式、锚系式、坐底式、升降式、自航式、岸基式等平台。这些平台的出现结束了单一靠船舶观测的局面,大大丰富了对海洋的观测手段。有了这些仪器和平台,人们开始雄心勃勃地建设海洋观测网,未来通过海洋观测网将可以采集到高密度的海洋时空变化信息,极大地丰富人们对海洋的了解。

在海洋中,无线电信号被海水强烈吸收,只有光和声信号可以在一定范围内传播。光在海水中有较好的穿透性能,最远可达近百米;而声信号可以传播几十甚至几百千米,在适宜的条件下甚至可达上千千米。在海洋中,光的传播主要受海洋中多种物质的影响,如浮游植物、可溶有机物及各种岩屑等,光学技术也因此成为测量海洋生物地球化学参数的重要手段。在海洋中,声的传播受到海水分层特性的显著影响,适宜的层化条件会形成声波导,进入波导中的声波会远距离传播。声信号可以穿透海底进入沉积层,其回波包含沉积层的丰富信息。因而,光探测和声探测是海洋中主要的非接触式探测手段,在海洋探测中发挥着重要作用。

海洋浩瀚,难以把握其全貌。一直以来,人们梦想有一天能将海洋缩微到视野之内,观赏海洋的变化,卫星遥感使这一梦想变成了现实。卫星遥感是通过探测来自海面的各种频段的电磁波获取海洋信息,提取出相应的海洋参数。如果这些电磁波是来自自然界自身的辐射,则被称为被动遥感。通过被动遥感,可以获取海水温度、盐度、水色、泥沙、重力等信息。如果卫星上装载有雷达,通过接收雷达回波探测海洋称为主动遥感。通过主动遥感,可以获取海面高度、海浪、内波、海冰、海上目标等信息。卫星遥感具有覆盖范围大、分辨率高的特点,在时间上,可做到长期连续,具有无可比拟的优势。

海洋科学是19世纪40年代才形成的年轻学科,伴随着人们认识海洋的需要逐渐发展起来。海洋科学内涵丰富,汇集了数学、物理、化学、天文、地理、地质、生物等诸多学科的知识,涉及水圈、岩石圈和生物圈三大圈层,划分为物理海洋学、海洋化学、海洋生物学、海洋地质学、海洋气象学等二级学科。由于海洋中各种过程之间存在密切的联系,海洋科学具有多学科交融的特点,知识面之广让人惊叹。然而,海洋中蕴藏着各种秘密,探索海洋的过程是那样趣味无穷,吸引着无数科学家投身其中。

海洋科学历来都是与应用密切相关的,海洋科学的研究成果主要应用到4个海洋技术领域:海洋观测技术、海洋生物技术、海洋资源开发技术、海洋信息技术。海洋观测技术是发展各种观测海洋的传感器和探测平台;海洋生物技术涉及海水养殖和食品加工、海洋药物开发和海洋生物综合利用;海洋资源开发技术包括海洋资源的开采、海洋能源的获取和海洋物质的萃取。海洋信息技术是将各种数据进行分析,形成有应用价值的信息。通过这些技术,人类得以真正地了解海洋、认识海洋,进而科学地开发海洋。

我国有近60%的人口居住在沿海省份,海洋科学和技术与人类社会的发展密切关联。海洋运输业是全球经济的纽带,海洋石油业是海洋经济的增长点,海水养殖业是蓬勃发展的产业,海洋旅游业是潜力巨大的新兴产业,与海洋有关的其他产业还有很多。海洋产业的发展推动了海洋管理的提升,海域与海岛管理、港口管理、渔业管理、运输管理、旅游管理等多种管理工作正在逐渐发展与完善。我国的海洋经济蓬勃发展,涉海事务众多,国家对海洋也有了前所未有的关注。因此,海洋科学专业承载着巨大的社会需求,面向很多朝阳产业,与很多应用领域衔接,是年轻学子探索未知世界、实现儿时梦想、施展才华的通衢大道。

第一章　海底地形地貌

　　海洋是海和洋的总称，是指被海水所覆盖的地球表面，其大小约占地球表面积的70.8%，也就是说地球表面大约71%是被海水所覆盖。我们在陆地上所看到的高山峻岭、断崖与峡谷、河床与盆地、丘陵与平原等地形地貌在海底也都有存在。海底地形地貌的复杂程度甚至远大于陆地，但因被海水所覆盖，人们的肉眼不能直接观察到。例如，存在于大洋底的大洋中脊是地球上最大的海底"山脉"，长度超过65 000 km。又如，马里亚纳海沟水深达11 034 m，比珠穆朗玛峰的高度还要大。

　　地形和地貌是两个密切相关、但又有所区别的名词，它们都是描述地物形状和面貌的地质学名词。地形强调的是地球表面的起伏（高程）变化，重视局部的几何因素，例如鞍部地形、平坦地形等；地貌强调的是地物的整体形态，有时还要涉及地物的物质组成、成因、历史及发展变化，如冰川地貌（由冰川作用塑造而成）、河流地貌（河流作用于地球表面所形成的各种侵蚀、堆积形态）、丹霞地貌（由产状近于水平的层状铁钙质不均匀胶结而成的红色碎屑岩受近似垂直的解理所切割，并在差异风化、重力崩塌、流水溶蚀、风力侵蚀等综合作用下形成的城堡状、宝塔状、针状、柱状、棒状、方山状或峰林状的地物体）。海洋中的主要地貌单元包括大陆架、大陆坡、海沟、海山链、深海平原、大洋中脊等。

第一节　海洋与陆地的地理特征

　　地球的总表面积约 5.1×10^8 km^2。地球表面累积高度出现的频率曲线（图1–1）表明，固体地球基本上由两个面积较大的地形组成，一是大致位于海平面附近并在其以上的陆地部分，其面积约$1.495×10^8$ km²，占地球表面积的29%左右；二是位于海面以下的海洋部分，面积约$3.62×10^8$ km²，约占地球表面积的71%。水深大于4 700 m左右的大洋区为大洋盆地，是海洋的主体。地球上的陆地相互分离，而海洋则连成一片。海陆的分布很不均匀，尽管东半球和西半球，或北半球和南半球，都是以海洋为主，但相比之下陆地主要分布在北半球和东半球，海洋则主要分布在南半球和西半球，频率曲线明显地呈双峰分布，介于这两个峰值之间的地带被称为大陆边缘。

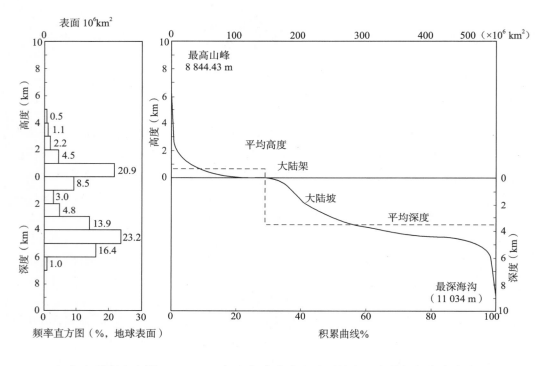

（a）表面积直方图　　　　　　（b）把各个高程以下的表面积累加起来的曲线

图1-1　地球表面的高度分布（据Thierry Juteau和Rene Maury 1999）

一、陆地

陆地是地球表面未被海水淹没的部分，平均海拔高度为875 m，大体分为大陆、岛屿和半岛。大陆是面积广大的陆地，全球共分为六块大陆，按面积大小依次为欧亚大陆、非洲大陆、北美大陆、南美大陆、南极大陆、澳大利亚大陆。大陆和它附近的岛屿合称为洲，全球共有七大洲，按面积大小依次为亚洲、非洲、北美洲、南美洲、南极洲、欧洲和大洋洲。岛屿是散布在海洋、河流或湖泊中的小块陆地，彼此相距较近的一群岛屿称为群岛。世界岛屿总面积为$9.70×10^6$ km²，约占世界陆地总面积的1/15。半岛是伸入海洋或湖泊的陆地,其一面同陆地相连,其余部分被水包围。

陆地地形高低悬殊,形态多样。按照高度和起伏形态,大体可分为平原、山地、高原、丘陵和盆地五大部分。此外,还有因受外力作用的强烈影响而形成的河流、沼泽、三角洲、湖泊、沙漠、戈壁等特殊的地貌景观。平原是指宽广平坦或略有起伏而边缘无崖壁的地区,海拔一般在200 m以下。陆地平原面积广阔,约占陆地总面积的1/3。世界上最大的平原是南美洲的亚马孙平原,面积约5.60×10^6 km^2。山地是海拔500 m以上的低山、1 000 m以上的中山和高峻山脉分布地区的总称。山地地面起伏大,山坡陡峻,相对高度大。线状延伸的山体叫山脉,成因上相联系的若干相邻山脉叫山系。世界上海拔8 000 m以上的山峰主要在亚洲的喀喇昆仑山脉和喜马拉雅山脉地区,其中珠穆朗玛峰海拔8 844.43 m,为地球的最高点。高原一般指高度较大、起伏较小、边缘通常以崖壁为界的地区。世界上最高的高原是中国的青藏高原,最大的高原是南美洲的巴西高原。丘陵一般指地表起伏小、坡度较缓、连绵不断的低矮山丘。丘陵的海拔和相对高度一般小于山地。盆地一般指四周高(山地或高原)、中部低(平原或丘陵)的地区,如中国的四川盆地和塔里木盆地等。

二、大陆边缘

大陆边缘是陆地与大洋底之间的过渡带,在地壳结构上是陆壳向洋壳过渡的结合部。该区主要的地形地貌有:大陆架、大陆坡、大陆隆、海沟、边缘海盆和岛弧。大陆边缘在不同地区差别很大,主要有两种形式(图1-2)。一是由水深不断增加的大陆架、大陆坡和大陆隆(又称大陆裾)组成,称为大西洋型大陆边缘;另一种除大陆架、大陆坡外,其组成部分还有海沟—岛弧—弧后盆地(边缘海盆)体系,称为太平洋型大陆边缘。相应的海岸也分为两类,在太平洋型大陆边缘的海岸称为碰撞海岸或前缘海岸,而大西洋型大陆边缘的海岸称为后缘海岸。

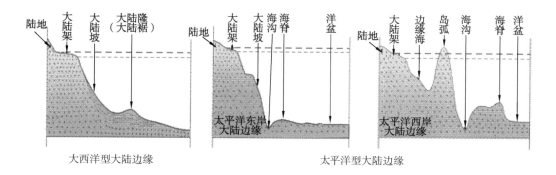

图1-2 大陆边缘剖面的主要类型

海岸是海岸带的重要组成,海岸带是大陆边缘的一个特定地带,指从大陆架到海岸平原或海岸山脉的大洋边缘区,包括海岸、海滨和近海(图1-3)。两类海岸对应的海岸带所界定的范围有所不同。

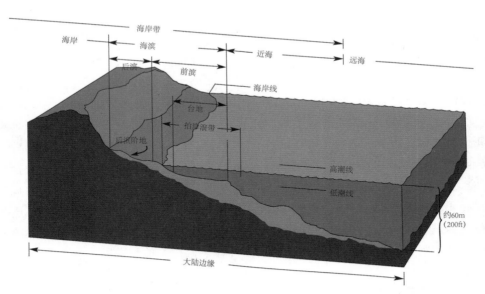

图1-3　海岸带划分的立体示意图（据Christopherson Robert W. 1997）

三、海洋

从地理学角度看,海洋包括海、洋和海峡。海是海洋靠陆的边缘部分,没有独自的潮汐和洋流系统,面积较小,深度较浅,温度和盐度受大陆影响较大。海又分为边缘海、内海和陆间海。边缘海是位于大陆和大洋边缘之间的海,其一侧以大陆为界,另一侧以半岛、岛屿或岛弧与大洋分隔,如日本海、中国东海和南海等。内海是指被陆地所环绕,仅通过狭窄的水道跟外海或大洋相连的海,如渤海和波罗的海等。陆间海是指被陆地环绕、类似湖泊但又具有海洋特性的海,如地中海。因海靠近大陆,其海底地形和性质主要受毗邻大陆所控制,水文性质受气候、纬度、河流、与大洋的流通性等因素影响较大。从地质学角度看,海的大部分为大陆边缘的组成部分。

洋是海洋的主体,有独自的潮汐和洋流系统。全球共有四大洋,即太平洋、大西洋、印度洋和北冰洋,它们水体较深,有时也称为深海大洋。太平洋面积最大,约占地球表面积的1/3,平均水深最大,周围主要被山脉、海沟和岛弧系所环绕,使得深海盆地与陆地隔离开来,大部分区域不受陆源沉积作用的影响。大西洋为第二大洋,是一个相对狭窄、在北极和南极之间延伸的"S"形深海盆地,起着使极地大洋寒冷的底层水流进入世界大洋的通道的作用。印度洋是第三大洋,大部分处于南半球,印度洋和大西洋之间的边界位于南非南部,而与太平洋的边界是沿着印度尼西亚群岛至澳大利亚东部和南部、塔斯马尼亚岛南部至南极一线。北冰洋是一个水深相对较浅、呈圆形、中心在北极、面积较小并被陆地包围着的极地洋,一年中的大部分时间覆盖着厚达3~4 m的海冰。表1-1给出四大洋的主要特征。

表1-1 四大洋的主要特征

大洋	面积（10^6 km²）	水体（10^6 km³）	平均深度（km）	最大深度（km）
太平洋	181	723	3.94	11.0
大西洋	94	337	3.58	9.2
印度洋	74	292	3.84	9.1
北冰洋	12	17	1.30	5.4

深海海底地形大体可以分为4种主要类型（图1-4）：

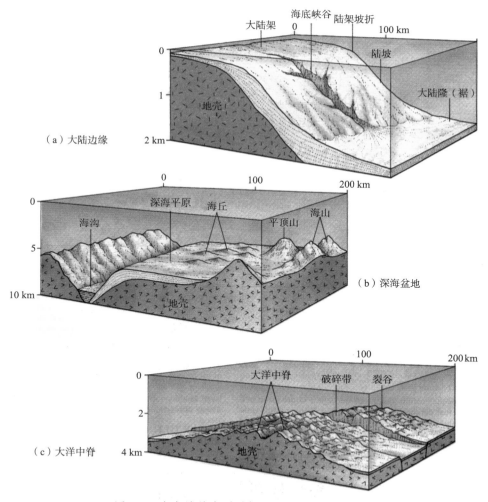

图1-4 海底地貌类型（据Paul R. Pinet 1992）

深海盆地——又称洋盆,指洋底低平的地带,周围是相对高一些的海底山脉,类似于陆地上盆地的地形地貌,平均水深是4 753 m。深海盆地又可以进一步细分为深海平原和深海丘陵,前者是指地形平坦的部分,后者是指地形略有起伏的部分。深海平原可有每千米高差不高于1 m的坡度,一般水深为3~5 km,由厚度在100 m至超过1 000 m厚的未固结沉积物组成,下部埋藏的是不规则的火山地形。深海丘陵主要由低矮的穹形或长垣状小山组成,距海底高度一般不超过900 m,宽度在100~100 000 m之间,主要由火山岩组成,上部可覆盖薄层细粒沉积物。深海平原和深海丘陵两者加起来占整个海底的41.8%,其范围之广堪与地球上的陆地总面积相匹敌。

大洋中脊——在大洋中存在有贯穿各大洋,连绵延伸超过 65 000 km 的地球上最大的山脉体系,称为大洋中脊体系。大洋中脊是两翼宽缓、倾斜对称的海底山脊,高1~3 km,宽约1 500 km,其面积约占大洋底的1/3。

海沟——是指海洋中两壁陡峭、狭长、水深大于5 000 m的沟槽形洼地,主要环太平洋边缘分布,马里亚纳海沟(水深11 034 m)是海底最深的地方。

破碎带——由一系列平行的线状山谷和狭长的断丘组成,大多垂直大洋中脊轴部分布,主要是由横切大洋中脊的转换断层(见后)活动所形成。

第二节　地球结构与基本组成

以人类迄今的技术手段,还不能获取地球深部的样品。地球内部的结构主要是通过研究地震信号所推断的。在垂向上,分为三个一级层圈,即地壳、地幔和地核(图1-5)。

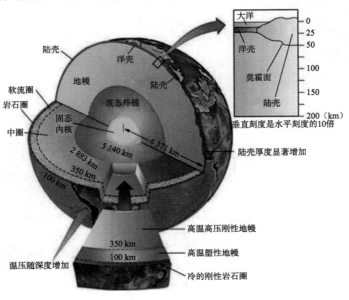

图1-5　地球的结构分层(据John Wiley & Sons 1999)

一、地壳

自1955年以后，地壳才被明确地限定在M面（莫霍面）以上的岩石部分。地壳厚度变化大，最小不足5 km，最大可超过70 km，平均厚度17 km。地壳是一个非常不均一的地球外表圈层。根据其结构、物质组成和厚度的差异，可分为：大陆型地壳和大洋型地壳两大类。

大洋型地壳——简称洋壳。利用地球物理勘探、岩浆岩研究和钻探等技术手段，对大洋地壳上部的物质组成已有了较为清晰的认识。在全球大洋盆地中，洋壳总体较薄，普遍具三层结构。层Ⅰ为沉积层——厚度为0~2 km，区域性差别相当大，平均厚度约0.4 km。沉积物主要包括各种动力搬运到深海的陆源碎屑、海洋自生矿物、火山作用形成的和来自宇宙的未固结沉积物。沉积层通常在大洋中脊轴部缺失或极薄，随着远离大洋中脊而逐渐增厚，洋盆边缘最厚可达2 km。层Ⅱ为基底层——火山岩层，是以玄武岩为主，夹有已固结的沉积岩，层面极不平坦，厚度变化较大，介于1.0~2.5 km之间。层Ⅲ为大洋层——是大洋地壳的主体，推测可能是辉长岩、角闪岩或蛇纹石化橄榄岩等。其厚度相对变化不大，平均厚约5.0 km。

大陆型地壳——简称陆壳，主要分布在大陆及浅海大陆架区。多为双层结构，即在玄武质岩层之上有很厚的沉积岩层和花岗质岩层，相当于硅镁层及其上的硅铝层两层。厚度较大，平均厚度为33 km，越往高山地区厚度越大（可达60~70 km），主要分布在大陆上和被海水淹没的大陆部分（大陆架、大陆坡和内海）的地壳。

洋壳与陆壳的基本区别：① 物质组成——洋壳主要由玄武岩及超镁铁质岩石组成，陆壳则以巨厚花岗质岩为主。② 厚度——洋壳总体较薄，平均厚度仅7 km左右，而大陆型地壳厚度一般在35~40 km之间。③ 地球物理特征——洋壳虽薄，却以正重力异常值为特点；陆壳虽厚，其重力异常值却主要表现为负值，这种情况表明，洋壳密度较陆壳的岩石密度要大得多。④ 年龄——陆壳上最古老的岩石或矿物可达39亿年；而洋壳岩石一般都小于1.6亿年，洋壳要比陆壳年轻得多。⑤ 火山活动——大部分陆地上很少有岩浆或火山活动，而大洋内火山活动相对普遍得多。⑥ 构造活动——陆壳的褶皱和断裂构造都很发育，洋底是以断裂构造为主，主要是沿中脊轴分布的中央裂谷以及与之垂直的横向大断裂（转换断层）。⑦ 结构分层——陆壳的分层不明显，尽管局部可分出上部的硅铝层和下部的硅镁层，但界面并不清晰连续；相反，洋壳垂向上的三分结构在世界各大洋都非常明显。

二、地幔和地核

地幔占地球总体积的83.2%。地幔与地核之间的界面为古登堡（Gutenberg）不连续面。地幔可进一步分为上地幔、过渡带和下地幔三部分（图1-6），它们都由富镁的岩石组成。根据岩石矿物组合关系推断，上地幔岩石很可能是富含橄榄石的超基性岩。地幔最上部与莫霍不连续面附近的岩石，其地震波平均传播速度V_p为8.1 km/s，并具有各向异性。随着深度的增加其密度由3.3 g/cm³增大到5.5 g/cm³，地震波速也逐渐增大。密度的这种递增是不连续的。地幔比较复杂，呈现水平和垂直方向上的变化。通常以深度400~1 000 km的过渡带把地幔分为上地幔和下地幔，但现今通常将640~670 km作为过渡带下界面。上地幔与过渡带的界面与橄榄石相变为尖晶石相的深度一致（约400 km）；过渡带与下地幔的界面则与矿物转变为具钙钛矿结构的深度一致（640~670 km）。

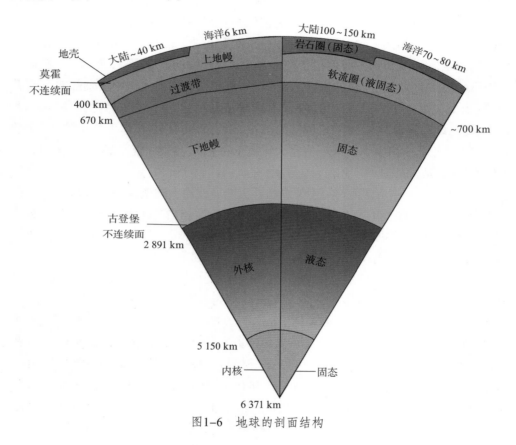

图1-6　地球的剖面结构

地震波（面波，S波）速分布表明，在海底之下平均约70 km以下深处的地幔中，V_s突然急剧减小，说明介质具黏滞性或塑性。各种资料表明，地幔中存在着密度相对较小，且呈塑性的低速层，在该低速层中无震源出现。一般认为，低速层的存在是由于上地幔物质发生了部分熔融，只要有1%~3%的地幔物质熔融，就能引起地震波速的急剧衰减，而且使得地幔物质呈塑性。因此，通常把软流层和低速层当作同义词。也有人把软流层称之为塑性层、低刚性层或地幔对流层。

软流层厚度不一，洋壳下的软流层厚度通常比陆壳下的软流层大。洋壳下软流层底部的深度为400 km，厚度约为350 km。最新研究将670 km作为底界，相当于过渡带与下地幔的界线。

软流层的存在意义重大，因为处于部分熔融或塑性状态的地幔岩石，即使受到很小的剪切力作用也会发生形变或流动，这正是"海底扩张学说"和"板块构造理论"假设的主要条件之一。

地核的体积只占地球总体积的16.2%，但质量却占了32%。地球内部中心存在核的理论是Oldham（1906）年提出的，其依据是离地震震中180°角距离附近所记录的地震P波（纵波）到达时间比预期的要晚得多。1913年，在哥廷根大学，Beno Gutenberg计算出在约2 900 km深处P波波速下降40%，这就是古登堡不连续面，它是地幔与地核的分界标志。但在5 150 km直至6 370 km深处，P波地震波速又有微小的增大，表明还存在一个固态的内核，所以，又以5 150 km界面进一步将地核分为外核与内核。地核主要由铁元素组成，硅、镍为次要成分，地核密度是地幔底部的两倍，达10 g/cm³。其中外核呈液态存在，这是因为温度和压力条件使铁呈熔融状态。1998年宋晓东等研究表明，内核旋转每400年快外核一周，这对地磁起源等研究有着重要意义。

三、岩石圈

岩石圈的概念在地质学中由来已久，本来是相对于大气圈和水圈而言的，但现在广泛应用的"岩石圈"一词则表示固体地球最上面的固体层圈，包括地壳和地幔的最上部，具有较高的刚性和弹性，这是海洋地质学研究的主体。在地震学意义上，岩石圈是指上地幔低速层以上的物质，是地震的主要源地；在构造学上，是参与地球表层构造变形和构造运动的外部圈层，板块运动的主体，地球上所有的地貌景观无不是岩石圈作用的结果；在热力学意义上，岩石圈是软流层之上的物质层，是地表热的主要传播介质和源地。

岩石圈的厚度区域性差别很大，厚薄不等。在大洋中脊接近于0，在大陆稳定地块处可达150 km以上。一般来说，岩石圈的厚度与其年龄有一定的关系。在最年轻的洋壳下面，岩石圈最薄。而在最古老的陆壳下面，岩石圈最厚。在海洋里，洋壳年龄越老，其岩石圈的厚度越大。

第三节　大陆边缘地形地貌

大陆边缘主要分为稳定型（大西洋型）大陆边缘和活动型（太平洋型）大陆边缘两种。大陆边缘既是大洋沉积物的"源"，也是大陆沉积物的"汇"。现在已成为内陆山脉的褶皱隆起带大多形成于地质历史某个时期的大陆边缘。最近几十年的调查研究已证实大陆边缘不仅蕴藏有丰富的油气资源,而且是天然气水合物(最近十几年新发现的、资源量巨大的有机能源)的主要蕴藏地。大陆边缘主要的地貌单元包括大陆架、大陆坡、大陆隆、岛弧、海沟、边缘海盆等。

板块构造理论问世后,人们对大陆边缘演化过程有了新的认识。更多地用动力学关系来识别它们各自的特征。根据板块运动性质和所处构造部位的不同,将运动板块前缘的大陆边缘称为主动大陆边缘,往往与板块的汇聚、俯冲消减、现代强烈的地震和火山活动密切相关,故又称之为活动型(或汇聚型、主动型、有震型)大陆边缘,与太平洋型大陆边缘相当;将板块后缘的大陆边缘称为被动大陆边缘,位于同一板块的内部,随板块向两侧做相背运动,在构造上相对稳定,故称为稳定型(或背离型、被动型、无震型)大陆边缘,相当于大西洋型大陆边缘;另外,将板块之间发生剪切活动形成的大陆边缘称为剪切型或转换型大陆边缘,它可以是主动的,也可以是被动的,以浅源地震为标志,分布比较局限。由于剪切型或转换型大陆边缘分布极为有限,在本章主要讨论稳定型(大西洋型)和活动型(太平洋型)大陆边缘的主要地貌特征。

一、稳定型（大西洋型）大陆边缘

稳定型大陆边缘的基本地貌单元包括大陆架、大陆坡和大陆隆(图1-2和图1-7)。不同的地貌单元有着特点极为不同的微地貌类型。

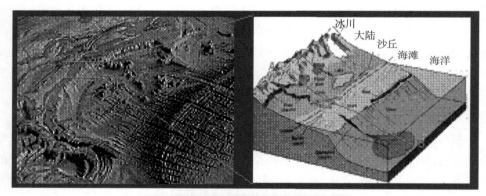

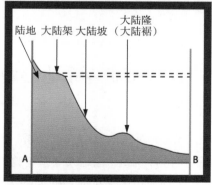

图1-7　稳定型大陆边缘

（一）大陆架

大陆架是大陆的自然延伸，通常指自海岸线（海陆交界线—平均高潮线）到海底地形明显变陡的陆架坡折之间海区，简称陆架。陆架坡折的水深变化在20~550 m之间，平均约130 m，历史上也曾将水深200 m等深线作为陆架的下限（特别是在陆架坡折不明显的地区）。陆架坡折以内的浅海区即是大陆架。几乎所有大陆岸外均有陆架发育，但各地陆架宽度变化在数千米至1 500 km之间，平均约75 km。太平洋东岸、日本岛弧东侧、红海两岸等年轻的大陆边缘的陆架都较窄，而构造上稳定的大西洋型大陆边缘，陆架一般较宽。位于岛弧向陆一侧的边缘海的大陆架大多较宽。中国的大陆架相当宽广，渤海和黄海完全属于陆架区，东海大陆架向东南延至冲绳海槽西北侧斜坡顶部，长江口外陆架最宽处达640 km；南海大陆架以北缘和南缘较宽，北部大陆架在珠江口外最宽，达330 km。陆架坡度极为平缓，平均约0°07′，总面积约2 710×10^4 km^2，占全球面积的5.3%，约占海洋总面积的7.5%。

总的来说，陆架地形比较平坦，但也常有起伏达20 m左右的丘陵、洼地和谷地等。波浪、潮汐、海流的作用形成沙丘和沙脊，有时则形成谷地。河流将其三角洲推展至陆架上，可形成水下三角洲。由于海平面变化使得陆架上分布着多级水下阶地，有时会有古河道和水下古三角洲。陆架海营养盐丰富，生物繁盛。海底有丰富的矿产资源，包括砂矿、石油、天然气；陆架海是国家的重要门户，是一个国家维护安全和权益的重要地带。因此，大陆架不仅在海洋科学（海洋地质学）研究中占有重要的位置，而且是邻海国家重要的资源地和安全保障地带。

（二）大陆坡

大陆坡简称陆坡，是大陆架和大洋底之间的连接带（图1-4和图1-7），从陆架外缘（陆架坡折）向深海延伸至2 000 m左右，但不少地方的陆坡下限水深大于2 000 m。陆坡是地球上最绵长、最壮观的斜坡，总面积约占海洋总面积的12%。陆坡以坡度大为其突出特点，最大可达45°左右。在太平洋型大陆边缘，陆坡平均坡度5°20′，大西洋陆坡平均坡度3°05′，印度洋陆坡平均坡度2°55′。多数陆坡的表面发育有次一级的地形地貌，如海底峡谷和阶地等，其中尤以海底峡谷较为普遍。陆坡上的海底峡谷两壁通常是阶梯状的陡壁，横断面呈"V"形，其规模远大于陆地上最大的雅鲁藏布江及澜沧江大峡谷。大陆坡可类比于一个盆的周壁，又像一条绵长的带子围绕在大洋底的周围。陆坡地形十分崎岖，其上有构造断裂形成的峡谷、重力流刻蚀形成的沟谷、断层崖壁形成的构造阶地、陆架外缘滑塌作用所形成的陡坎以及由于密度较小的塑性岩石（如岩盐、石膏或泥岩等）受挤压向上拱起甚至刺穿上覆岩层所形成的穹隆或底辟等。

根据陆坡发育的控制因素不同，可将陆坡分为5种类型：

① 断裂型或陡崖型陆坡，主要受断裂作用控制，而侵蚀堆积的改造作用较弱，多见于岩石台阶、陡崖等次一级的地形地貌。

② 前展堆积型陆坡,陆源物质供应充分,陆坡在强烈沉积作用下逐渐向洋侧推进,有的陆坡下部沉积层厚达10 km左右,大西洋两岸陆坡多属这种类型。

③ 侵蚀型陆坡,沉积作用较弱,浊流和滑塌等侵蚀作用导致基岩裸露,地形复杂,主要存在于坡度较大、海底峡谷和滑坡作用发育的地区。

④ 礁型陆坡,与珊瑚礁生长有关,陆坡陡峭,主要见于低纬度地区。

⑤ 底辟型陆坡,低密度的蒸发岩或泥层在深埋后形成底辟,陆坡沉积层因而变形,海底呈不规则形态。

(三)大陆隆

大陆隆简称陆隆,又称大陆裾或大陆基等,位于大陆坡和深水大洋盆底之间(图1-2和1-7),指陆坡坡麓向大洋缓倾的、由沉积物堆积而成的巨大楔状沉积体,常由许多海底扇复合、改造而成,组成物质主要源自大陆,浊流沉积层和等深流沉积发育,沉积物厚2 km以上。在通常情况下,大陆隆靠近大陆坡的地方较陡,向深海渐缓,平均坡度0.5°~1°,水深1 500~5 000 m,主要分布在大西洋、印度洋、北冰洋边缘和南极洲周围。在太平洋仅西部边缘海向陆一侧有大陆隆,在太平洋周围的海沟附近缺失大陆隆。大陆隆上的沉积物主要是来自大陆的黏土及砂砾,并把它作为大陆边缘的组成单元之一,沉积物的搬运方式,主要是沿坡而下,另外还有沿陆隆而行和垂直下沉。大陆隆一般分布在水深2 000~5 000 m的部位,其上半部靠着陆坡坡麓,下半部覆盖在大洋底上,只出现于大西洋型大陆边缘,主要位于大西洋、印度洋、北冰洋和南极洲的大部分周缘地带,或沿西太平洋边缘海盆陆侧分布,如南海海盆的部分边缘。太平洋型大陆边缘通常缺失陆隆,在有堤坝阻止沉积物向海方搬运的大陆边缘,陆隆也不甚发育。

大陆隆的宽度为数百至上千千米,多数在一百至几百千米,坡度平缓,大多不超过1°,其总面积约2 500×10⁴ km²,约占全球面积的4.8%。除有树枝状海底谷及少数海山外,地形起伏和缓。近年来在大陆隆发现了具有交错纹层的粉砂沉积物,呈透镜状,推断是由沿陆隆而行的等深线流搬运沉积而成。等深线流与地球自转有关,由海水温度、盐度差异引起,沿海底等深线连续流动,其流速不高,约20 cm/s,变动幅度不大,主要搬运粉砂和黏土(偶有细砂),使沿坡而下和垂直下沉的物质发生再搬运,并可产生小至流痕,大到波长几千米的底形。

二、活动型(太平洋型)大陆边缘

活动型大陆边缘除了在前述稳定型大陆边缘所述及的地貌单元之外,由海向陆方向还可分出海沟、岛弧和弧后盆地三种基本的地貌单元(图1-8),三者组合构成所谓的沟弧盆体系。当然,活动型大陆边缘并非都存在岛弧和弧后盆地,例如在太平洋东岸的安第斯型大陆边缘就没有岛弧和弧后盆地,取而代之的是平行海沟展布的火山弧或高大的山脉(图1-9,剖面见图1-2)。

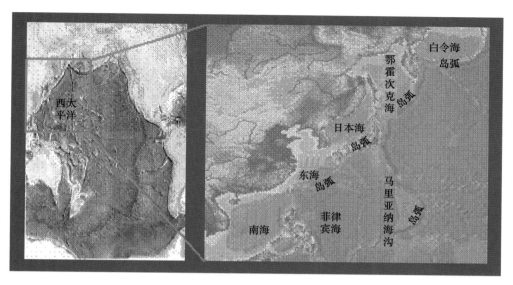

图1-8 西太平洋活动型大陆边缘

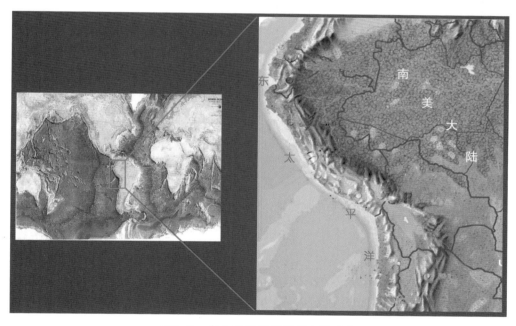

图1-9 东太平洋安第斯型大陆边缘

(一)海沟

海沟一般指水深超过6 000 m的狭长深水洼地,出现于大陆(或大洋)边缘,多呈弧形,其侧坡比较陡急,横剖面呈"V"形,或有狭长的平坦海底。海沟外侧(洋侧)沉积物一般都是未变形的水平沉积,而内侧(靠陆或岛弧一侧)沉积物因强烈挤压变形,表现有褶皱、混杂或扭曲作用,海沟是现代构造活动最强烈、最频繁的地带,主要分布于活动型（太平洋型）大陆边缘。然而，海沟不是活动型大陆边缘的独有地貌单元，它在大洋盆地内部也可以产生（例如马里亚纳海沟）。

根据海底扩张学说，大洋中脊是地幔物质涌升的地方，涌升的地幔物质（岩浆）在大洋中脊处冷凝形成新的洋壳，同时推动早先形成的洋壳像传送带一样载着大洋沉积物向两侧推移，直到大陆边缘的海沟处，俯冲潜入地幔之中。因此，海沟是大洋地壳向下弯曲俯冲的地方，该处地壳处于不均衡状态，下倾的海沟区是一个质量亏损带（负重力异常）。由于海沟是冷的洋壳俯冲潜没的地方，其热流值（单位面积在单位时间内传播的热量值）很低，向岛弧或陆缘山弧方向，热流值逐渐升高。海沟地带的负重力异常和低热流值与大洋中脊的正重力异常和高热流值形成鲜明对照，说明在海沟之下与大洋中脊之下有着相反的构造作用力，前者以挤压应力为主，后者以张应力为主，同时发生着截然不同的地质作用过程。事实上，大洋中脊处的地幔物质上涌和海沟处的大洋岩石圈俯冲构成了全球最大规模的物质循环。

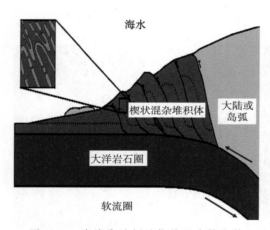

图1-10 海沟靠陆侧的楔状混杂堆积体

海沟虽是海洋中最深的地方，但底部并不是全部被厚层的沉积物所覆盖，只是在海沟靠陆（或岛弧）一侧存在有一个沉积物楔状体（图1-10）。从打捞上来的样品看，这是一个混杂堆积体，既有岩浆岩（包括玄武岩、辉长岩、蛇纹石化橄榄岩等），也有深海软泥，还有高压低温变质岩类。在大洋海底岩石圈在海沟处向下俯冲的过程中，大洋海底之上的沉积物和部分岩石圈碎片（火山岩）便被仰冲的大陆或岛弧岩石圈刮削下来，加积于海沟向陆的侧坡上，形成增生楔状体。

（二）岛弧和火山弧

岛弧是指位于海沟向陆一侧，且与海沟平行展布、连绵呈弧状的一长串岛屿，主要存在于西太平洋大陆边缘，其后（向陆方向）为边缘海盆地（图1-8）。在东太平洋大陆边缘，呈弧状分布的一系列火山之后没有边缘海盆地，因此称为火山弧（图1-9）。岛弧和火山弧都是强烈的火山活动的产物，构成了环太平洋火山带，这里是目前地球上岩浆作用、地震活动及造山作用都最强烈的地方。岛弧和火山弧主要出现在活动型大陆边缘，但也可以出现在大洋内部（例如马里亚纳岛弧），因而岛弧不是活动型大陆边缘独有的地貌单元。此外，火山弧可以出露水面（岛弧），也可以在海面以下，这时称为海山弧或海山链。

火山弧的地表热流值较高，并在距离海沟一定距离后才出现火山活动和高热流值等现象,同时大陆边缘的岛弧表现为正重力异常,可能与源于地幔的岩浆活动和火山活动有关。

根据海底扩张和板块构造理论,当大洋岩石圈板块在海沟处俯冲潜没于陆侧板块之下时,两个板块的摩擦作用使地幔物质升温,发生熔融,岩浆上涌喷出地表形成的一系列火山构成了岛弧或火山弧。

(三)弧后盆地

弧后盆地是指岛弧靠大陆一侧的深海盆地,又称边缘海盆地。水深2 000~5 000 m,与海沟和岛弧一起组成沟弧盆体系。弧后盆地在世界许多大洋边缘均有分布,以西太平洋边缘的最为普遍,如白令海、鄂霍茨克海、日本海、中国东海和南海、菲律宾海等(图1-8)。如同海沟和岛弧的分布一样,弧后盆地主要分布于大洋边缘,但在大洋中也有存在,例如马里亚纳海盆和菲律宾海盆等(图1-8)。图1-11给出了西太平洋典型沟弧盆体系的分布及自海岸线,经大陆架、弧后盆地、岛弧、海沟,再到大洋盆地的剖面,可以看出在西太平洋大陆边缘,大陆架外的大陆坡位于弧后盆地向陆一侧,除此之外,在琉球岛弧向洋一侧还有类似于大陆坡的岛坡。

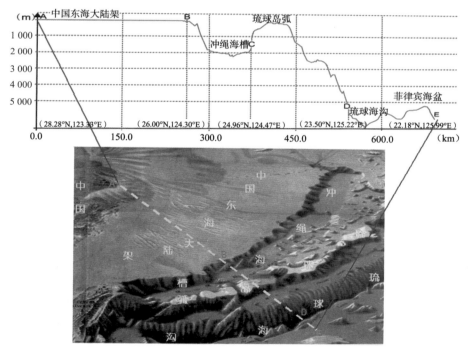

图1-11 西太平洋边缘海盆地及沟弧盆体系剖面上的地形变化

关于弧后盆地的成因是长期以来令人费解的问题。自海底扩张学说问世和大量的调查资料获取之后,人们注意到这些弧后盆地相对于一般的陆缘海和内海具有一些独特性:多与海沟和岛弧相伴生,水深(多在2 000~4 000 m之间)较大,生成年代多较岛弧及其相邻的大洋盆地年青,张性断裂发育,地壳厚度介于大陆和大洋地壳之间且主要由类似于大洋海底的岩石组成,地壳活动强烈,热流值很高。以上特征不难使人们想到弧后盆地在成因上必然与沟弧系统有关。

板块构造理论认为,由于大洋底岩石圈板块在海沟处的俯冲作用,打乱了地幔的平衡,导致次生地幔对流和热地幔上涌,引起岛弧与大陆分离或岛弧本身分裂而在其间形成了弧后盆地(图1-12),这在海洋地质学中又称为"弧后扩张"。

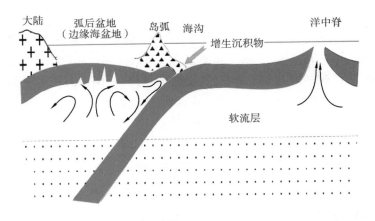

图1-12　沟弧盆体系和弧后扩张示意图

第四节　深海盆地地貌

一、深海盆地

深海盆地又称深海大洋盆地,是指位于大洋中脊与大陆边缘之间、水深在2 000~6 000 m的洋底区域。深海盆地地壳(洋壳)组成相对简单得多,主要由大洋玄武岩组成,其上覆盖有近代深海沉积物。主要的地貌单元包括海山(平顶山、海山链、海丘)和深海平原等〔图1-4(b)〕。

(一)海山与平顶山

在地形上大体孤立、高出洋底数百米甚至更高、边坡陡峭的海底高地叫作海山。若多座海山呈线状排列,则称为海山链。海山链主要是未被近代沉积物所覆盖的海底火山。高度略小、边坡平缓的海山又称为海丘,其上可覆盖有薄层细粒沉积物。

海山遍布海底,其出现似乎没有规律,但常见成群成列出现(图1-13),目前已知在太平洋水深6 000 m的平坦海底上耸立着高度为4 000~5 000 m的众多山峰。

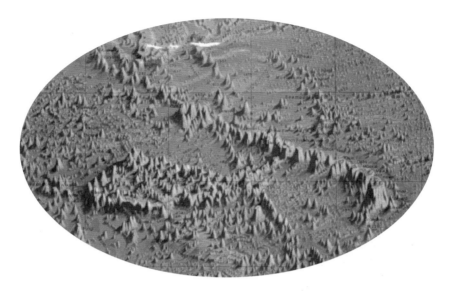

图1-13 太平洋的海山及海山链

在海山中引人注目的是顶部平坦呈圆锥状台地的海山，山顶的平顶面直径可达十几千米，顶面水深可达2 000 m，人们把这种形状独特的海山称作平顶海山，简称平顶山（图1-14）。海洋中的平顶山与陆地上的破火山口形状不同，在海底平顶山

图1-14 海底平顶山

中部没有断块陷落的痕迹。因此，可以认为这种山形是在火山停止活动之后的某一时期曾经露出在海面之上遭到波浪侵蚀切削而成。用采泥器从平顶海山的山顶附近采到带棱角的圆形玄武岩的砾石，也采到了被看成是只有在特别浅的海域才可生存的珊瑚和腹足类的化石，这些都被看成是地壳沉降的证据。也有人认为平坦的顶部形态并不一定都是由侵蚀造成的，而是伴随着海底火山喷发形成的。

（二）深海平原

深海平原是指大洋盆地的平坦的海底区域，坡度通常小于1:1 000（1 m/1 km），为地球表面最平坦的部分（图1-4）。深海平原多出现在邻接陆隆的外缘，水深在3 000~6 000 m之间，广泛分布在大西洋和印度洋，并出现在地中海西部、墨西哥湾及加勒比海的边缘海中。深海平原大约覆盖了海洋面积的40%，其表面覆盖着较厚的沉积层，沉积物主要是随浊流自大陆边缘搬运来的。

地幔物质在大洋中脊处上涌并形成新的洋壳，同时推动先前形成的洋壳向中脊两侧运移。新形成的洋壳由玄武岩组成，并起伏不平，但在离开中脊向两侧的运移中不断接受沉积物。洋壳（底）距洋脊越远，年龄越老，其上的沉积层也就越厚，直至填平原先的山间洼地而形成深海平原。在一些深海平原沉积物表层分布有众多的多金属结核，这是Fe、Ni、Co和Cu等多种金属元素的富集体，是未来可为人类开发利用的海底矿产来源。

二、环礁

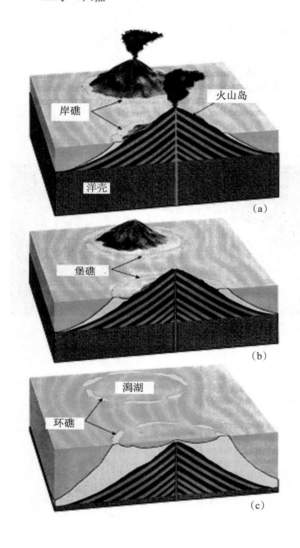

礁（体）是指海洋中由岩石或钙质珊瑚堆积而成的接近水面的岩状物，可露出也可不露出水面。如果礁体直接生长在岸上，则称为岸礁；若生长在海岸附近而又不与海岸连接，且平行海岸生长则称为堡礁；若生长在离岸有一定距离的外海且形成孤岛，则称为岛礁。在大洋中还有临近海面而生长的环状礁体，特称为环礁，其内常发育有潟湖（图1-15）。

环礁多半由珊瑚、双壳贝、有孔虫等钙质动物外壳和钙质藻堆积而成，其上还生长着茂盛的椰子树和红树林等。在赤道南北大约20°的范围内存在着众多的环礁，尤以赤道西太平洋为最多。由于环礁多是从水深为4 000 m的四周海底升高到现今的海面附近，所以周围海面之下的坡度都相当陡，最大坡度接近直立的90°。环礁内侧多是水深30~100 m的礁湖，湖底沉积着钙质生物碎屑。

环礁之下多是玄武岩海山。因此，人们推测环礁的成因是在早期形成的火山岛上先形成岸礁，随着海底的沉降和礁体的生

图1-15 环礁构造及发育过程示意图
随着火山岛沉降，岸礁（a）逐渐变成堡礁（b）和环礁（c）（据Fairbridge1957，有修改）

长,火山被淹没于水下,形成现在所见到的环礁(图1-15)。

三、无震海岭、海山链和岛链

在深海大洋盆地中,存在有高出周围海底2 000~4 000 m、宽250~400 m、长200~5000 km不等、顶部起伏不大且无轴向裂谷的岭状地貌,因其无或很少地震活动而称为无震海岭。无震海岭主要分布在太平洋海盆中,如著名的夏威夷海岭和天皇海岭(图1-16),但在其他大洋中也有分布,如大西洋的鲸鱼海岭和里奥格兰德海岭,印度洋的东经九十度海岭等。

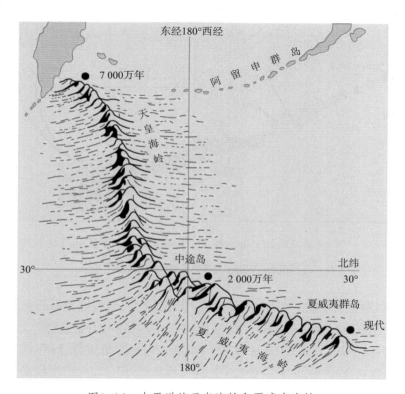

图1-16　太平洋的天皇海岭和夏威夷海岭

无震海岭主要由一系列呈线状排列的海底火山组成,若没有露出海面,又称为海山链(如天皇海岭),若有断续链状的海底火山露出海面,则构成岛链,如夏威夷海岭南端的夏威夷群岛(岛链)。无震海岭(或海山链或岛链)通常远离大洋中脊,构造活动微弱,不存在大洋中脊那种扩张和产生洋壳的现象,也没有在大洋中脊普遍存在的转换断层及其所形成的破碎带。组成海岭的火山的形成年龄一般要比下伏的洋壳年轻得多。无震海岭的另一个突出特征是现代火山活动只发生在海岭的一端,而且自该端起沿海岭向外年龄逐渐增大(图1-17)。

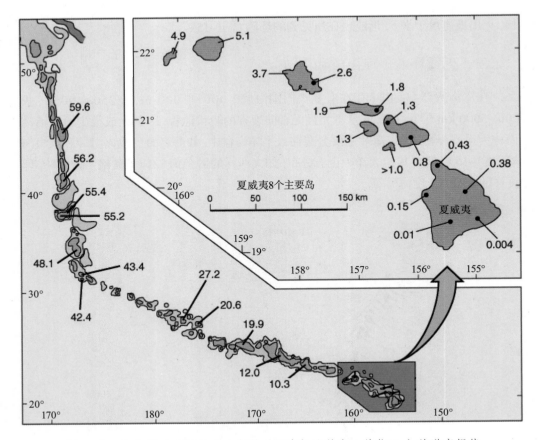

图1-17　天皇-夏威夷海岭火山年龄（图中标注数字，单位Ma）的递变规律

（据John Wiley & Song. 1999，有删改）

关于无震海岭的成因主要有两种说法：① 热点说：认为这类海岭源于固定在外地核和上下地幔转换带的地幔柱，当洋底板块移动至热点（地幔柱顶部）之上时，随着热点处的岩浆喷发而形成火山，从而发育了无震海岭；② 板块裂缝说：认为无震海岭是由于洋底板块在海沟处的俯冲消亡中把洋底板块撕开裂口，导致地幔岩浆泄漏而形成。

四、深海盆地地形与海底年龄的关系

根据地球的演化模型和现今所能找到的证据，地球在距今大约40亿年出现了海洋。但是，迄今在海底的采样和钻探证明，大洋海底没有超过2亿年的岩石，而且在已确认的洋壳三层结构中上部的沉积层厚度平均只有0.5 km左右。如果按现在大洋的沉积速率0.01 mm/a计算，只要大洋存在1 000 Ma（10亿年）以上，就应当有厚约10 km以上的沉积层。以上事实表明，洋底比预期的要年轻得多。地震勘探和钻探还证明海洋沉积物的分布极不均匀，沉积厚度在大洋中脊顶部几乎为零，从中脊轴部向两翼随着距离的增大沉积层厚度逐渐增大。深海钻探最重要的发现是证明了现今大洋地壳的年龄不但非常年轻（<170 Ma），而且年龄对称于大洋中脊轴部分布。从图1-18中可以看出，从大洋中脊轴部向两侧，海底年龄具有逐渐递增的规律性，并以大洋中脊为对称轴呈对称分布。

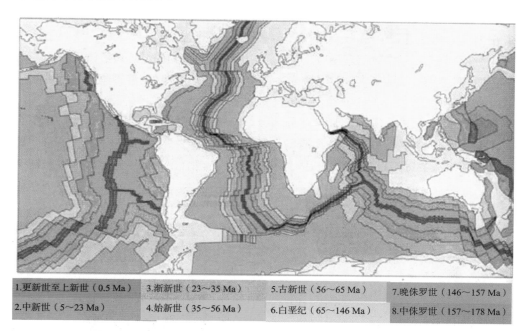

| 1.更新世至上新世（0.5 Ma） | 3.渐新世（23～35 Ma） | 5.古新世（56～65 Ma） | 7.晚侏罗世（146～157 Ma） |
| 2.中新世（5～23 Ma） | 4.始新世（35～56 Ma） | 6.白垩纪（65～146 Ma） | 8.中侏罗世（157～178 Ma） |

图1-18　海底磁异常相对大洋中脊的对称性与世界大洋海底年龄
（据Hamblin W. K. 和Christiansen E. H. 1998，有修改）

第五节　大洋中脊地貌

一、大洋中脊的展布

在20世纪20年代，人类首先发现了存在于大西洋中部长达17 000 km的海底山脉。此后，回声测深技术的出现使得全球规模的大洋测深调查成为可能，相继在太平洋和印度洋发现了大洋中脊和中央裂谷。1965年B. C. Heezen和M. Ewing.总结了海底地貌资料，提出在世界洋底存在着一条贯穿各大洋的大洋中脊和裂谷体系，并识别出一系列与大洋中脊近似垂直的巨型断裂带。1967~1969年，Heezen和M. Tharp合作绘制的大洋立体地貌图被全世界广泛采用。大洋中脊体系是指贯穿世界各大洋、成因相同、特征相似的海底山脉系列的总称（图1-19）。大洋中脊体系在各大洋中的展布并不完全相同，在大西洋中基本上沿大西洋的中轴线分布，在印度洋中则大体呈倒置的"Y"形展布于印度洋中部。大洋中脊体系在这两个大洋中多表现为两翼陡峭、沿中脊轴线有一明显的中脊裂谷，故分别被称为大西洋中脊和印度洋中脊（又分为北印度洋中脊、东南印度洋中脊和西南印度洋中脊）。大洋中脊体系在太平洋中偏居大洋东南，并且因其边坡平缓，相对高度较小，又被特称为东太平洋海隆。东太平洋海隆南部向西南延伸，与印度洋中脊的东南分支相接，其北端通过加利福尼亚湾后潜没于北美大陆的西部，至旧金山附近复出，称为戈达脊和胡安·德富卡脊，至温哥华岛附近再度潜入北美大陆西部。印度洋中脊东南分支与东太平洋海隆相连，北支延伸进入亚丁湾，一部分与东非大裂谷相连接，另一部分通过红海延伸进西南亚与死海裂谷相通；西南支则与大西洋中脊连接。大西洋中脊与大西洋两岸轮廓大体一致、呈"S"形弯曲，其南端与印度洋中脊西南分支相连，北端穿过冰岛成为北冰洋中脊，北冰洋中脊在勒拿河口附近潜没于西伯利亚。

图1-19　全球大洋中脊体系（来自www.cnrepair.com）

各大洋的洋中脊相互连贯构成全球大洋中脊体系。大洋中脊体系在太平洋、印度洋、大西洋和北冰洋内连续延伸，首尾相接，脊顶水深一般2 000~3 000 m，平均2 500 m左右，有些地方高出水面成为岛屿（如冰岛、亚速尔群岛，复活节岛等）。大洋中脊宽度变化较大，一般数百至数千千米，最宽（如东太平洋海隆）可达4 000 km以上。若从大洋中脊相对于深海平原隆起的地方算起，其面积约占大洋底的1/3，可谓地球上规模最大的环球山系。

大洋中脊体系是全球性的现代火山活动带，全部由性质相对单一的拉斑玄武岩构成。中脊地形相当复杂，横向上表现为一系列的岭谷相间排列，纵向上呈波状起伏的形态。大洋中脊体系具有较高的热流值（一般在80 mW/m²以上），同时沿大洋中脊轴部有频繁的地震活动，是全球最主要的浅源地震活动带。所有特征表明，大洋中脊体系是当今地球上最为活跃的构造活动带之一。

二、中央裂谷

中央裂谷是指洋中脊轴部的巨大地堑型裂谷（图1-20），宽约30 km，平均深度达约2 000 m，其内多分布有新鲜的席状熔岩和枕状熔岩，这是来自地幔的岩浆沿裂谷中的裂隙喷溢的产物。近几十年的调查还发现，在中央裂谷中或裂谷壁上还分布有众多的以"黑烟囱"著称的高温热液喷口（图1-21），与热液喷溢伴生的不依靠光合作用生存的硫黄细菌，及与其他生物所构成的深海生物群落（图1-22）。这种在极端环境（高压、高温、无光）条件下繁衍生息的生物在热液喷溢停止后即告死亡。海底喷出热液的最高温度可达400℃左右，并伴生有富含多种贵重金属的热液多金属硫化物矿产。迄今，在三大洋（太平洋、大西洋和印度洋）和弧后盆地中已发现500多处热液喷口或热液活动所形成的多金属硫化物堆积体。在东太平洋中隆21° N处有热液活动所形成的丘状多金属硫化物，其矿石中含有31%的Zn、14%的Fe、1%的Cu、5盎司（每吨）的银和痕量金，金属总量达数千吨。

中央裂谷是由一系列正断层从中脊顶部下切而形成，总长约80 000 km，并与大陆上的裂谷带首尾相接，从而构成了世界上规模最为宏大的张性裂谷带。沿此裂谷带存在有熔融的上地幔物质，大量的熔融地幔以岩浆的形式涌出，冷凝后形成新的洋壳。中央裂谷谷底几乎全部为新火山

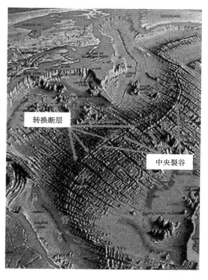

图1-20　大西洋中脊及其中央裂谷和转换断层

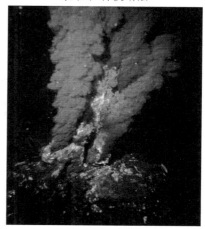

图1-21　海底热液喷溢形成的"黑烟囱"

图1-22　热液喷口周围的生物群落

物质组成,火山岩呈新鲜的玻璃光泽,玄武质熔岩流具水下喷发特有的枕状构造,并为断裂所切割。

三、转换断层与破碎带

大洋中脊在宏观上构成连续的全球性海底山脉,但在微观上并非连续不断,而是被一系列与脊轴垂直或近于垂直的横向大断裂所切割。横向大断裂把大洋中脊和中央裂谷错开,错移幅度数十至数百千米,如在赤道大西洋,最大错移距离超过1 000 km。一系列大致平行的横向大断裂使大西洋中脊呈"S"形,并保持大体处在大西洋中央的位置(图1–20)。

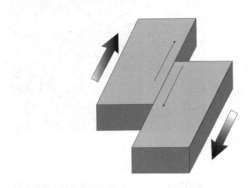

(a)平移断层

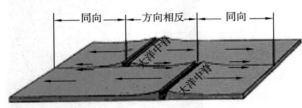

(b)转换断层

横切大洋中脊的大断裂不同于陆地上的平移断层,后者又称走滑断层,通常是指由来自两侧的剪切应力使两盘顺断层面走向相对位移而形成的断裂构造〔图1–23(a)〕。J.T.威尔逊(1965)提出:大洋中脊为许多平行的貌似平移断裂的断层所错开,水平相对错动仅发生在两段大洋中脊之间,在大洋中脊的外侧,断层两侧地块不产生相对运动。这种由于海底扩张致使转换了性质的断层,特称为"转换断层"〔图1–23(b)、(c)〕。转换断层是大洋中脊特殊环境下,由于不同脊段在扩张速度、方向和强度等因素上的差异所形成的断裂构造。

转换断层与平移断层的另一个突出区别在于平移断层的两盘通常没有垂直升降,而转换断层的两盘的高差可以达数

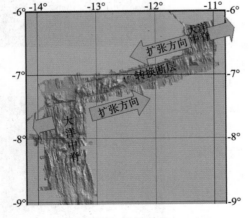

(c)转换断层实例

图1–23 转换断层与平移断层的区别

百米，甚至数千米。由于水平方向的错动和垂向的升降使得转换断层往往不是一个断层面，而是一个断层（破碎）带。Menard（1954）把这种地形极不规则、具线形脊和海崖的狭长断层带定义为破碎带。大洋中脊被破碎带错断，被错开的大洋中脊之间的一段破碎带上常常有地震发生。破碎带是地形参差不一的线形延伸带，它以海槽、陡崖及其他如大型海山或陡峻的不对称性为标志，通常穿过海岭两翼再延伸很长距离。在有些情况下，作为表层或地下构造，破碎带可穿过洋壳直至地幔，甚至到达软流圈，成为软流圈地幔物质上侵或溢出的出口（图1-24）。

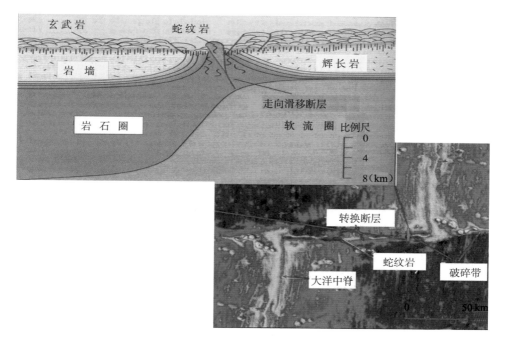

图1-24　转换断层所形成的破碎带及其软流圈地幔溢出或出露

（底图据Hamblin W. K. 和Christiansen E. H. 1998，有改动）

小　结

　　本章系统地介绍了海洋的自然地理特征及海底主要的地形地貌单元。首先从地理角度或平面分布对比了海洋、大陆边缘和陆地的地理分布、地形特征及其次级划分。为了更好地理解海底地形地貌的分布及其成因，简单介绍了地球的内部结构和岩石圈概念。重点介绍了大陆边缘、深海盆地和大洋中脊地貌类型及其主要特征。对大陆边缘地貌的主要类型与特点，尤其是稳定陆缘与活动陆缘，进行了对比；对深海盆地地貌的次级单元、深海盆地地形与海底年龄等做了简单描述；对大洋中脊、中央裂谷、转换断层与破碎带等进行了介绍。

思考题

1. 典型洋壳结构及其物质组成？它与陆壳的主要区别？
2. 什么是低速层与软流圈？什么是岩石圈？它们的主要特征有哪些？
3. 大陆边缘基本类型与特征？
4. 大洋中脊的主要地貌特征及其成因？

参考文献

［1］ Christopherson Robert W. Geosystems: An Introduction to Physical Geography［M］. Prentice-Hall, Inc. 1997.

［2］ Condie K C. Mantle Plumes and Their Record in Earth History［M］. Cambridge：Cambridge University Press, 2001.

［3］ Hamblin W Kenneth, Christiansen Eric H. Earth's Dynamic Systems［M］. Prentice-Hall, Inc. 1998.

［4］ Jannasch Holger W. Microbial Interactions with Hydrothermal Fluids［J］. //Susan E Humphris, Robert A Zierenberg, Lauren S Mullineaux, Richard E Thomson. Seafloor Hydrothermal Systems：Physical, Chemical, Biological, and Geological Interations［M］. Geophysical Monograph 91, the American Geophysical Union, 1995.

［5］ Leggett J K. 海沟与弧前地质［M］. 李春昱, 肖序常, 黄怀曾, 蔡文俊, 陈廷愚, 等译. 北京: 地质出版社, 1986.

［6］ Thierry Juteau, Rene Maury. The Oceanic Crust, from Accretion to Mantle Recycling［M］. Chichester：Praxis Publishing, 1999.

［7］ 金性春. 板块构造学基础［M］. 上海：上海科学技术出版社, 1984.

［8］ 塔尔沃尼 M, 等. 岛弧、海沟和弧后盆地［M］. 郭令智, 等译. 北京: 海洋出版社, 1984.

［9］ 徐茂泉, 陈友飞. 海洋地质学［M］. 厦门：厦门大学出版社, 1999.

［10］ 朱而勤. 近代海洋地质学［M］. 青岛: 青岛海洋大学出版社, 1991.

第二章　海水运动

　　海水处于无休止的运动状态。即使是在最平静的海洋中，海水也是在不停地运动。引起海水运动的因素很多，风生运动是海水的主要运动形式。太阳和月亮对海水有强大的引力，也会引起海水的运动；海水内部的密度不均匀也会驱动海水流动。此外，海水在运动过程中，又受地球旋转的影响而发生偏转，产生与小尺度水体完全不一样的运动。

　　导致海水运动的有些外界作用不是持续的，而是间歇式的，我们将这种间歇式的作用称为扰动。比如，强风吹了一段时间，我们称之为风的扰动，这种扰动会破坏海水的平衡状态。扰动结束之后，海水的运动并不能立即停止，它还会继续运动下去，最终回到平衡状态，这就是海水运动的恢复过程。

　　在物理学中，定义最小的运动成分为质点，质点有质量没有体积，用以表达物体的运动性质。为了描述海洋中的运动，我们将海洋中最小的运动成分定义为流体微团：即海水不可继续分割的最小一份。流体微团有质量，而且有微小的体积，微团中各部分的运动完全一致。流体微团不仅可以描述流体的运动特性，还可以体现流体的压缩特性。本章的运动都用流体微团的概念来表述。

　　海水的运动种类很多，我们把海水的运动归纳为四种主要形式：波动、流动、涡旋运动、湍流运动。

第一节　海洋波动

　　从图2-1可以看出，最简单的海洋波动是一种波状起伏的形态，简称波形。波形在运动过程中向前移动,称为行波。行波不仅传播波形,也传播波动的能量。在波形的传播过程中,流体微团并不随波动传播,而是在其平衡位置附近振荡,图中的黑色圆圈是在波动过程中流体微团的轨迹。

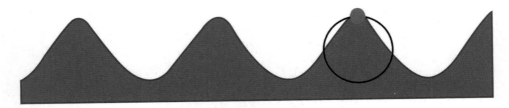

图2-1　海洋波动的传播和流体微团的振荡

海洋波动的种类非常多,从很小尺度的毛细波,到行星尺度的波动。在这里,我们将主要的海洋波动归类为6大类:重力波、内重力波、惯性重力波、潮波、海啸波、行星波。

真实海洋中的波动通常由各种频率的波动叠加而成,合成波的波形要复杂得多;海洋中除了行波还有驻波,各种波动之间会有相互作用,波动在地形的约束下会有反射、折射、绕射,波动与流动会产生相互作用等,这些现象都是本章要介绍的内容。

一、重力波

简单地讲,重力波是以重力为主要恢复力的波动,最常见的是波浪。海洋中的波浪也称海浪,包括风浪和涌浪,是最重要的海洋现象之一。

波浪在传播时,流体微团并不传播,而是在其平衡位置附近振荡,其轨迹是闭合的圆或椭圆,如图2-2所示。在水很深的情况下,流体微团的振荡轨迹近似为一个圆,且圆的直径随深度的增加而递减。而在水很浅的时候,受海底的影响,流体微团的振荡轨迹变得扁平。

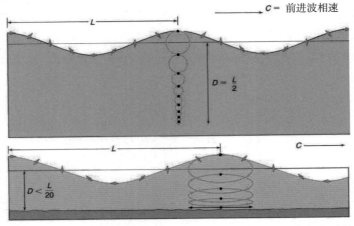

图2-2　深水波(上)与浅水波(下)流体微团振荡轨迹的差异

实际的波浪由很多频率的波组成。如果把其中一个频率挑出来，就会看到它有很简单的波形，具有波峰和波谷交替出现的形式，如图2-1所示。真实的波浪都可以分解成很多简单的波动。

描述波浪的参数很多，包括波高、波长、周期、波陡、波速、波向等（图2-3）。单一周期的波具有自己的传播速度，称为相速度。不同周期的波浪相速度不同，合成的波动会以一种表观的速度传播，实际上是波群的传播速度，称之为群速。同理，单一周期的波有自己的振幅，而波群的振幅是各个单一周期波动振幅按位相的叠加，称为波高。实际观测波浪时，我们无法观测到单一频率的波动参数，而观测到的都是波群的参数。

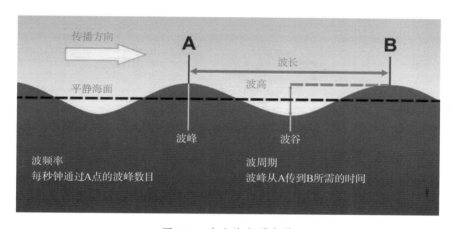

图2-3 波浪的主要参数

实际海洋中的风浪是风力激发的结果，其生长期主要与风的三个因素有关。第一是风速。风速越大，在海洋中产生的风浪也越强。第二是风时，即风作用时间。风作用时间很短时浪不会很大，作用时间较长时浪就越来越强。第三是风区，也就是风作用水域的距离长短。在距离海岸不远处，因为风区太短，即使离岸风很强也不会产生很大的浪。风区很长的时候，则容易产生很大的浪。这几个参数共同决定了风浪的运动强度。

海洋中的风浪一旦形成，就会在海洋中自由传播。波长较短的波能量较小，传播的距离不大，而波长较长的波具有更大的能量，能够到达更远的地方。传出风区的波浪称为涌浪，由于波长较长的波传播的距离更远，因此涌浪的波长总是更长一些。涌浪虽然也来自风的扰动，但观测到的涌浪可以距离风作用区域很远。

风作用在海洋上产生波浪，同时把大量的能量传递给波浪。波浪携带了很多能量传播，或者说，波浪本身就是能量消散的载体，将风的能量传向远方。波浪的能量与波高的平方成正比，波高越大的波浪能量越大。海洋中的巨浪在传播中携带着非常大的能量,海水中的建筑物也必须考虑波浪的破坏作用,万吨轮在巨浪中航行也会陷入危险。因此,波高很大的海浪常被认为是灾害性海况。

波浪作为波动,具有反射和折射(绕射)等特性。波浪在遇到陆地时会发生反射,遇到岛屿时会发生折射,都会导致波浪方向的改变。波浪在传播时也会因水的深度变化而发生折射,不断改变传播方向。图2-4是波浪向岸传播时发生折射的示意图,当波浪向岸传播时,会发生向水深梯度的法向偏斜的趋势,波浪的能量会向岬角集中。因此,所有的海水浴场都在湾底,那里有很好的沙滩;而岬角部分的沙因波浪能量集中而被冲刷掉。

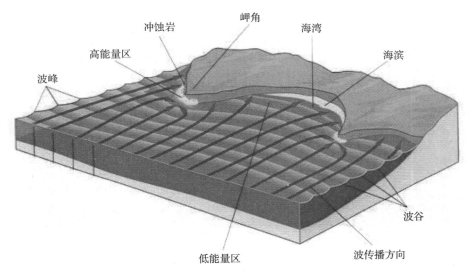

图2-4 波浪在岸边的折射

(http://102supercoastswiki.wikispaces.com/file/view/headlands_and_bays7.jpg/ 232666296/

headlands_and_bays7.jpg)

海浪会发生破碎。大家熟悉的是近岸的拍岸浪,海浪传到岸边浅水区后会很快破碎(图2-5),海浪的大部分能量通过海底的摩擦作用转变成热能,故而在岸边的海水要比远处的海水温度高一些。海浪在大海中央满足一定条件时也会破碎,形成"白冠"。由于深海没有很强的底摩擦,海浪破碎后的能量不是转化成热能,而是转换为其他形式的能量。

如果波浪与海流发生相互作用,就会产生强大的破坏力。例如:在南非东部海洋中,厄加勒斯海流从北向南流,而南极西风带产生的波浪从南向北传播,二者相遇后产生所谓的"狂暴巨浪",商船遇到后会非常危险(图2-6)。

图2-5　岸边波浪的破碎

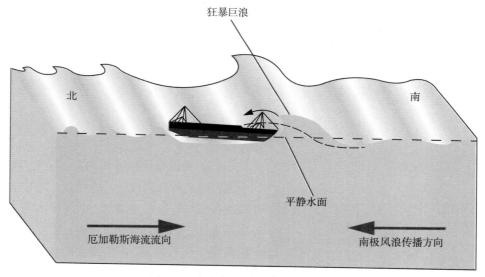

图2-6　波流相互作用产生的狂暴巨浪

二、内重力波

前面所说的重力波是指表面波，也就是波动在海面最强，随深度递减。在海洋中，除了表面波以外，有一种波动的恢复力是重力与浮力的合成，其最大波高发生在海洋内部，称为内重力波，简称内波。内波最早是由挪威海洋学家南森发现的，他在北极航行的时候，发现船开足了马力却行驶缓慢。后来得知那里上层海水的密度小，下层海水密度大，形成很强的跃层，即密度梯度很大的水层；船舶的螺旋桨在跃层中激发了内波，马达的能量全部被转化为内波的能量，船舶却没有足够的能量航行（图2-7）。因此，内波是与海洋跃层有关的现象。

31

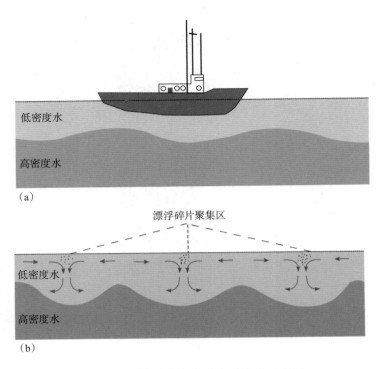

图2-7　船舶螺旋桨激发的海洋内波示意图

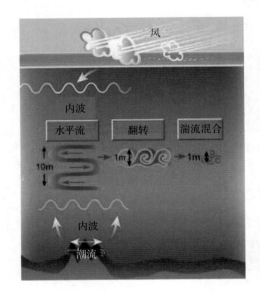

图2-8　产生海洋内波的主要因素

（https://sp.yimg.com/ib/th?id=HN.607999

998918656388&pid=15.1&P=0）

有各种因素可以导致内波。首先，风的激发作用是导致内波的一个原因。风的影响深度很大，不仅产生波浪，也产生内波。其次是潮汐，当潮波越过海脊时，海水抬升会在跃层上形成扰动，产生强大的内波。还有其他形式的扰动也会产生内波（图2-8）。也就是说，在海洋内部只要存在跃层，任何输入到海洋中的扰动都会激发出内波。

在海洋深处，内波是一种非常普遍的运动。通常，内波的振幅可以远大于表面波的振幅。世界上最高的海浪只有20多米，而内波的振幅可以达到三四十米，甚至超过百米，故而海洋内波也是能量传输的载体。内波可对潜水艇造成巨大危害，第二次世界大战时期有些潜水艇就是因为遇到了内波而解体。强内波可以破坏海洋石油平台的钢缆,危害平台的安全作业。按照波浪理论,振幅越大的波浪越容易破碎,内波也不例外。由于内波振幅大,很容易破碎,在传播过程中可以在没有任何破坏作用的情况下自然地破碎。内波破碎后的能量转化为海水的动能,加强海洋的混合,使海水的物理参数趋于均匀。世界大洋水体的温盐性质是相当均匀的,有时在几百千米的范围内都变化很小,这都要归功于内波破碎导致的混合。

三、惯性重力波

前面讲到,重力波的波长可以很长。重力波的波长越长,受地转偏向力(科氏力)的影响就越显著,因此,波长较长的重力波通常是惯性重力波。惯性重力波是低频波动,波长较大,周期较长。受科氏力的影响,振幅向传播方向的右方上倾。一般的惯性重力波是弥散的,通常会很快消散,很难被观测到。

有一种特殊的惯性重力波称为开尔文波,是能够在单一方向传播的惯性重力波,发生在长海峡约束的海域、陆地边界约束的海域和存在动力约束的海域。一般的惯性重力波是弥散的,但开尔文波是不弥散的,可以长时间存在和长距离传播。此外,各个频率开尔文波的相速度等于群速度,因而在传播过程中波形保持不变。

四、潮波

潮汐是大家再熟悉不过的海洋现象。远古时期,人类就可以相当准确地给出沿岸潮位的预报。大洋中的潮汐是由日月引潮力产生的。以月球为例,月球对海水的作用主要是万有引力,地球围绕与月球之间的公共质心旋转还产生离心力,二者合成起来形成作用于海水的引潮力。引潮力在地球表面不同位置的方向不同,在地月连线上方向向外最大,而在垂直于地月连线的方向上引潮力向内最大(图2-9),海水在引潮力的作用下发生运动。地球每自转一周,要形成两次引潮力的极大值和两次极小值。由于月球绕地球旋转的周期比地球

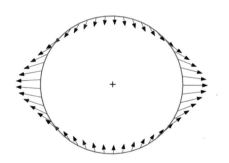

图2-9 月球和太阳形成的引潮力
(https://en.wikipedia.org/wiki/Tidal_force#/media/File:Field_tidal.svg)

自转的周期长48 min左右,故其引潮力极值出现的时间也有相应推迟。太阳产生的引潮力与月球类似。太阳虽然质量很大,但相距遥远,产生的引潮力只有月球的46%。

引潮力对海水的作用是体积作用,即整个大洋的海水都受到引潮力的吸引,只是不同纬度的海水受到的引潮力不同。作用在海水上的引潮力会引起海水的流动和潮涨潮落现象。大洋潮汐主要是引潮力作用的结果,是一种强迫波动。由于大洋深度大,潮汐引起的海面起伏不显著。

潮汐传到浅海以后，会以自由波动的形式传播，称为潮波。潮波周期长，波长大，水体具有很强的流动性。水体在流动过程中受到地球自转的影响向流动右方偏斜，形成惯性重力波。一般波浪的周期只有几秒至几百秒，而潮波的周期可以达到十几小时。

潮波可以以行波的形式传播，在遇到湾底时发生反射，入射波会与反射波合成，形成驻波。由于潮波是受科氏力影响的波动，潮汐的驻波不是波腹波节结构，而是构成了旋转潮波系统（图2-10）。浅海的旋转潮波系统在涨落潮过程中体现得非常明显，形成周边沿海逆时针（北半球）陆续涨潮的现象。

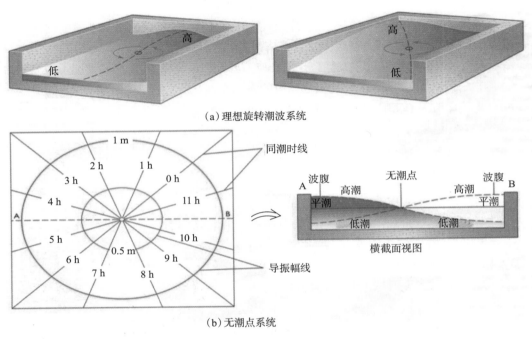

（a）理想旋转潮波系统

（b）无潮点系统

图2-10　海洋中的旋转潮波系统

（https://sp.yimg.com/ib/th?id=HN.608011870205840276&pid=15.1&P=0）

潮波和潮流是一个现象的两个方面。潮波既有波动性，又有流动性。波动具有的干涉、绕射、折射等现象都体现在潮波之中，而流动具有的地转平衡、绕流、地形作用等也得到很好的体现。但是，在海洋中潮波与潮流的位相并不相同，潮波体现的海面起伏是二维现象，而潮流是三维现象，各层的潮流的振幅与位相可以有很大差异。因此，同时了解潮波和潮流才能形成对潮汐现象的全面认识。

潮汐拥有巨大的能量，全球潮汐的能量约为3×10^9 kW。人们很早就利用潮汐能或潮流能来发电。潮汐发电就是在沿海筑堤，涨潮时把潮水放进来，落潮时形成落差，带动水轮机组发电。潮流发电是直接利用潮流的能量驱动水轮机发电。在山东近海成山头附近的潮流非常强,可以达到4 m/s,把发电机组放到流场中就可以产生大量的电力。潮汐和潮流发电的潜力是巨大的,可以为人类提供越来越多的清洁能源。

五、海啸波

海啸波是由于海底地震、海底山崩、或者海底的火山喷发形成的。这些因素可能使海底形状发生巨大变化,有些地方会塌陷,对整个水柱构成强烈的扰动,产生一种特殊的波动。实际上,海啸波开始振幅并不是很大,但是它能量巨大。与波浪相比,表面波在表面振幅最大,向下递减;而海底的变化从海底到海面都形成扰动,形成承载着巨大能量的海啸波。海啸波可以长距离传播,传播中能量损失并不大。从图2-11中可以看出,如果智利发生海底地震,激发的海啸波就会长距离传播,20多个小时后传到日本和中国近海。海啸波传播的速度是500到1 000千米/小时,相当于喷气式飞机的时速。

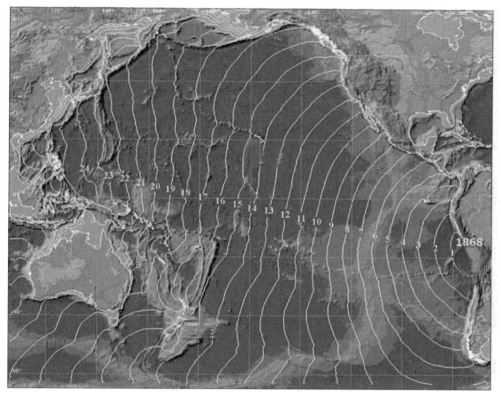

图2-11　海啸波的长距离传播,图中的数字为小时(http://tsun.sscc.ru/ttt_rep.htm)

海啸波在深海中振幅并不大,而传到近海以后,由于水深变浅,能量集中,形成非常高的水位(图2-12)。例如,2011年印度洋大海啸,登陆的海啸波波高数十米,造成巨大的灾害。因此，海啸波是对人类有害的自然现象，人们努力发展海啸的预警系统，力争尽早提供海啸预报，减轻灾害的损失。

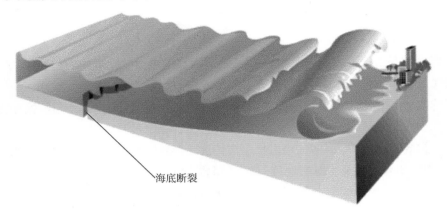

海底断裂

图2-12　海啸波的产生以及在近岸能量集中

（http://castle-kaneloon.tripod.com/files/Tsunami.html）

虽然对人类而言，海啸波是破坏性巨大的灾害性海洋现象，但其本质是一种重要的自然现象，即使没有人类的存在，地球上也会有海底地震、山崩等现象，也就会有海啸波。海啸波发生时海底板块的错位和强波对岸边的破坏是永恒的主题，也是人类必须面对的现象。

六、行星波

图2-13　大气中的行星波

（http://paos.colorado.edu/~toohey/Fig_8.jpg）

行星波是全球尺度的波，所有的行星波都可以在全球的尺度运动，故得其名。行星波的空间尺度大，时间的尺度也大，是对全球海洋有重要影响的波动。图2-13是大气中的行星波。在大气中，北方的冷空气与南方的暖空气之间有一个西风带。西风带环绕地球，但并不是非常规则地平行于纬圈的一条带，而是形成了起伏的波状特性。由于这种波的传播空间达到半球的尺度，故称为行星波。在海洋中也有类似的行星波。

行星波分成两类：一类是相对较快的惯性重力波，从赤道跨越整个太平洋需要三个月左右的时间；另一类是慢波，称为罗斯贝波，跨越太平洋需要三年左右的时间。在广阔的大洋中，惯性重力波是弥散波，可以向各个方向传播；而罗斯贝波只能向西传播,能量相对集中,可以一直传播到大洋西边界。惯性重力波与罗斯贝波不仅传播方式不同,产生机制也不同。惯性重力波受到的扰动主要是海面高度的扰动,其传播特性主要是动能和势能的相互转换;而罗斯贝波的产生机制主要是流场的南北扰动,其传播机制是位涡守恒条件下的波状流动。

大洋波动可以在大洋中随处发生,但是绝大多数大洋波动不会传播很长时间和很远的距离,因为大洋波动是弥散波,会在传播过程中逐渐消散。我们知道,电磁波、光波、声波都存在波导,波动在波导中传播消耗的能量很少,可以长距离传播。大洋波动存在两个特殊的波动通道,称为大洋波导。

大洋波导中一个是陆架波导,即大陆架对波动的约束作用。波动传到了陆架附近只能沿着大陆坡传播,形成自然的约束产生的波导〔图2-14(a)〕。陆架波导有2个快波和1个慢波,快波称为陆架开尔文波,可以双向传播,但以海岸在传播方向右方(北半球)的波为主。慢波称为陆架罗斯贝波,面向陆架时向左传播(北半球)。

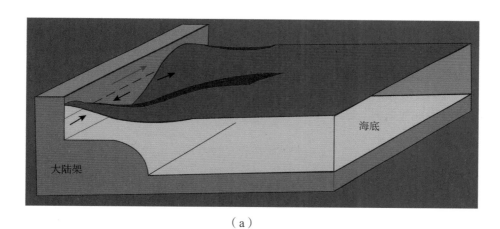

(a)

(http://www.es.flinders.edu.au/~mattom/ShelfCoast/chapter08.html,有修改)

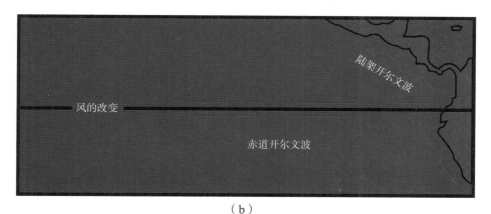

(b)

图2-14 海洋中的陆架波导和赤道波导

(https://sp.yimg.com/ib/th?id=HN.608030755178090202&pid=15.1&P=0,有修改)

另一个大洋波导是赤道波导,快波和慢波沿着赤道传播,快波称为赤道开尔文波,以自西向东传播为主;而慢波称为赤道罗斯贝波,自东向西传播〔图2-14(b)〕。波动沿着陆架传播很容易理解,因为有陆架的约束,而沿着赤道传播就不太容易理解。事实上,由于在赤道上南北半球地转偏向力是反向的,形成了一种特殊的动力约束,使长波只能沿着赤道传播,不能向南北方向传播。需要注意的是,发生在陆架和赤道波导中的开尔文波和罗斯贝波不同于大洋中其他地方产生的同类波动。

波导不仅是波动传播的通道,而且具有捕获波动能量的能力,各种尺度的波动到达波导之后就被波导约束,形成"陷波(trapped wave)",其能量也被波导吸收,形成波导中波动能量积聚的现象。

上述陆架波导和赤道波导共同组成了大洋波动系统。系统中的开尔文波是密切衔接的系统,发生在大洋西边界的开尔文波向赤道方向传播,抵达赤道后进入赤道波导,作为赤道开尔文波向东传播,抵达大洋东边界后进入陆架波导向两极传播(图2-15)。而两类波导中的罗斯贝波没有很好地衔接,产生于大洋西岸的陆架罗斯贝波向赤道传播,而赤道罗斯贝波向大洋西岸传播,罗斯贝波不能相互衔接,会在赤道区大洋西边界形成能量的集中。这些能量有两种可能的去向,一种是转变波动的形式,变成赤道开尔文波继续向东传播,另一种是转变为海流的能量。因此,陆架波导和赤道波导中的开尔文波和罗斯贝波是大洋波动能量传播的重要载体和通道,借此将大洋波动的能量传向其他地方。

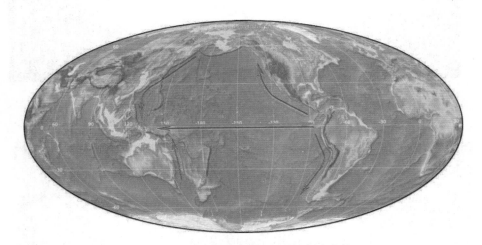

图2-15　海洋中的陆架波导和赤道波导

(图中绿色线条代表赤道和陆架开尔文波,红色线条代表赤道和陆架罗斯贝波)

大洋波动有什么用呢?世界大洋面积非常大,自然扰动过程会形成能量的不均匀,有的地方能量很高,有的地方能量很低。大自然用它自己的办法实现能量的平衡,它会通过大洋波动在全球尺度上传输能量,促成全球海洋的能量均衡化。

七、海洋波动小结

　　归纳上面讲的各种波动可以看出，波动的时间尺度差异非常大。毛细波的周期只有0.1 s，风浪和涌浪的周期是几秒十几秒甚至30 s，静振的周期是5 min左右，海啸波的周期为十几个小时，潮波全日潮是24 h左右，半日潮是12 h左右。这些波动都是以重力为主要恢复力的，时间尺度一般不超过日。更长时间尺度的波动就属于长波了，可以达到几个月甚至是几年的时间尺度（图2-16）。

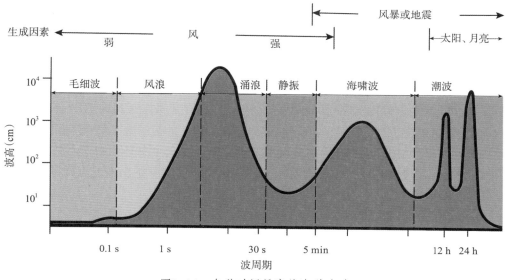

图2-16　各种时间尺度的海洋波动

　　海洋波动是海洋中一种主要的能量传输方式。为什么海洋中会有波动呢，是因为发生了能量不平衡。比如说某个地方发生了一场强风，会将很多能量输送给海洋，造成了能量的局部集中。海洋要恢复平静，就要把这些能量释放出去。在海洋中，就是通过各种各样的波动来使能量分散出去，回到平衡状态。

第二节　海水流动

　　海水流动简称海流，是物理海洋学中最为重要的研究方向。海洋学中所称的海流是专指海水大规模的定向运动，通常具有非常大的流量。在海洋中，哪怕一支比较弱小的海流，其流量也比大江大河多得多。中国东海陆坡处的海流——黑潮，是离我们最近的一支强流，它的流量相当于长江的700倍以上。

海流把这么多的海水从一个地方输送到另一个地方,会产生很多效应。首先,海流会把暖水输送到寒冷的地方,或者把冷水输送到温暖的地方,就会产生强大的气候效应。海流是影响气候的最重要的因子之一,可以说世界上很多地方的气候就是由海流决定的。其次,海流会把一些物质从一个地方输送到另一个地方,形成物质的长距离输送。

一、海洋中的基本流动

实际发生的海流是非常复杂的,在最便于理解的意义上,可以将其分解为各种基本流动的组合。最重要的基本流动包括漂流、地转流、上升流和惯性流。

漂流是发生在表面边界层中的一种流动,在风的作用下,海面的流体微团将发生运动;受科氏力的影响,流动向右方偏转。流体微团通过摩擦力将动量向其下的水体传递,后者流动的方向进一步偏转。就这样,在表面边界层中产生了向下顺时针(北半球)的螺旋递减结构,称为埃克曼漂流,也称为埃克曼螺旋(图2-17)。埃克曼漂流是挪威海洋学家南森首先发现的,他注意到海面上的冰块并非顺着风向漂移,而是漂向风向之右约45°的方向。最后,埃克曼成功地给出了漂流的数学解,体现了风的驱动、科氏力的作用以及垂向摩擦的作用。埃克曼螺旋不仅发生在漂流中,也发生在海底边界层,只要存在流动和垂向摩擦,就会产生埃克曼螺旋。通常把出现埃克曼螺旋的水层统称为埃克曼层。

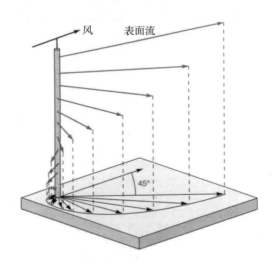

图2-17 埃克曼漂流示意图

(https://www.eeb.ucla.edu/test/faculty/nezlin/Lecture1/Fig0905.jpg)

大洋很深,发生埃克曼流的摩擦层的厚度只有30 m左右,摩擦层以下的流动主要是地转流,是大洋中最主要的基本流动。从图2-18可以看出,地转偏向力指向流动方向的右方,而压强梯度力指向流动方向的左方。也就是说,流的右方是高压,流的左方是低压。这种海流是压强梯度力与地转偏向力平衡的产物, 被称为地转流。世界海洋中的绝大部分水体都处于地转平衡状态, 因此地转流是最普遍的流动。由于海洋尺度大, 受科氏力的影响很强, 大洋中的平衡状态并非静止, 而是趋向于地转平衡。也就是说, 地球上海水完全平衡时的运动不是静止, 而是地转运动。所以, 我们在本章的最前面写道: 海水处于无休止的运动状态。

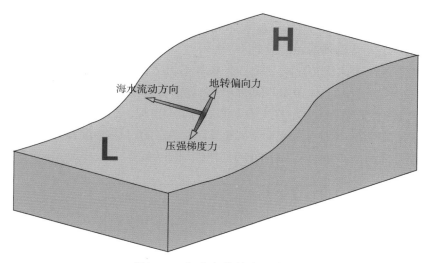

图2-18 海洋中地转流示意图

(http://www.luckysci.com/wp-content/uploads/2014/08/geostrophic-balance_764x472.png, 有修改)

海洋中有一种垂直方向的运动, 称为升降流。在实际海洋中作用比较显著的是上升流。当海面发生水体的辐散时, 下层水体会进行补偿, 这种垂向的补偿运动就是上升流。世界上有3种主要的上升流。第一种当风沿着海岸吹送, 形成类似于漂流的边界层, 产生垂直于海岸向外的水体输送, 在岸边形成海水的辐散, 产生的上升流称为近岸上升流(图2-19)。由于南北半球的科氏力反向, 在赤道上发生的自东向西的流动受反向科氏力的作用会产生表面的辐散, 也会产生上升流, 称为赤道上升流。在大洋中, 风场的涡度会引发升降流, 在地球大尺度的辐散带都会发生上升流, 称为大洋上升流。此外, 中尺度

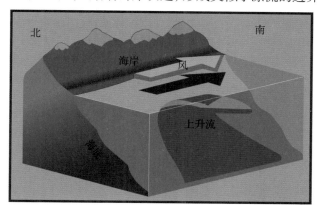

图2-19 风生近岸上升流

(http://upload.wikimedia.org/wikipedia/commons/

thumb/3/30/Upwelling2.jpg/250px-Upwelling2.jpg, 有修改)

的风暴也会产生上升流。由于海洋中的风暴通常是逆时针的（北半球），在流场中央将产生上升流。例如：台风作用下海面会产生很强的上升流。在世界大洋的绝大部分，海面温度较高而下层水的温度较低，发生上升流的海域总是有冷水涌升上来，可以用卫星遥感的温度图像来确定上升流。另外，下层水体中的营养物质比较丰富，发生上升流的海域通常会有较高的生物生产力，通常形成很大的渔场。上升流在海洋动力学中起着非常重要的作用。因为海洋深度与宽度的比值非常小，我们称其为薄层流体。在薄层流体中主要是水平方向的运动，且不同的水层有不同的运动。层与层之间靠上升流来沟通，形成世界海洋的和谐运动。

惯性流是在地球旋转影响下的一个基本流动。只要海水开始流动起来，马上就受科氏力的影响，然后流体微团的运动方向就要向右偏转（北半球），这种不断偏转的运动被称为惯性流（图2-20）。在大海中测流时就会发现，只要不在强流区，最强大的运动往往是惯性流。惯性流的周期是由地转周期确定的，只与纬度有关。例如，在纬度20°时，惯性周期是35 h；而在纬度80°时，惯性周期为12 h。

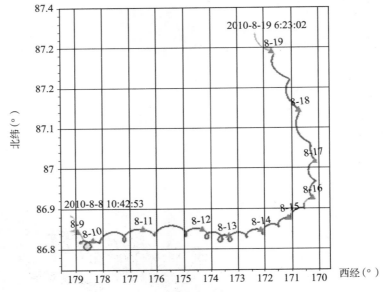

图2-20　2010年北极冰站惯性漂移轨迹（图中数字为时间）

这里介绍了四种基本流动，实际上海洋中还有很多其他流动，比如：密度流、浮力流、溢流等，在以后的学习中会陆续学到。

二、风生大洋环流

在海洋中，就像处处发生波动一样，处处都在发生流动。海流从一个地方流到另一个地方，而另一个地方原来也有海水，为了容纳新到来的海流，原来的海水只能流到别的地方，这样就形成了整体性循环。因此，出于质量守恒的需要，海洋中的海流一般要构成各种尺度的环流。只有环流的存在，才能保证流动的持续存在。我们在一个较小的区域考察海流时，只能看到某支海流；而从全局的尺度看，任何一支海流都是环流的一部分。浅海有浅海环流，大洋有大洋环流。

图2-21是世界大洋环流图，上面有10个大型的闭合流环，就是我们所说的风生大洋环流。还有很多小型的闭合流环，是局地的环流，数量很多，不胜枚举。图2-22是表面风场的图，在大部分海域，风生大洋环流与大洋风场有很好的对应。风生大洋环流不仅包括了风的作用，而且包括海水辐散辐聚导致的海面起伏，是漂流、升降流和地转流共同作用的结果。在大气中，风可以沿纬圈环绕地球流动，海水却不能，海水在陆地的约束下必将产生南北方向的流动，从而形成闭合的海水循环。

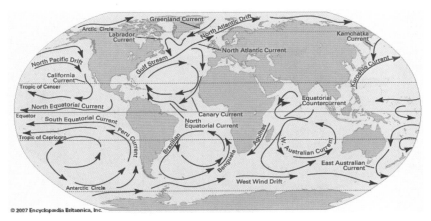

图2-21　世界大洋环流图（图中各海流的中文名称见表2-1）

（https://sp.yimg.com/ib/th?id=HN.608012544506201215&pid=15.1&P=0）

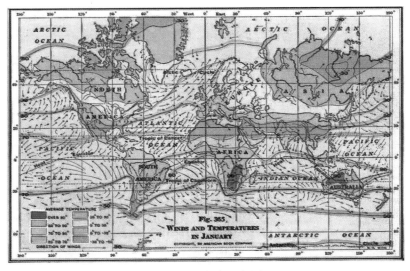

图2-22　全球风场图

（http://etc.usf.edu/maps/pages/4600/4634/4634.jpg）

43

大洋环流最复杂的部分是赤道流系。在赤道海域,不同方向的流配置在一起,形成了一个海流体系,称之为赤道流系(图2-23)。赤道流系包括:北赤道流(NEC)、南赤道流(SEC)、赤道逆流(ECC)和赤道潜流(EUC)。其中,北赤道流和南赤道流都是自东向西的流动,赤道逆流是自西向东的流动,赤道潜流发生在主温跃层之下,也是自西向东的流动。赤道流系的形成主要受到信风系统作用,产生自东向西的流动。由于信风的作用趋于使水体被约束在赤道区域,到达西边界的水体不能迅速被分散,而是形成了赤道逆流和赤道潜流,赤道逆流将部分水体在表层重新向东输送,赤道潜流则在次表层将部分水体向东输送,最终形成了水体的平衡。最新的观测表明,赤道流系还有更多的成分。

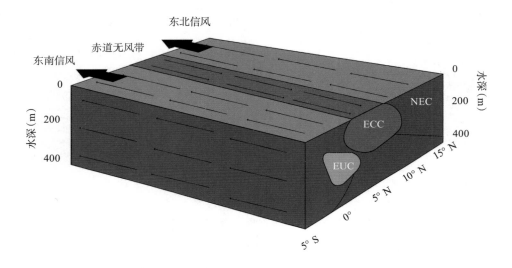

图2-23 赤道流系的结构

在大洋的东西边界会产生南北方向的流动,东边界的流动很缓慢,流幅很宽;而在大洋的西边界,流幅狭窄,流动很强,称为西向强化(也称西岸强化)现象。西向强化是大洋环流一个非常重要的特点,本来一支流很慢,流速是0.2 m/s,到了西边界以后,就会越流越强,流速可达2~3 m/s。观测表明,只要存在西边界,哪怕是一个很短的西边界,或者一个不长的南北向海峡,都会存在海流西向强化的现象。世界大洋的西边界都存在西向强化的海流(表2-1)。世界上有两支最强的西边界流,一支是位于我国东海陆坡的黑潮,还有一支就是墨西哥湾的湾流(图2-24)。南半球的西边界流要弱一些。

黑潮是距离我国最近的强流。它在北太平洋西部海域向北流动,从我国台湾东侧流入东海,沿东海大陆坡继续北上,经吐噶喇海峡和日本列岛以东海区流向东北。黑潮南北跨约16个纬度(20°~36°N),东西跨约115个经度(50°~165°E),行程4 000多千米。黑潮的厚度达1 000 m以上。黑潮的宽度南北变化较大,在低纬度约为150 km,在日本以东黑潮的最大宽度可达200~300 km。黑潮的流速为1~2 m/s,最大流量65 Sv(10^6 m³/s)。

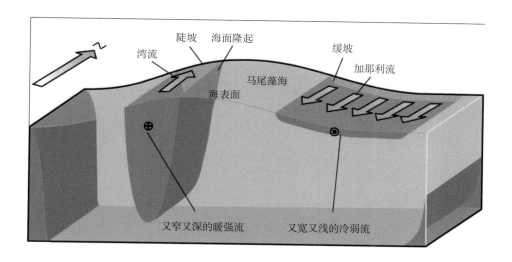

图2-24 大洋环流的西向强化现象

（http://science.kennesaw.edu/~jdirnber/oceanography/LecuturesOceanogr/LecCurrents/0913B.jpg）

湾流是世界上流量最大的西边界流，流量比黑潮约大1.5倍。湾流的一部分水体来自墨西哥湾，但绝大部分来自加勒比海。大西洋南北赤道流汇合后进入加勒比海，从佛罗里达海峡进入大西洋，一直流向北冰洋。湾流的平均宽度约为150 km，厚度为700~800 m，最大流速2.5 m/s。

在西风的作用下，西边界流离开大洋西边界向东流动，统称为西风漂流。太平洋和大西洋的西风漂流分别为北太平洋流和北大西洋流。印度洋主要在南半球，其北半球洋域没有西风漂流。在南半球，三大洲都不与南极洲连接，形成了一个没有东西边界的海域，在西风的作用下，形成非常强的流动，相当于南半球各大洋的西风漂流合在了一起，称为南极绕极流，是世界上流量最大的海流，流量达到150 Sv以上。

大洋环流由各种各样的流涡构成（图2-21），由赤道流、西边界流、西风漂流和东边界流构成的流涡称为亚热带流涡；由西风漂流、东边界流、东风漂流和西边界流构成的流涡称为亚极地流涡，在各个大洋的南北半球都是相似的。地球上的大洋环流都是区域性的流涡，只有南极绕极流是环绕地转轴的流动。南极绕极流并不是一种孤立的流动，它在与各个大洋相连处都会发生流出或流入的海流，与各个大洋的水体沟通，使地球上的整体循环闭合起来。

新近发现的北极环极边界流和其他的流都不一样，其他的流都是在一个水平层面的流，而环极边界流在进入北冰洋时是表面流，而后冷却下沉到二三百米的深度，沿着北冰洋的大陆坡逆时针流动，最后流出北冰洋。整个流动过程很缓慢，需要十几年的时间。

表2-1是风生大洋环流的总表，体现了上层海洋环流的完整体系。

表2-1　世界风生大洋环流总表

流系	海流	太平洋	大西洋	印度洋
赤道流系	北赤道流	北赤道流	北赤道流	北赤道流
	南赤道流	南赤道流	南赤道流	南赤道流
	北赤道逆流	北赤道逆流	北赤道逆流	北赤道逆流
	南赤道逆流	南赤道逆流	南赤道逆流	
	赤道潜流	克伦威尔流		
西边界流	北半球西边界流	黑潮	湾流	索马里海流
	南半球西边界流	东澳大利亚流	巴西海流	莫桑比克海流
西风漂流	北半球	北太平洋流	北大西洋流	——
	南半球	南极绕极流		
东边界流	北半球东边界流	加利福尼亚流	加那利流	
	南半球东边界流	秘鲁海流	本格拉流	西澳大利亚流
亚极区流	西边界寒流	亲潮	拉布拉多流	——
	东边界暖流	阿拉斯加流	挪威海流	——
北冰洋环流	北极环极边界流			

三、热盐环流

风生流涉及的深度并不是很大，最深也就是几百米，浅的地方只有一二百米，只有南极绕极流的深度可以直达海底。在风生流之下的浩瀚大洋中，海水并没有处于静止状态，而是存生着一种由海水密度不均匀驱动的运动。当海水的密度不均匀时，高密度水就有向低密度水流动的趋势，发生着缓慢而持续的流动。由于海水的密度是由温度和盐度决定的，这种密度差驱动的海流被称为热盐环流。

热盐环流有这样几个特点：第一是以下沉水为驱动力，因为水体密度大了就会下沉，驱动热盐环流。第二是受海底地形的影响，热盐环流在深海流动，地形会限制它的流动方向，海底山脉甚至会阻隔热盐环流的流动。第三就是流量比较大，热盐环流极其缓慢,从北向南要流1 000年的时间;但是由于海洋太深,这么慢的流,流量竟和表层的风生流相当。虽然热盐环流流速缓慢,但也有西岸强化的现象。

经过多年的研究,人们把各个海域热盐环流的认识连接起来,将全球海洋的热盐环流结构用全球海洋输送带的概念来描述(图2-25),形成了对全球热盐环流体系的完整认识。在全球海洋输送带中,有4个主要的下沉区,即北大西洋的格陵兰海和拉布拉多海,以及南极的威德尔海和罗斯海。下沉水驱动着海水运动,然后到某些区域它又升上来,与表面的一些海水流动在一起,形成垂直方向和水平方向复杂的闭合循环。

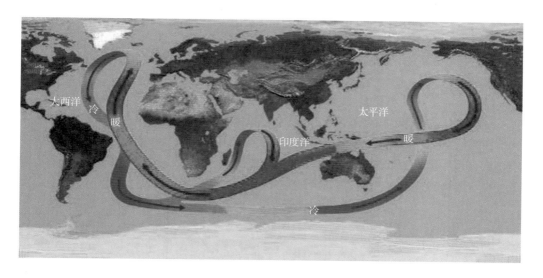

图2-25 全球海洋输送带示意图

(http://science.nasa.gov/media/medialibrary/2004/03/01/05mar_arctic_resources/currents1.jpg)

海水怎么样才能下沉呢?主要有三种原因。第一种是冷却,冷却后的海水密度增大,直接形成下沉水流。第二种是结冰,在两极,海水结冰后把淡水变成冰,把盐分排出去,使海水的密度增大,形成下沉水流。第三种是混合增密,两种水体混合以后密度会增大,也会形成下沉水流。下沉水流向深海,就可以驱动热盐环流。在热盐环流系统中,深层水甚至底层水都参与运动。

海底地形和海底地貌对热盐环流有很大的影响。在各大洋中部都有大洋中脊,是海洋中很高的山脉,把大洋的海底分割成几个海盆。可以看到,下沉到海底的海水无法脱离海底山脉的约束而流入相邻的海盆(图2-26)。例如,在拉布拉多海下沉的海水无法进入大西洋的东部,只能向南流,一直流到南极海域。每个下沉区的水体都进入不同的海盆,深受海底地形的影响。在南极绕极流海域,深层水会上升,进入表层海水,构成闭合的循环。

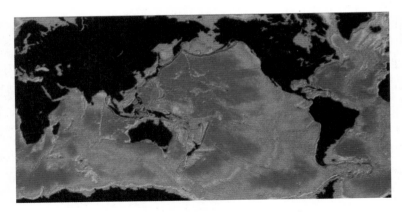

图2-26　海底地貌对热盐环流的影响

（https://sp.yimg.com/ib/th?id=HN.608055451235912392&pid=15.1&P=0）

四、海流小结

在海流一节中我们介绍了一些基本流动，包括漂流、地转流、上升流和惯性流；另外我们讲到了大洋的风生环流，包括各种各样的流环和边界流、大洋环流西向强化现象、热盐环流等，由它们共同构成了世界大洋的环流体系。这里只介绍了大洋环流，没有讲近海环流。近海环流是一个更加复杂的现象，但海水的循环特征和大洋环流非常接近。

第三节　海洋涡旋

海洋中存在着形形色色的涡旋。这些涡旋的尺度不同，产生的原因不同，旋转的方向也不同。有时候，人们把海洋称为涡旋动物园。在过去靠船舶进行考察的时候，观测一个涡旋是非常困难的。第一次观测到涡旋是1979年前苏联的多边形试验，用多条船同步观测得到的。现在有了卫星遥感，可以清楚地看到海洋中各种各样的涡旋。通过连续的卫星图像，不仅可以监测到涡旋，还可以看到涡旋的发展与消亡过程。近年来，海洋科学的发展使人们逐渐认识到，涡旋有非常重要的作用。

海洋中的涡旋有各种各样的尺度，最大尺度的涡旋就是我们第二节介绍的流涡，达到上万千米的尺度，实际上就是大洋环流。还有很小尺度的涡旋，就是视野范围内可见的漩涡，尺度只有几米到几十米，旋转速度非常大，人或船陷在其中会遇到危险。再小尺度的涡旋就是湍流，见本章的第四节。本节介绍的海洋涡旋主要是指中尺度涡，空间尺度介于流涡和漩涡之间，是海洋中最普遍的涡旋运动形式。

中尺度涡旋的尺度有几十千米甚至达上百千米。它的旋转速度很快，一般比周围流场的流速还要快。中尺度涡旋尺度大, 受地球旋转的影响显著, 压强梯度力、地转偏向力和离心力都参与涡旋的平衡。中尺度涡旋有的顺时针旋转, 有的逆时针旋转。顺时针旋转的涡旋中间是下降运动, 呈暖涡结构; 而逆时针旋转的涡旋中间是上升运动, 呈冷涡结构 (图2-27)。

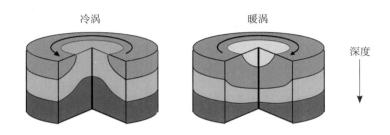

图2-27 冷涡和暖涡的结构

（http://tornado.sfsu.edu/Geosciences/classes/m407_707/Monteverdi/Satellite/Oceanography/

eddy_files/image006.gif）

涡旋的形成有若干种机制, 最常见的涡旋产生于海流的不稳定, 如图2-28中的海流。海流处于稳定状态时, 各个流段的流量接近, 不会产生涡旋。但是, 如果海流前后的流量不一致, 就会发生水体堆积。在河流中, 由于有河道约束, 水体堆积就会涨水; 而在海洋中没有固体边界约束, 流量不连续时就会发生海流的弯曲, 最后形成流动的不稳定, 产生涡旋。因此, 涡旋主要产生于一些强流区。涡旋脱离了主流之后, 主流就变得稳定了。此外, 海底起伏也会诱生涡旋, 这种与地貌有关的涡旋位置一般固定不动。

在实际海洋中, 涡旋主要存在于与其自身密度差不多的海水中 (图2-29)。如果涡旋与周边水体的密度不一样, 就会上升或者下沉。另外, 涡旋要旋转才能存在, 旋转的涡旋形成动力平衡。受摩擦的影响, 涡旋的旋转速度会越来越

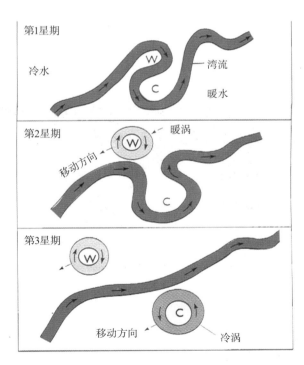

图2-28 海流不稳定产生的涡旋

49

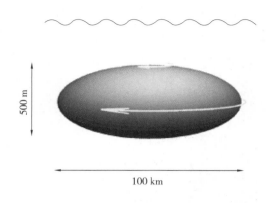

图2-29 涡旋的旋转和平衡

慢；一旦转动停止，涡旋就消亡了，涡旋携带的水体就退化为一个水层，消失在周边的海水里。

有些涡旋并不远离海流，可以从海流得到能量而长期维持。还有一些涡旋离开了主流，在海水中游荡。这种情况下涡旋没有持续的能量供给，只能逐渐消耗以致消亡。

通过卫星遥感可以观测到大范围内的涡旋，海表温度和海面高度都是确定涡旋的重要信息。由于涡旋发生时海面高度会变化，海面高度变化显著的区域通常是涡旋多发区，卫星遥感的海面高度可以给出涡旋的显著信息。图2-30是世界上主要涡旋活动区的分布图。涡旋最多的地方主要有中国近海、日本沿岸及黑潮延伸体、湾流附近、南极绕极流附近、东澳大利亚流、厄加勒斯流、巴西海流等海域。这些都是强流区域，容易产生不稳定，生成较多的涡旋。但是，这些信息只有参考价值，并不能确定涡旋的存在，因为遥感得到的并不一定是涡旋，有可能是斑块状的海面现象。要靠观测涡旋流场和涡旋的密度结构，才能准确确定。

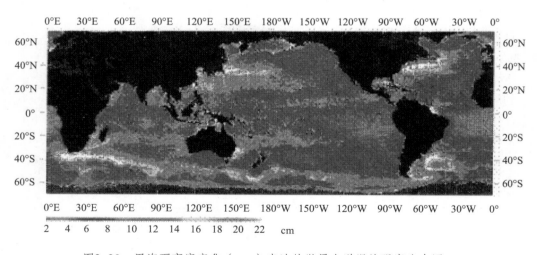

图2-30 用海面高度变化（rms）表达的世界大洋涡旋强度分布图

涡旋有各种各样的作用，其中非常重要的一个作用是水体输送。从图2-31中可以看出，在远离海岸的地方有一团与近岸水体特征一致的水体，两团水体相距甚远，且二者之间没有流动相连，这种现象只能是涡旋输运的结果。涡旋携带大量的水体，从原来的水流脱离出来以后，移动到哪里，就把这些水体带到那里，形成一种特殊的输运。现在,越来越多的涡旋被观测到,让人们注意到,涡旋输送量是非常可观的。涡旋的水体输送量有多大呢? 在北大西洋,有一个著名的地中海涡,是地中海中移出来的高密度海水激发出的大涡旋。这个涡旋有600 m厚,100 km的直径,携带十几亿吨的海水,形成巨大的水体输送。隔一段时间就会产生一个新的地中海涡,其输送能力可想而知。水体从一个地方被输送到另一个地方,会改变所经之处的海水结构。关于涡旋输运,科学家还在深入理解和发掘之中。

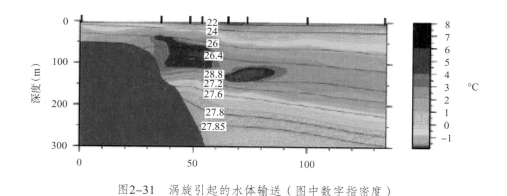

图2-31 涡旋引起的水体输送(图中数字指密度)

概括下来,中尺度涡是一种普遍存在的海洋现象,主要产生于强流区,可以被输送到海洋各处。海洋中有很多中尺度涡,其中冷涡中部有较强的上升流,会把下层富有营养物质的海水带上来,可以供养很多浮游植物,形成巨大的渔场。

涡旋实际上是海洋中来去不定的"流浪汉",科学界还不是很清楚涡旋运移的规律。在大气中,中尺度涡就是台风、飓风等涡旋运动。到目前为止,关于台风的路径预报仍然不是很准确,因为影响台风路径的因素很多。在技术相当成熟的大气科学领域,涡旋路径尚不能准确预报,海洋中的涡旋缺乏观测,人们甚至对它们的生成过程和结构特征都不清楚,基本不了解海洋涡旋的运移规律。因此,要真正地了解涡旋,还需要很多深入的研究和探索。

总而言之,海洋涡旋是流动局部失衡所产生的"苦果",产生涡旋是能量平衡和质量守恒的需要。涡旋从主流分离出来之后,主流得以恢复平衡,而涡旋本身却要随着时间慢慢消耗掉。只有通过产生涡旋,才能使海洋总是趋于平衡状态。

第四节 海洋湍流

湍流是海洋流动的不稳定现象,是流体微团的混乱运动。当流动非常慢、且没有受到任何扰动时,流动称为层流。层流是非常稳定的流,只要层流的流速达到某个值，层流就会突然变为湍流，变成一种混乱无章的运动，没有任何先兆，没有任何规律，没有任何理论能够解释。人们一直没有研究清楚，为什么一个很稳定的层流运动会突然变为湍流运动。研究表明，流动的状态大体可以用雷诺数来表征，当雷诺数大于临界雷诺数时，层流就突变为湍流。由于在海洋中海水的流动都很快，故而海洋中基本都是湍流运动。

湍流运动有几个特点。第一个特点就是混乱运动，没有什么规律，不像前面介绍的波动、流动、涡旋都有可以把握的规律，湍流运动的混乱特性就是它的基本特点。第二个特点就是湍流是三维运动，不能用二维运动的规律来比拟。第三个特点就是湍流是种随机的运动，即使运动重新开始，流体也不会重复原来的运动。

产生湍流的原因可以归纳为两种：一种是搅动，就像用筷子在水杯里搅动那样，会产生很强烈的湍流。在海洋中，风、流、浪、潮等都构成搅动因素，如图2-32（a）所示。另一种因素是卷挟，像在无风大气中看到的炊烟，似乎它应直线上升，然而即使在完全没有风的大气中，上升的炊烟的范围也是越来越大。因为炊烟和周围平静的空气之间形成一种卷挟运动，炊烟带动周围的空气运动，湍流就越来越强。世界大洋中的湍流都是通过这两种方式形成的。

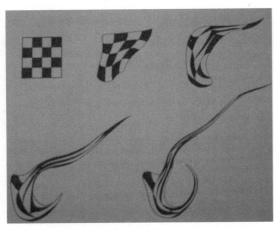
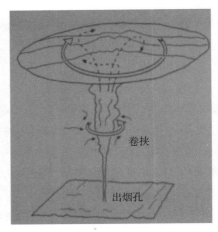

（a）搅动　　　　　　　　　　　　（b）卷挟

图2-32　湍流产生的两大原因（Thorpe，2005）

湍流运动有几个重要的特点。第一个特点就是扩散。在清水中滴进一滴墨水，墨水到达与之相同密度的水层后就会扩散，形成一种物质向另一种物质中快速扩散的现象〔图2-33（a）〕。第二个特点是在两种物质的界面上发生混合。例如，在河口区，上层是来自河流的淡水，下层是嵌入的海水。在海水和淡水的界面中发生混合，形成了既不是河水又不是海水的冲淡水〔图2-33（b）〕。混合实际上是机械运动的一种方式，把两种水体混合在一起。而扩散则可以把一些物质同时扩散出去。

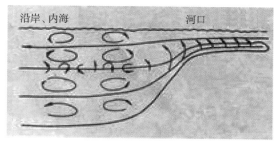

（a）扩散　　　　　　　　　　　　　（b）混合

图2-33　湍流引起的扩散与混合（Thorpe，2005）

　　海洋中各种形式的能量在相互转化，形成多种多样的运动形式，最终都会通过湍流运动转化成热能。例如：风作用在海洋上产生波浪和海流，如果这些运动的能量没有被消耗，海浪和海流就会越来越强，海洋就永无宁日。可是海洋总会归于平静，表明海洋能量有一个归宿，这个归宿就是湍流运动，湍流把各种运动的能量都转化为热能。这些增加的热能无法保存，会以热的方式传递给大气，并返回太空。对于地球系统而言，太阳是最强的能源之一。太阳输送给地球多少能量，地球也会释放出多少能量，基本是平衡的。每天有大量的大气能量和太阳能量进入海洋，在海洋中产生各种各样的运动，这些运动最后都会通过湍流耗散归结于平静。正是因为有了湍流的存在，才有了海洋中能量的平衡。虽然湍流的尺度很小、运动很混乱，但是它消耗的能量与海洋获得的能量基本一样多。

　　湍流还有几个特点：第一，湍流是耗散的，也就是说它需要能量供给，一旦没有能量补充，湍流很快就减弱。第二，海洋湍流是扩散的，只要有了能量供给，湍流不会稳定在一种湍流状态，而是会进一步扩散，一直扩散到能量供不上了为止。第三，湍流和其他随机现象在能量的转移机制上是不一样的，例如：波浪的能量传递是动能和势能间的相互转化。而湍流没有势能，只有动能。湍流的能量转化在不同尺度的涡之间传递，全靠动能与动能之间转换，大涡传给小涡，小涡再传给更小的涡，最后耗散为热能。

　　湍流尺度有很大的变化范围。湍流的尺度可以非常大，只要有能量供给，湍流就会不断扩展。我们更关心的是湍流的最小尺度。湍流的最小尺度称为克姆克罗夫微尺度。在非常强的湍流中，这个尺度只有10^{-5} m，即毫米的百分之一；在湍流很弱的深海，克姆克罗夫微尺度是2 mm的量级。在克姆克罗夫微尺度之下就没有湍流了。

　　湍流的观测需要使用高灵敏度的仪器，需要对温度和流的高频脉动进行测量。此外，仪器不能置于流场中，因为仪器会干扰流场。在水池中进行湍流实验比较容易，而在大海中观测湍流是非常困难的，需要用湍流计测量湍流。湍流计实际上以带有阻尼的自由落体形式运动，以免干扰流场；湍流计在下沉过程中高频测量，获得脉动流场，直接计算湍流应力。

在不同物质浓度的水体混合过程中,湍流的作用是使物质的浓度趋于均匀化。

小 结

本章介绍了海水的四种主要运动形式,现对这几种运动形式进行比较。

流动本身拥有很强大的能量。做过全球海洋数值模式的人都知道,如果从静止的海洋开始施加风场,要持续作用几百年才能形成现今的大洋环流。因此,让浩瀚的海洋流动起来,需要巨大的能量积累。即使是非常微弱的流,其能量也是相当庞大的。

如果出现了风暴的扰动,在海洋中产生很多新增的能量。这些能量能否以流动的形式输送出去呢?不行,因为流动要求有巨大的能量,一场风暴的能量要远小于激发流动所需要的能量。波动的能量是巨大的,可以形成灾害性海况。然而,波动并不像流动一样需要很多能量,只要有一定的能量就可以产生波动的形式,把能量传输出去。各种尺度的波动都是用来输送能量的,巨大的能量需要很强的波来输送,而很小的能量用毛细波就可以传出去。波动会把海洋中的能量不平衡变成平衡。

涡旋是另外一种拥有能量的运动形式。当海流不稳定时产生涡旋,涡旋分离后带走了流动的部分能量,形成有限的能量输送。

波动、流动和涡旋的作用都是把能量从一个地方转移到另一个地方,只有湍流运动是消耗能量的运动。海洋通过各种形式的运动和湍流的消耗,最后达到一种平衡。

因此,海水运动是一种内涵丰富的海洋现象,是海洋中一切运动和变化的基础,其他各章介绍的各种海洋生物、化学、地质过程都与海水运动相联系。海水就是通过这些运动,输送海洋中的物质,实现全球尺度的循环,影响海洋科学的各个方向。

思考题

1. 简述海洋波动的主要类别。

2. 海啸波与表面波有什么不同?

3. 潮汐的产生机制是什么?在浅海如何传播?

4. 海洋中有哪几种基本流动?

5. 试述太平洋赤道海域和西边界的主要海流。

6. 简述热盐环流与风生环流的主要差异。

7. 海洋中主要的涡旋有几类?

8. 阐述海洋中尺度涡旋的生成机制和作用。

9. 论述海洋湍流的重要作用。

参考文献

［1］陈宗镛. 潮汐学［M］. 北京: 科学出版社, 1980.

［2］冯士筰, 李凤岐, 李少菁. 海洋科学导论［M］. 北京: 高等教育出版社, 1998.

［3］文圣常. 海浪原理［M］. 北京: 科学出版社, 1962.

［4］Deacon M B. Oceanography, Concepts and History［M］. Dowden, Hutchinson and Ross Inc. 1978.

［5］Gill A E. Atmosphere-Ocean Dynamics［M］. Academic Press, 1982.

［6］Stern M E. Ocean Circulation Physics［M］. Academic Press, 1975.

［7］Thorpe S A. The Turbulent Ocean［M］. Cambridge University Press, 2005.

［8］Pedlosky J. Waves in the Ocean and Atmosphere［M］. New York: Springer, 2003.

［9］Jochum M, R Murtugudde. Physical Oceanography［M］. New York: Springer, 2006.

第三章 海水的化学组成

溶解在海水中的化学物质是海洋的重要组成部分，是一切海洋生物生存的基础，也是重要的海洋环境构成要素。自然形成的海水，其化学组成与循环是海洋生态系统结构与功能的重要组成部分。人类活动产生大量化学物质会注入海洋，还会产生一些自然界原本不存在的物质，其中有些是有害的物质，直接影响海洋生物的生存和数量，乃至关乎我们人类的健康。人类非常关注自身生存的自然环境，并为了子孙后代，有意识地保护环境。本章重点介绍海水中自然形成的主要化学成分，人类活动的影响见本书第十一章。

第一节 海水的基本化学组成

海水中96.5%是水，3.5%是盐。同体积海水的含盐量远远高于河水、淡水湖湖水、雨水等淡水。尝过海水的人都知道，海水刚进嘴只是有点咸，可马上就又苦又涩。海水的含盐量高于人们血液中的含盐量，所以尽管海水储量巨大，但人们不能直接饮用。在一些缺少淡水的地方，居民的生活用水可以来自海水淡化。

海水中含有地球上几乎所有的元素，但不同元素的存在形式是不同的，含量有明显的差异。海水化学组成中较为丰富的物质有Cl^-、Na^+、SO_4^{2-}、Mg^{2+}、Ca^{2+}、K^+，它们占海水中溶质的99.8%。这些离子的浓度主要受物理过程（如环流、混合、降水、蒸发）控制，离子之间具有恒定的比值，呈保守性分布。其他成分的浓度，受化学或生物过程影响而改变，呈非保守性分布，而这些成分仅占海水总溶质的很小一部分（图3-1）。

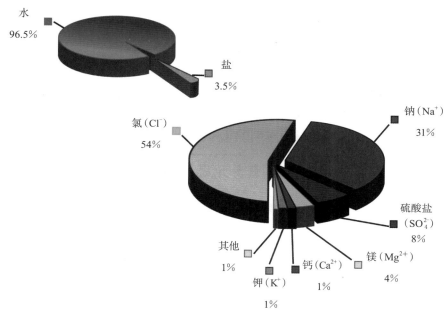

图3-1 海水的含盐量及其主要离子组成（％）

（数据来源于Pilson，1998）

　　按溶质的浓度和性质，将海水中的化学组成分为主要离子、次要离子、痕量元素、营养元素、溶解气体和有机质（表3-1）。在海水中这些成分可以以溶解态或颗粒态存在。

表3-1　海水的化学组成

种类	组成
主要离子	Cl^-、Na^+、Mg^{2+}、SO_4^{2-}、Ca^{2+}、K^+
次要离子	Sr^{2+}、HCO_3^-、Br^-、$H_2BO_3^-$、F^-
痕量元素	Fe、Mn等
营养元素	N、P、Si
溶解气体	O_2、CO_2、N_2、CH_4、N_2O、NO_2、SO_2等
有机质	氨基酸，碳水化合物等

一、海水中的主要和次要离子

海水中主要和次要离子的浓度均大于1 mg/kg, 其他成分的含量小于1 mg/kg。1 mg/kg相当于向1 t水中加入1 g的盐。可见, 分析测定过程中需要有很低的检出限才能识别这些物质。海水的含盐量或盐度可精确到0.001, 主要离子和次要离子对盐度有贡献。其余成分因含量太低对盐度没有贡献, 但其在海洋中的作用是不容忽视的。

二、海水中的痕量元素和营养元素

痕量离子的含量小于1 mg/kg。在分析测定过程中面临着易被沾污的问题, 应尽量避免。许多痕量元素和营养元素是生命活动必需的元素, 如N、P、Si、Fe、Cu。一些痕量元素是有毒性的, 如Cu、Hg; 一些是氧化还原状态指示剂, 如Cr、I、Mn、Re、Mo、V、U; 一些痕量元素形成了具有经济价值的沉积, 如Mn、Cu、Co、Ni、Cd等形成多金属结核; 一些是污染的示踪物, 如Pb、Pu、Ag。

三、海水中的溶解气体

(一)海水中溶解气体的组成

海水中的溶解气体有N_2、O_2、Ar、CO_2、CH_4、N_2O、CO、O_3、NH_3、NO_2、SO_2、H_2S等。这些气体中, O_2、CO_2是生命必需的气体; N_2、Ar是不活泼气体; CH_4、N_2O、CO、CO_2、O_3等是温室气体, SO_2、NO_x等与酸雨形成有关。这些溶解气体直接影响海洋生物的生存和生长。

温室气体还会影响地球的气候。温室气体是指大气中那些能吸收太阳辐射和地面反射的红外辐射, 并重新放出红外辐射的自然和人为的气态成分, 包括对太阳短波辐射透明(吸收极少)、对长波辐射有强烈吸收作用的CO_2、CH_4、CO、CFCs及O_3等30余种气体。它们的作用是使地球表面变得更暖, 类似于温室截留太阳辐射, 并加热温室内空气的作用。这种温室气体使地球变得更温暖的影响称为"温室效应"。目前的全球变暖与温室气体的排放密切相关。由于海洋既可以从大气中吸收, 也可以向大气释放CH_4、N_2O、CO_2等温室气体, 从而影响全球的气候变化。20世纪以来, 特别是20世纪50年代以来, 全球的温度呈明显的上升趋势。对比陆地和海洋温度的变化幅度时, 可以明显地看出, 海洋对调节全球气候起到的重要作用(图3-2)。

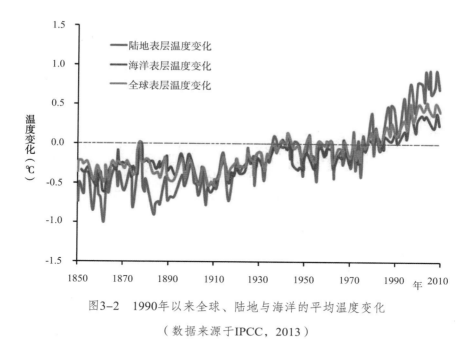

图3-2　1990年以来全球、陆地与海洋的平均温度变化

（数据来源于IPCC，2013）

（二）海水中的溶解氧

由于海水中的溶解氧和CO_2与生物的生命活动息息相关，因而是非保守的。大气中的O_2可溶解进入海水中，植物的光合作用向海水中释放O_2，而生物的呼吸和有机质的分解作用可消耗溶解氧。海水中溶解氧的含量，受到温度、盐度、生物活动、氧化作用、环流等因素的影响。受海洋与大气界面气体交换与植物光合作用的影响，海水上层溶解氧的浓度较高；温盐跃层是温度和盐度随水深增加迅速变化的水层，由于有机碎屑的分解，跃层中溶解氧的浓度达到最低值；在深层，溶解氧的含量主要受到环流等水动力过程的补充与有机质分解消耗的综合影响。

当海水出现明显的层化，底层水中溶解氧的消耗不能及时补充时，往往出现缺氧事件。海洋研究中一般采用2 mg/L作为低氧的阈值。低氧是海洋中的自然现象，如太平洋和印度洋中层低氧水体。在世界上许多河口和陆架区域也同样存在低氧现象。与大洋中的低氧区相比，河口陆架发生低氧的区域水深较浅，并且一般出现在底层。溶解氧的降低可引起生活在海洋中的动物的异常生理反应，甚至死亡。这些低氧现象很大程度上与人类活动（如城市排污、农业、废水处理）相关联，可能给海洋环境带来各种危害，给人类社会造成较大经济损失。20世纪60年代以来，我国的长江口季节性的底层缺氧事件发生的面积有逐渐增大的趋势。全球变暖的今天，低氧事件发生的规模和频率越来越大，越来越多的科学家致力于研究海洋中低氧的形成机制。

（三）海水中的CO_2

海水中的CO_2受光合作用的消耗、呼吸作用的释放，以及海洋和大气之间交换的影响。CO_2溶入海水时，形成H_2CO_3，H_2CO_3解离形成HCO_3^-和H^+，HCO_3^-可进一步解离形成CO_3^{2-}和H^+。因此，海水的pH会因CO_2浓度的升高而下降。表层海水通常是弱碱性的，其pH因区域或季节的变化而变化，平均pH约为8.1，数十年前为8.2。自工业革命以来，由于人类燃烧化石燃料、砍伐森林与生产水泥等，将大量之前被"禁锢"的CO_2排放到大气中。大气中的CO_2含量升高，使得CO_2向海水溶入量增加，导致表层海水的pH下降了0.1。这个0.1的变化，意味着H^+增加了30%，海洋明显酸化。这里的酸化并不是指海水是酸性的，与海水本身是酸性还是碱性无关，而是指海水的发展趋势是"变酸"。同时由于CO_3^{2-}、CO_2和水反应形成HCO_3^-，降低了CO_3^{2-}的浓度。海洋酸化对海洋生物及其他许多具有重要经济价值的物种，将产生灾难性的后果。

四、海水中的有机质

海水中的有机质主要来自河流与大气的输入、海洋内部过程以及人类活动。有机质主要是由C、H、N、O、P、S元素组成，是最重要的电子给体，为大多数以生物为媒介的氧化还原反应提供能量，所以是非常重要的物质。有机质影响海洋生物的活动与海水的物理化学性质，如：作为海洋生物的构成成分，是异养生物的主要食物，作为毒素抑制或杀死竞争者和捕食者，通过形成有机金属配合物中和重金属的毒性，有机质吸附在悬浮颗粒表面影响海水的颜色和透明度。另外，许多有机化合物被人类利用，如作为药物、润滑剂、化妆品和食品添加剂。海洋中有机化合物的种类很多，可分为烃、碳水化合物、脂类、脂肪酸、氨基酸、核酸。

第二节　海水的盐度

盐度是最常用的表示海水含盐量的指标。海水的盐度主要来自主要离子与次要离子的贡献，其他的电解质，如痕量元素、营养盐、有机质等的贡献较小。绝对盐度是指每1 kg海水中含有溶解盐类离子的克数。表达式为：S（‰）=溶解无机离子的质量（g）/1 kg。由于绝对盐度不能直接测定，1982年1月起，国际上推行了实用盐度标度（pps或psu），即通过测定海水与标准KCl溶液的电导比给出盐度值，是无量纲的量。海水的平均盐度是35 psu，相当于3.5%的盐溶液。99%的海水的盐度范围为33~37 psu。北冰洋表层海水的盐度低于33 psu，是世界上盐度最低的海洋。在各大河流入海区会形成相当低的盐度。

考虑到盐度的物理意义，政府向海洋学委员会（IOC）2009年又提出采用具有国际标准单位制（SI）的绝对盐度定义和相应的计算公式。

海水的盐度与温度和压力共同决定了海水的现场密度，即给定的单位体积海水的总质量。尽管海水的现场密度变化较小（1.020~1.070 kg/m³），但却是影响海洋动力过程（如海流运动）的重要因素。

第三节 海水与河水化学组成的显著差别

海水中各种化学成分主要来源是地表岩石的侵蚀和风化、雨水的冲刷,通过河流汇入海洋。从海水、河水和地壳中丰度比较高的前10位元素的对比可见(表3-2),有4种元素同时出现于海水与地壳中。地壳中排在前3位的元素却并未在海水的前10位中出现,且海水中最丰富的Cl在地壳的前10位也未出现。也就是说,地壳中丰度高的成分并不意味着会溶解到雨水中通过河流汇入海洋,且海水与河水的主要离子组成不同。

表3-2 按丰度由高到低列出的海水、河水和地壳中排在前面的离子与元素

序号	海水	地壳*	河水
1	氯离子(Cl^-)	硅(Si)	碳酸氢根(HCO_3^-)
2	钠离子(Na^+)	铝(Al)	钙离子(Ca^{2+})
3	硫酸根(SO_4^{2-})	铁(Fe)	溶解硅酸盐(H_4SiO_4)
4	镁离子(Mg^{2+})	钙(Ca)	硫酸盐(SO_4^{2-})
5	钙离子(Ca^{2+})	钠(Na)	镁离子(Mg^{2+})
6	钾离子(K^+)	钾(K)	钾离子(K^+)
7	碳酸氢根(HCO_3^-)	镁(Mg)	钠离子(Na^+)
8	溴离子(Br^-)	钛(Ti)	铁离子(Fe^{3+})
9	硼酸根($H_2BO_3^-$)	锰(Mn)	
10	锶离子(Sr^{2+})	磷(P)	

*不包括氧元素。

一、海水与河水化学成分的显著不同之处

海水的含盐量为35 g/kg,而河水低于1 g/kg,全球平均为0.1 g/kg。海水中的溶解盐类较河水中高300多倍。

海水中Na^+和Cl^-一共占溶质含量的85%以上,河水中低于16%〔图3-3(a)〕。

61

河水中Ca^{2+}含量高于Cl^-，而海水中Cl^-较Ca^{2+}浓度高46倍〔图3–3（b）〕。

河水中Ca^{2+}和HCO_3^-占近50%的溶质含量，而海水中不到2%〔图3–3（c）〕。

河水中的Si是主要成分，而海水不是〔图3–3（d）〕。

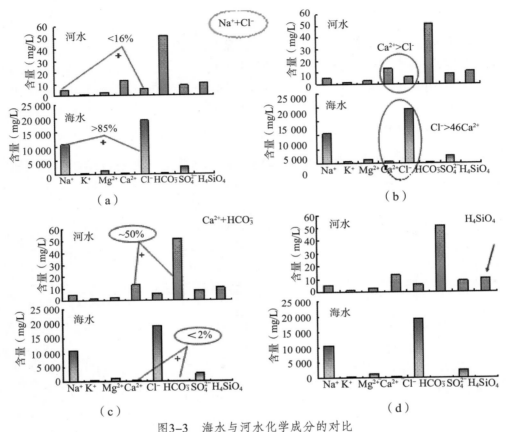

图3–3　海水与河水化学成分的对比

（数据来自：Martin and Whitfield，1983；Pilson，1998；Riley and Chester，1971）

二、影响海水与河水化学组成差异的因素

（1）海洋生物（动物和植物）影响海水的组成。软体动物牡蛎、蛤、贻贝等吸收海水中的Ca；有孔虫和甲壳类如螃蟹、小虾、龙虾等吸收大量Ca；珊瑚礁——形成的石灰石（$CaCO_3$）；硅藻需要吸收海水中的Si形成自身的外壳。

（2）除了生物影响外，溶解度和物理-化学反应也影响海水的组成，如过量的Ca^{2+}会形成$CaCO_3$沉淀。

第四节　海水中主要离子之间的恒定比

　　主要离子之间的恒定比原理是海水的重要特性,是指主要离子之间及主要离子与总的含盐量之间的比例保持恒定,并不随时间发生明显的变化。主要离子的浓度和组成处于稳态,并不随时间发生明显的变化。1819年,Marcet首次假设,海水中离子的相对浓度保持恒定,因而称为Marcet原理,或恒定比原理;1884年,Dittmar分析了"挑战者"号采集的样品,进一步证实了这一认识。不管盐度从一个地方到另一个地方如何变化,开阔大洋水中的主要离子之间的比值几乎是恒定的。恒比规律表明主要离子具有保守性质,并不是说这些组分未经任何化学等反应,而是因为它们的浓度大到足以掩盖这些过程。

　　研究表明,主要离子在海洋中的存留时间(或称逗留时间)决定了其在海水中的浓度和主要离子之间的恒定比特性。所谓存留时间是指某一元素从海水中去除或进入海水中的速率,常用海水中该元素的总量除以其从海水中的输出量或输入海水的量。图3-4中列出了海洋中许多元素的存留时间。从这些数据看海水中各成分的逗留时间有巨大的差异,变化范围为50年(Fe)到1亿年(Cl^-)。海洋的年龄为35亿年。主要离子的逗留时间均大于100万年。

　　由以上的分析可见,海水中浓度高的主要离子的逗留时间长。这些离子有足够的时间在海水中不断积累,使浓度提高。而逗留时间短的元素,没有时间积累到较高的浓度,很快被去除。逗留时间长的元素,参加了多次的海水混合过程,因而在海水中的浓度分布比较均匀,具有组成恒定比的特征。

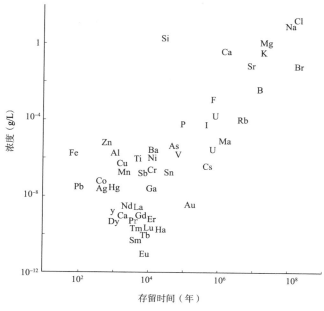

图3-4　海水中一些元素的浓度和存留时间的关系

除主要离子外，海水中其他的成分大都是非保守的，随着地理位置和深度发生变化，常因生物的吸收和释放而变化。影响海水主要离子组成恒定性的因素主要有以下方面。

（1）河流输入。由于河水成分与海水明显不同，致使河口与边缘海海域主要离子的相对比值出现区域性的变化。

（2）缺氧海域。由于溶解氧的消耗，硫酸盐被还原为硫化物，在近海海域，出现SO_4^{2-}比值偏离的情况。

（3）结冰和融冰。由于海冰中会含有少量的海盐离子，且不同海盐成分结合的程度不同，因而影响了海冰下海水的主要离子组成。同样，海冰融化的水中离子组成与大洋海水不同，使海水组成恒定性发生偏离。

（4）钙质壳和珊瑚骨架。海洋生物中钙质壳的形成和溶解会引起Ca^{2+}的比值发生一定程度的偏离。尽管海洋中生存着许多这样的生物，其引起的Ca^{2+}比值的偏离最大仅为1%。

（5）海底热液喷发。部分海底扩张中心的热泉中，含有的一些主要离子，如Mg^{2+}和SO_4^{2-}与海水明显不同。

（6）蒸发岩/盐。由于海水的蒸发使主要离子的浓度升高至超过一些矿物的溶解度，如$CaCO_3$（石灰石）、$CaMg(CO_3)_2$（白云石）、$CaSO_4 \cdot 2H_2O$（石膏）、$CaSO_4$（硬石膏）、$NaCl$（食盐），就会引起这些矿物产生沉淀从海水中去除。由于蒸发岩沉积是依次的，因而各主要离子去除的时间和速率是不同的。剩余海水的离子组成就会偏离正常海水。历史上，由于蒸发很快，蒸发岩形成了很大的主要离子沉积层。从地质时间尺度看，蒸发岩的形成与溶解，对全球主要离子循环有重要的作用。

（7）气泡破裂。在海水表面，湍流产生细微的气泡。一些气泡破裂，主要离子随之进入大气。气泡破裂可改变剩余海水的离子组成。

（8）间隙水。海洋沉积物中会捕获大量海水，即孔隙水或间隙水。海洋沉积物中可发生许多化学反应，如硫酸盐还原、矿物的沉淀和溶解，这些反应引起间隙水的化学组成与海水有显著差别。

第五节　海水中的营养盐

一、营养盐的组成和形态

海水中构成生命体的一些重要元素，如O、H、S、C，含量丰富并不制约生物的生长，即不是生物生长的限制元素。而海水中的营养盐，如磷酸盐、硝酸盐、溶解硅和某些痕量金属,则是生物生长的限制性元素,在表层海水中常常被消耗。因而海水中的营养盐是非保守性成分,是植物生长必需的"肥料"。硝酸盐、磷酸盐和溶解硅常称为大量营养盐。大量营养盐的典型浓度在μmol/kg量级。某些痕量元素,如铁,也是生物生长的必须元素且含量较低,是生物生长的限制性元素,称为痕量营养盐。这里重点介绍大量营养盐。

浮游植物主要吸收溶解无机态营养盐。在真光层内,营养盐经生物光合作用被吸收,成为生物有机体组成部分。生物体死亡后下沉到真光层以下,有机体被分解、矿化,营养元素最终以无机化学物质形式返回到海水中,这一过程称为营养盐再生。并且营养盐的不同形态之间是可以相互转化的。不同营养盐之间相互联系共同制约着海洋生产力的更新和输出,营养盐之间的比值随时间和空间的不同而改变,决定着海洋浮游植物的群落结构。

(一)氮

氮是构成生物体内蛋白质和氨基酸的主要组分。在海水中,氮以不同的化合价存在,包括溶解态N_2(0),无机氮化合物NO_3^-(+V)、NO_2^-(+III)、NH_4^+(-III),和有机氮化合物等形式(图3-5)。通常认为浮游植物主要吸收溶解无机氮化合物,但近年的研究表明,浮游植物也会直接吸收一些溶解有机氮化合物,如尿素等。

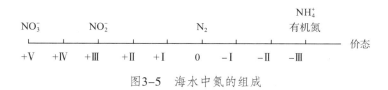

图3-5 海水中氮的组成

海洋中不同形态的含氮化合物,在海洋生物,特别是某些微生物的作用下,经历着一系列复杂的转化过程。氮的转化过程包括固氮、硝化、反硝化、缺氧铵氧化、硝酸盐异化还原为铵等。固氮作用是指海洋中的某些原核生物通过固氮酶的作用将N_2转化为化合态氮(如NH_4^+、DON等)的过程。硝化作用指的是在有氧条件下发生的有机物降解,释放出的NH_4^+被氧化为NO_2^-和NO_3^-的过程。反硝化指的是在低氧环境有机物矿化过程中,从NO_3^-开始,经过一系列的异化还原过程,以NO_3^-、NO_2^-、N_2O和NO为电子受体的异养微生物呼吸过程,最终产物是以游离态的N_2释放到大气中,实现了生态系统中固定态N的移除。缺氧铵氧化指的是在低氧条件下,无机化能自养细菌以NO_2^-为电子受体,NH_4^+为电子给体的微生物氧化还原过程,最终产物同样是游离态的N_2。

固氮作用实现了氮由浮游植物不可利用的氮气向可利用的化合态氮的转化,可为浮游植物和其他微生物提供氮营养盐。硝化作用是氮的矿化和反硝化的中间环节;硝化可去除环境中高浓度氨的毒性,但可引起底层水缺氧。氮的去除作用可以缓解近海陆源氮输入的压力, 有时也会引起近海初级生产的氮限制。长期以来, 人们一直认为反硝化是固定态氮移除的唯一途径; 但近几年的研究发现, 缺氧海洋生态系统中, 缺氧铵氧化反应在海洋环境大量氮的去除中起重要作用。在氮的去除中, 缺氧铵氧化反应与反硝化的相对重要性与不同海域的环境条件有关。

(二)磷

磷参与细胞的生长与能量传递等一系列重要代谢过程, 是组成生命体必不可缺的结构和功能成分。磷可以形成磷酸酯构成DNA和RNA的骨架; 可以形成ATP分子, 传递能量; 此外, 磷还可以以磷蛋白质、磷脂的形式作为细胞膜的组成部分。

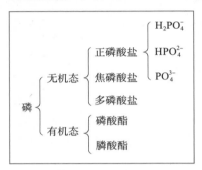

图3-6　海水中磷的组成

海水中的磷可以分为溶解态磷和颗粒态磷。海水中溶解态磷以溶解无机磷(DIP)和溶解有机磷(DOP)的形式存在。DIP主要包括无机正磷酸盐(PO_4^{3-}、HPO_4^{2-}、$H_2PO_4^-$)、焦磷酸盐($P_2O_7^{4-}$)、多磷酸盐; DOP主要包括磷酸酯(含有C—O—P键)、膦酸酯(含有C—P键)(图3-6)。海水中的溶解无机磷主要以无机正磷酸盐为主($H_3PO_4 \longleftrightarrow H^+ + H_2PO_4^- \longleftrightarrow H^+ + HPO_4^{2-} \longleftrightarrow H^+ + PO_4^{3-}$)。海水中约75%的大分子量DOP是磷酸酯, 主要包括一些核苷、糖类; 剩余的25%主要是膦酸酯(Dyhrman et al., 2009)。不同种类的浮游植物对不同形态磷源的利用特性存在差异。一般认为, 无机正磷酸盐可被所有浮游植物直接利用, 并且是浮游植物最先吸收的磷源。其他无机磷化物如多磷酸盐也可被某些种类的浮游植物吸收利用。众多的研究表明, DOP也是浮游植物一个极其重要的磷源, 尤其是在无机磷贫乏的海域; 且通常认为膦酸酯比磷酸酯更难以被浮游植物利用(Clark et al., 1998)。

海洋中颗粒态无机磷酸盐(PIP)主要以磷酸盐矿物存在于海水悬浮物和海洋沉积物中。其中丰度最大的是磷灰石, 约占地壳总磷量的95%以上。磷灰石是包括人在内的各种生物体的牙齿、骨骼、鳞片等器官的主要成分。海洋中颗粒有机磷化合物(POP)指生物有机体内、有机碎屑中所含的磷。前者主要存在于海洋生物细胞原生质, 例如, 遗传物质核酸(DNA、RNA)、高能化合物三磷酸腺苷(ATP)、细胞膜的磷脂等等。所有生物细胞中都含有有机磷化合物, 所以磷是生物生长不可替代的必需元素。

海洋中磷的循环主要是生物吸收溶解磷酸盐变为自身的原生质, 生物体死亡后, 有机体分解、矿化, 有机磷最终以溶解磷酸盐返回到海水中的过程。在近海悬浮颗粒物含量比较高的海域, 溶解态磷酸盐与悬浮颗粒物之间存在交换反应。在河口悬浮颗粒物能从富磷水中吸附磷酸盐, 在低磷水中能将吸附的磷酸盐释放出来, 使磷酸盐浓度保持在一个相对恒定的范围内, 悬浮颗粒物对水体中磷酸盐浓度起到缓冲作用。另外，也有学者认为羟基磷灰石[Ca$_5$(PO$_4$)$_3$OH]的沉淀和溶解控制着河口水中磷酸盐的浓度(Fox et al., 1985)。最近的研究发现浮游植物细胞表面存在吸附态磷(Sañudo-Wilhelmy et al., 2004)，该发现有利于更加准确的衡量浮游植物承受的营养盐限制问题，进一步完善了对海洋磷储库及其生物地球化学循环的认识。

（三）硅

海水中的溶解硅酸盐，是水生态系统中构成生物群落的重要元素。硅藻、放射虫、硅质海绵和硅鞭毛虫生长，以及硅质介壳形成，都离不开硅。在近岸营养盐充足的水体中硅藻可以占初级生产的75%，但其生长速率受溶解硅酸盐含量的限制。

硅在地壳中约占27%，是地球上第二丰度元素，大多以硅酸盐矿物形式存在。海水中溶解硅酸盐主要源于地表岩石风化和土壤中硅酸盐矿物的风化和侵蚀，而风化强度与河水流量、温度及机械剥蚀作用密切相关。在过去，硅的研究没有引起足够的重视，但硅藻是水生态系统中食物网的重要组成部分，许多观测事实已证明硅限制的存在，并且硅限制发生的可能性增加，可引起浮游植物群落的演替。

溶解态硅酸盐在海水中有一级和二级解离平衡，主要是以单分子硅酸(H$_4$SiO$_4$)形式存在(>95%)。颗粒态硅分为生物硅(Biogenic Silica, BSi)和成岩硅(Lithogenic Silica, LSi)(图3-7)。生物硅又称为生物蛋白石或简称蛋白石，是指可以用化学方法测定的无定形硅的含量，主要来源于硅藻、放射虫、海绵骨针等，以SiO$_2$·nH$_2$O来表示(含水量不定，一般为4%~9%，最高可达20%)。黏土矿物中所含有的硅即为成岩硅。

图3-7 海水中硅的组成

生物硅是研究海洋生物地球化学过程和古海洋的重要参数。海洋沉积物中生物硅的含量与水体中硅质生产力和碳循环密切相关。全球范围内，在沉积物中BSi较有机碳的埋藏效率更高，被用于重建上层水体的古生产力。硅酸盐矿物的风化会将CO$_2$从大气转移入岩石圈，从而对全球CO$_2$量有影响。生物硅的生成与溶解速率是控制海洋中溶解态硅酸盐水平的重要过程。许多淡水和近岸海洋生态系统中，生物硅循环的扰动将对水生态系统的食物网和营养结构产生深远的影响。

海水中的溶解硅酸盐被硅藻、硅鞭毛藻等浮游植物，以及放射虫等浮游动物吸收而进入硅质有机体内，最终形成硅质介壳，从而使海水中溶解硅酸盐含量下降。生物死亡后分解又释放出硅，再生的溶解硅酸盐又回到海水中。另外，沉降进入沉积物中的生物硅，经深度埋藏后通过成岩反应最终转化为具有晶体结构的成岩硅。

二、大洋中营养盐的分布

（一）大洋中营养盐的垂直分布

大多数的海洋生物和所有的光合作用生物都生活在海洋上层100米的透光层。

浮游植物吸收溶解碳和氮、磷、硅营养盐进行生长,并合成有机质和硬质部分。大洋表层由于浮游植物光合作用消耗营养盐,PO_4^{3-}、NO_3^- 和 H_4SiO_4 的浓度较低,产生的有机质中90%都在透光层再生,其余10%沉降到海水的下层,通过矿化作用转化为溶解无机态营养盐而重新被利用。因而,营养盐在表层的浓度很低,真光层以下,随着深度增加有机物分解,营养盐再生又重新回到海水中,因此其浓度随深度增加而升高(图3-8)。由于温跃层中有机碎屑的最大降解发生的深度浅,磷酸盐和硝酸盐的最大浓度较溶解硅浅。而硅藻的硅质介壳的溶解,在较深层和海底,随着深度增加浓度增加,或在较深层有最大值。通常在500~1 000 m处,出现一个浓度剧变层;而1 000 m以深,PO_4^{3-}、NO_3^- 浓度变化很小,H_4SiO_4 浓度随深度增加而略为增加。

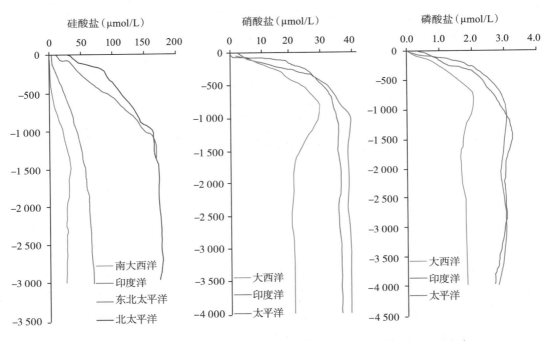

图3-8　大洋中营养盐的垂直分布(数据来源于Sverdrup et al,1941)

(二)大洋中营养盐的水平分布

大洋的营养盐水平分布主要受大洋环流、生物活动和有机物的矿化作用所控制。由于大洋环流,极地下沉水经大西洋至印度洋而后到达太平洋,使太平洋深层水比大西洋"老"。由于生物碎屑的沉降和分解与大洋环流叠加的结果,沿着水的传送带,在大洋环流过程中,随着水团年龄的变老,由表层沉降下来的生物碎屑分解,再生和溶解产生的营养盐不断累积,营养盐浓度逐渐增大(图3-9),从而使得太平洋深层水营养盐浓度比大西洋深层水营养盐浓度高。整个大西洋的营养盐主要受北大西洋深层水控制。

3 000 m水深硅酸盐含量（μmol/L）

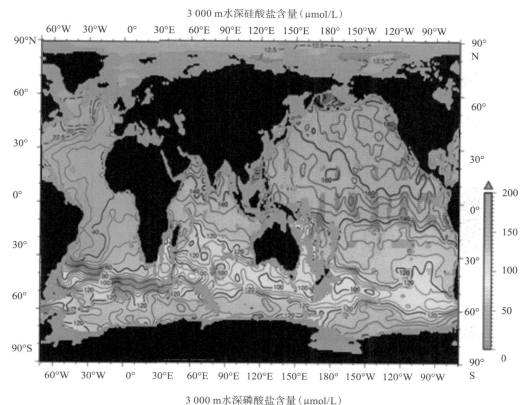

3 000 m水深磷酸盐含量（μmol/L）

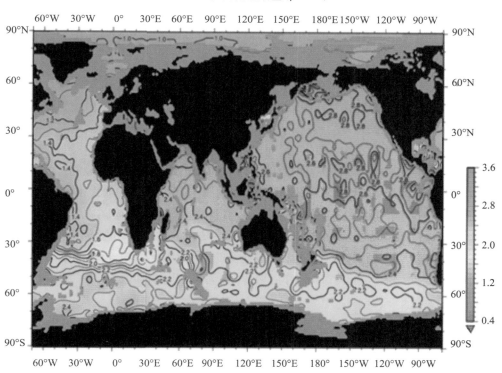

3 000 m水深硝酸盐含量（μmol/L）

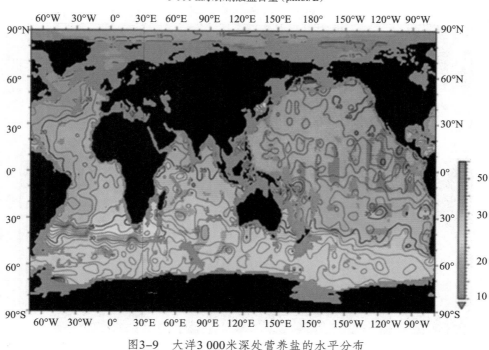

图3-9　大洋3 000米深处营养盐的水平分布

（http://www.nodc.noaa.gov/OC5/WOA09F/pr_woa09f.html）

三、河口和边缘海区营养盐的分布

河口与边缘海位于陆地与海洋交汇处，具有生物多样性高、生态结构复杂和初级生产力高的特征，是海陆相互作用最为活跃、对流域自然变化和人类活动响应最为敏感、与近岸环境变化关系最为密切的区域。在河流径流、海洋潮汐、风等共同作用下，产生的水平迁移、垂直混合、层化、锋面，以及大气输入和水体-沉积物界面的交换过程等，直接影响到边缘海海域营养盐的分布。河口和边缘海海域营养盐的含量及分布与大洋不同，不但受到陆地径流的变化、温跃层的消长、浮游植物的吸收和代谢、有机质的降解再生的影响，而且受人类活动的影响，河口和边缘海海域的营养盐动态变化极为复杂（图3-10）。近岸地区人口的增长以及土地利用方式的改变，不可避免地影响海水的运动、沉积物以及进入河口的有机物和营养物质的量。近几十年来，全球河流输送氮、磷营养盐的量不断增加，引起河口和近岸海域营养盐浓度相应增加。

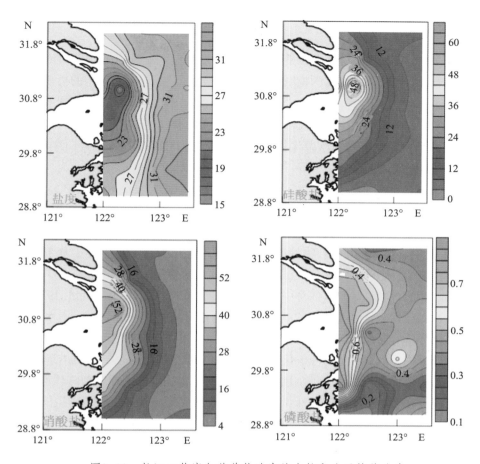

图3-10 长江口盐度与营养盐浓度的水柱积分平均值分布

特别是在河口区,来自于陆地的径流与海水的相互混合,水的盐度从河水接近于零连续地增加到正常海水的数值。伴随着盐度的增加和pH的改变,发生吸附、解吸、絮凝、沉降、有机质降解等复杂的物理、化学和生物作用过程,河口中物质在悬浮颗粒物与水相液之间的交换在很大程度上影响着营养盐由陆地向海洋的输送。营养盐在河口中的分布,在时间和空间上均有很大的差异,表现为保守、添加、亏损型特征(图3-11)。

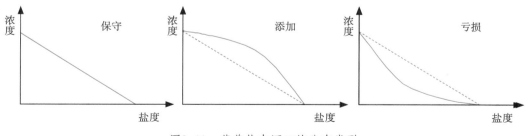

图3-11 营养盐在河口的分布类型

(图中实线为观测值,虚线为淡水与海水两个端元营养盐浓度的连线,或称为理论稀释线)

71

四、海水中营养盐的化学计量关系——Redfield比值

海洋中的初级生产者(主要是浮游植物)的生长需要按一定比例吸收海水中的营养元素来生产生命活动必需的物质,这些营养元素最终通过有机碎屑的再矿化作用重新返回到海水中。美国海洋学家Alfred C. Redfield(1890~1983)首次发现了浮游生物中C:N:P比例的近乎恒定性以及浮游生物与深层海水中N/P比例的相似性(Redfield,1934),并研究给出了海洋浮游生物的元素组成为:$(CH_2O)_{106}(NH_3)_{16}H_3PO_4$,其再矿化作用方程式为:

$$(CH_2O)_{106}(NH_3)_{16}(H_3PO_4)+138O_2 \longrightarrow 106CO_2+16HNO_3+H_3PO_4+122H_2O$$

即$O_2:C:N:P=138:106:16:1$,相当于每消耗138 mol的氧气可产生1 mol的磷酸盐、16 mol的硝酸盐和106 mol的二氧化碳。这一元素比值被广泛接受,并称之为Redfield比值。不同的个体和物种的需要可能存在显著差异,但水体中整个群落的成分变化在统计上有规律可循。这也是生态系统动力学模型的基础。

浮游生物体中N:P与其海洋中$NO_3^-:PO_4^{3-}$的比值极其相似(Redfield, 1934)。海洋浮游生物的元素组成决定了海水中营养元素的相对比例。若没有生命,海水的化学组成可能会明显不同(Redfield, 1958)。Redfield比值将海洋中的化学过程与生物学过程有机地联系在一起,因而一直是化学海洋学和海洋生物地球化学研究的理论基础和重要工具。Redfield比值被经常用来评价海洋浮游生物群落的现场新陈代谢状况,以及有机物质再矿化过程的化学计量关系,有助于确定区域性的浮游植物生长的营养盐限制因子,理解水华的形成和随后的低氧事件(Redfield et al., 1963)。

在浮游植物中,硅藻的生长还需要吸收溶解硅转变为生物硅,形成硅质介壳。对于硅藻来讲,其营养元素的比值为$C:Si:N:P=106:15:16:1$(Brzezinski, 1985)。铁限制会引起硅的吸收增加(Hutchins et al., 1998)。由于浮游植物体中的C:N:P的比值可能变化较大,一些学者推测Redfield比值可能是大体的平均值,而不是浮游植物生长的特殊需要(Arrigo, 2005)。

人类活动不仅使营养盐浓度增大,同时也改变了海水营养盐结构,即营养元素之间的浓度比。因此,人类活动将导致海水中N:P:Si比值的改变。河流输入的营养盐比例的改变,对近岸浮游生物群落结构的组成有重大影响。Si:N比值下降可能减少硅藻的生长潜力而利于有毒鞭毛藻的生长,从而加剧富营养化。

小 结

海水中含有地球上几乎所有的元素,但不同元素的存在形式是不同的,含量有明显的差异。海水中各种化学成分主要来源是地表岩石的侵蚀和风化、雨水的冲刷,通过河流汇入海洋,但海水的化学组成与地壳和河水有明显的差异。海水中浓度高的主要离子的逗留时间长。这些离子在海水中不断混合,因而在海水中的浓度分布比较均

匀,具有组成恒定比的特征。

可持续海洋生态系统基础研究是新世纪的一项重要科学议题。在过去的几十年里,全球海洋生态系统的结构和功能都发生了不同程度的重要变化,人类活动对近海的环境和生态系统的可持续发展产生了重要的影响。营养元素循环与海洋初级生产过程和全球气候变化息息相关,在海洋生态系统的可持续发展中起着重要的作用。由于营养盐的组成和结构变动,常引起不同程度的对初级生产的限制作用和浮游生物的种类组成和数量变动,并由此影响到整个生态系统。

思考题

1. 海水的化学组成主要有哪些?

2. 海水的化学组成与河水的主要区别是什么?

3. 人类与海洋化学有哪些密切关系?

4. 为什么海水含盐量远高于河水等天然水体?

5. 海水中主要离子之间的恒定比原理是什么?

6. 海水中主要离子之间的相对组成为何恒定?

7. 海水中的营养盐包括哪些?

8. 近海与大洋中营养盐的分布特征及其影响因素有哪些?

9. 对比分析不同营养盐分布特征的差异。

10. 简述Redfield比值的概念、科学意义及其应用。

参考文献

[1] BRZEZINSKI, M A. 1985. The Si : C : N ratio of marine diatoms: interspecific variability and the effect of some environmental variables[J]. Journal of Phycology, 21(3): 347–357.

[2] CLARK L L, INGALL E D, BENNER R. 1998. Marine phosphorus is selectively remineralized[J]. Nature, 393(6684): 426.

[3] DYHRMAN S T, BENITEZ-NELSON C R, ORCHARD E D, et al. 2009. A microbial source of phosphonates in oligotrophic marine systems[J]. Nature Geoscience, 2(10): 696–699.

[4] FOX L E, SAYER S L, WOFSY S C, 1985. Factors controlling the concentrations of soluble phosphorus in the Mississippi estuary[J]. Limnology and Oceanography, 30(4): 826–832.

[5] HUTCHINS D A, BRULAND K W, 1998. Iron-limited diatom growth and

Si∶N uptake ratios in a coastal upwelling regime[J]. Nature，393(6685)∶561–564.

［6］ IPCC. 2013. Contribution of Working Group I to the Fifth Assessment Report of the Intergovernmental Panel on Climate Change[M]//STOCKER T F, QIN D, PLATTNER G-K, et al. Climate Change 2013∶The Physical Science Basis. Cambridge∶ Cambridge University Press∶1535.

［7］ MARTIN J M, WHITFIELD M. 1983. The significance of the river input of chemical elements to the ocean[M]. WONG C S， BOYLE E， BRULAND K W, et al. Trace Metals in Sea Water. New York∶Plenum Publishing Corporation∶265–296.

［8］ PILSON M E Q. 1998. An Introduction to the Chemistry of the Sea[M]. New Jersey∶ Prentice Hall∶431.

［9］ REDFIELD A C. 1934. On the proportions of organic derivatives in sea water and their relation to the composition of plankton[M].// James Johnstone Memorial Volume. Liverpool∶University of Liverpool Press∶176–192.

［10］ REDFIELD A C, 1958. The biological control of chemical factors in the environment[J]. American Scientist， 46(11)∶205–222.

［11］ REDFIELD, A C, KETCHUM B H， RICHARDS F A. 1963. The influence of organisms on the composition of sea-water[J]. The Sea, 2∶26–77.

［12］ RILEY J P, CHESTER R. 1971. Introduction to Marine Chemistry[M]. London∶Academic Press.

［13］ SAÑUDO-WILHELMY S A, TOVAR-SANCHEZ A, FU F X, et al. 2004. The impact of surface-adsorbed phosphorus on phytoplankton Redfield stoichiometry [J]. Nature, 432∶897–901.

［14］ SVERDRUP H U, Johnson M W, and FLEMING R H. 1942. The oceans∶ Their physics, chemistry and general biology[M]. New Jersey∶Prentice Hall∶242.

第四章 海洋中的生命

从太空看地球，广袤的海洋使她呈现出迷人的蓝色；换一个角度而言，地球是绿色的，因为她是生命的家园。生命起源于海洋，现今的海洋中生存着丰富多彩的生命，这是地球区别于太阳系其他行星的独特之处。

本章的主要内容包括五个方面：海洋——生命的摇篮与家园；海洋中的微生物世界；海洋初级生产者：海藻与海洋高等植物；海洋无脊椎动物；海洋脊索动物。

第一节 海洋——生命的摇篮与家园

一、海洋——生命的摇篮

关于生命在地球上如何起源的问题，一直是科学界争论的焦点，但有一点确定无疑，那就是：因为有了水，生命才能在地球上延续。

在众多的生命起源理论中，化学起源说是较为普遍接受的生命起源假说。这一学说认为，地球上的生命是在地球温度逐步下降以后，在极其漫长的时间内，由非生命物质经过复杂的化学过程，逐渐演变而成的。之所以认为海洋是生命的摇篮，是因为原始的海洋为生命起源的化学过程提供了基本元素和反应介质。生命的起源需要物质条件，需要碳、氮、磷、硫等生命元素，也需要能量。原始地球上，剧烈而频繁的火山喷发、闪电等提供了有机物质合成所需的物质和能量（图4-1）。同时，海洋中的水为生命起源提供了环境条件。在生命起源过程中，从无机小分子，到有机小分子，到有机大分子构成的多分子体系，直至原始生命，这4个阶段中有3个阶段是在海洋中完成的，所以人们认为生命起源于海洋（图4-2）。

图4-1　原始地球的风貌
（http://www.zo.utexas.edu/faculty/sjasper/images/26.00.gif）

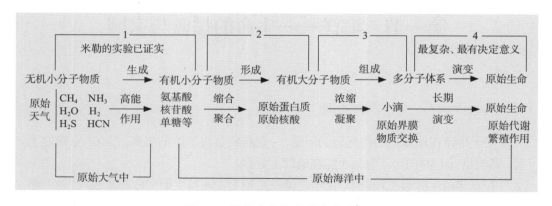

图4-2　原始生命的化学进化过程

　　在生命的萌芽阶段，原始地球环境十分严酷，而海洋为脆弱的原始生命提供了庇护所。地球诞生于50亿年之前，迄今所发现的最古老的岩石距今约40亿年。大约在38亿年前，地球上出现了最原始的生命，即细菌和蓝藻等原核的单细胞生物；20亿年前，具有细胞核的生命形态，也就是真核生物出现。在距今6亿年前的寒武纪，各种生物以爆炸性的速度涌现；软体动物诞生于5亿年前，海洋头足类动物——"活化石"鹦鹉螺就是古软体动物的重要代表。脊椎动物是动物界最高等的类群，在我国云南发现了几种5.2亿年前的原始脊椎动物——昆明鱼、海口鱼和海口虫，这一发现表明，脊椎动物的历史至少从寒武纪早期就开始了。从38亿年前至5亿年前这30多亿年的历程中，生命一直在海洋中生息、演化（图4-3）。

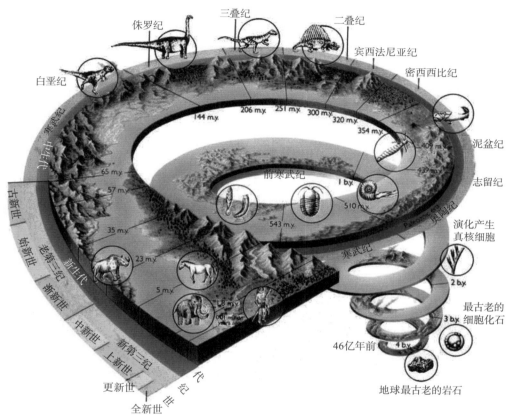

*b.y: 10亿年; m.y: 百万年

图4-3　地球生命演化历程

大约6亿年前，一些藻类与真菌的共生体——原始地衣逐渐适应陆地环境，占据了距海岸线不远的沼泽和滩涂地带，从此植物开始在陆地上繁衍。约4亿年前，某些生活在沼泽中的鱼类由于环境的周期变化开始适应水陆交界的生活；在古生代泥盆纪晚期，出现了仍拥有较多鱼类特征的原始两栖动物，但它们已具有四肢，能用肺呼吸；约2.4亿年前的三叠纪晚期大型爬行动物——恐龙开始出现，整个中生代都是以恐龙为主的大型爬行动物主宰的世界。现今，哺乳动物是地球上最繁盛的动物之一，它们大约出现在距今2亿年前的三叠纪晚期，但从侏罗纪到白垩纪长达1亿多年的漫长岁月里，哺乳动物一直生活在恐龙等爬行动物的巨大压力下。现在我们知道，距今6 500万年前，地球上发生了一场生物大灭绝，不仅恐龙灭绝了，而且当时地球上大约50%的生物属和几乎75%的生物种从地球上永远地消失了。经过这场浩劫，地球上生物世界的面貌发生了根本性的巨变。大绝灭标志着中生代的结束,地球的地质历史从此进入了一个新的时代——新生代,哺乳动物在新生代中顽强地崛起并成为地球的主宰。至今,关于这场大绝灭的原因仍然存在不同的理论解释,如"小行星撞击地球"、"大规模海底火山爆发"等,有待人们去探究。

二、海洋——生命的家园

从生命演化过程我们可以清楚地看到,生命发端于海洋,今天的海洋中仍然保存着几乎所有门类的物种,海洋生物的多样性要远远超出我们的想象。

海洋生物的多样性与海洋环境的多样性有密切关系(图4-4)。由大型海藻构成的海底森林和海藻床是众多海洋生物重要的繁殖场和孵育场。南极海域终年严寒,但那里是大型鲸类、象海豹、企鹅的家园。深海热液口是一个极不寻常的生物栖息地,从热液口喷出的水温度超过100 ℃,而周围的水温则在4 ℃左右。在这两股温差极大的水流之间,只有十分狭窄的交界面,有时窄至几厘米,正是这个交界面为一系列生物提供了独特的生境。海洋生境的多样性为生命的演化提供了空间,从而造就了海洋生物的多样性。

图4-4 多样的海洋生境,多样的海洋生物

海洋中的生物,大致可以分成四大类群:第一类是个体非常微小、肉眼难以看到的海洋微生物;第二类是生活在海洋中,为海洋提供能量、输送有机物质的光合生物——海洋植物;第三类是无脊椎动物,它们构成了海洋动物种类的绝大部分;第四类是海洋脊椎动物,它们是动物界中最高等的一类,包括鱼类、海鸟、鲸类等。

三、生命之树

地球生命的种类以百万计,千变万化、各不相同,如果不予分类、不立系统,便无

第四章 海洋中的生命

从科学地认识，难以系统地研究利用。从理论意义上说，通过分类学构建的生命之树反映了生物的进化历程。现代分类学诞生于18世纪，奠基人是瑞典植物学家林奈（Carl von Linné, 1707—1778），其科学贡献就是建立了物种"双名命名法"，并制定一些规定作为分类和命名的准则。在过去的300年中，随着对地球生命认识的不断深入，人们对生命世界基本类群的划分不断发生改变，生物分类系统历经了两界系统、三界系统、四界系统、五界系统、三域系统，一直扩充到现在的两总界、七界系统。

林奈的两界系统将生物界划分为两大类群，即固着的植物和行动的动物。三界系统则在两界系统基础上，添加了由低等生物构成的原生生物界。四界系统和五界系统均由著名植物生态学家惠特克（Robert Harding Whittaker, 1920—1980）先后提出。四界系统包括原生生物界、真菌界、植物界和动物界；20世纪50年代，人们认识到根据细胞的类型可分为原核生物和真核生物两大类，1959年惠特克首先提出地球生命可分属原核生物界（包括细菌和其他原核生物）、原生生物界（原生动物和多数藻类）、真菌界、植物界、动物界等五界，由于这一分类系统较客观地反映了地球生物的进化历程，被人们广泛接受。

1977年，微生物学家卡尔·沃斯（Carl Richard Woese, 1928—2012）依据16S rRNA基因序列上的差别，将原核生物分成了两大类群，即细菌和古菌。Woese认为细菌、古菌和真核生物是从具有原始遗传机制的共同祖先分别进化而来，三者应各为独特的、比界高的一类分类系统，称作"域"（Domain），从而将生物界划分为细菌域（Domain Bacteria）、古菌域（Domain Archaea）和真核生物域（Domain Eukarya）（图4-5）。

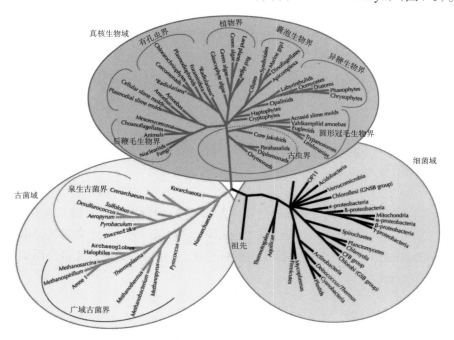

图4-5 三域生命演化树

（http://www.evolution-textbook.org/content/free/figures/00END_EVOW_Art/02_EVOW_END.jpg）

79

近年来，随着分子生物学技术的发展，编码核糖体RNA的碱基序列被广泛应用于生物各大类群的系统演化分析。20世纪80年代末，卡瓦尼-史密斯（Cavalier-Smith）提出生物八界分类系统（图4-6），到21世纪初经过修订形成了新的分类系统：细菌总界（Empire Bacteria），包括细菌界（Kingdom Bacteria）和古菌界（Kingdom Archaea）；真核总界（Empire Eukaryota），包括原生动物界（Kingdom Protozoa）、植物界（Kingdom Plantae）、动物界（Kingdom Animalia）、真菌界（Kingdom Fungi）和色藻界（Kingdom Chromista）。该系统较之过去的系

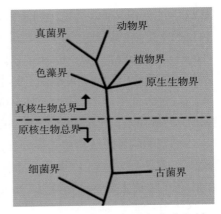

图4-6　两总界、七界生命演化树（http://www.tanelorn.us/media/pics/myco/tol.jpg）

统有如下变动：古菌从细菌中分出独立成界；过去比较混乱的原生生物界被拆散，分别归于原生动物界和色藻界；过去真菌界中的黏菌和卵菌分别归入原生动物界和色藻界。

　　生命演化树的改写可能还会继续下去。借助于基因组学研究技术的迅速发展和应用，人们对海洋生命的了解也越来越深入。21世纪初，国际著名基因组学家文特尔（Craig Venter）实施了一项称为全球海洋取样调查"Global Ocean Sampling Expedition"的科考项目，其目的是通过全球海水取样并对海水样本进行宏基因组分析，来评估海洋微生物群落的遗传多样性并认识它们在海洋生态基本过程中的作用。在调查研究中，科研人员通过宏基因组学分析发现有些基因序列和此前所知的主要生命类群的基因序列完全不同，在现有的生命演化树中无法找到其位置。研究人员认为这些神秘的基因序列或许代表着生命树上一个完全崭新的未知分支。

第二节　海洋中的微生物世界

　　微生物就是用肉眼难以看见的微观世界的生物。海洋中的微生物大致可以分成三大类群：第一大类是海洋病毒；第二大类是原核生物，又可分为两个重要的类群——海洋细菌和海洋古菌；第三大类是微小的真核生物，它包括了能进行光合作用的单细胞藻类、原生动物以及海洋真菌。

一、海洋病毒（Marine Virus）

病毒是一类没有细胞形态的生命形式，是一种横跨生命与非生命的物质形态，它

的遗传物质是脱氧核糖核酸（DNA）或者是核糖核酸（RNA）。病毒遗传物质DNA或RNA的外面包被一层蛋白质外衣，被称为核衣壳。

海洋病毒（图4-7）在海洋中的作用十分重要。海洋病毒分布广，海水中海洋病毒的密度分布呈现近岸高、远岸低；在海洋真光层中较多，随海洋深度增加逐渐减少，在接近海底的水层中又有回升的趋势。海洋病毒密度有时可达$10^6 \sim 10^9$个病毒颗粒（VPS）/mL，超过细菌密度的5~10倍。海洋病毒的另一个特点是寄主多样，细菌、藻类、海洋动物都是它的寄主。在复杂的海洋生源要素的循环过程中，海洋病毒扮演着重要的角色，与海洋中可溶性有机物的产生有着十分密切的关系。同时，海洋病毒的感染致病给水产养殖业造成了巨大损失。现已查明，白斑综合征杆状病毒（WSSV）就是从1993年开始在全国范围造成中国对虾养殖绝产的元凶。目前海洋病毒在海洋生态系统中的作用正日益被人们所关注。

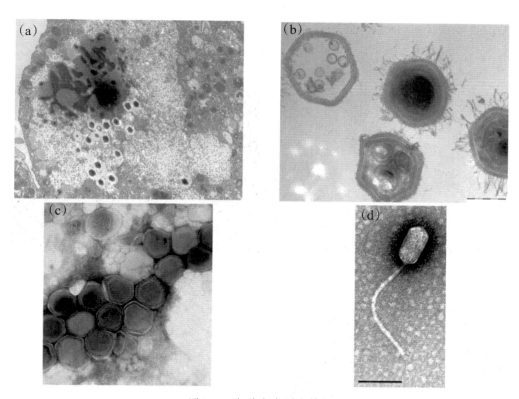

图4-7　海洋病毒形态特征

一般来说，海洋病毒非常微小，大小约为100 nm，难以用显微镜进行观察。但是2013年7月法国科学家在国际学术期刊*SCIENCE*上发表了一篇关于海洋病毒的最新研究成果，报道了两个分别分离自海水和淡水的巨型病毒。这两个巨型病毒的大小约为1 μm，甚至可以用显微镜观察到；这类巨型病毒的另一个特点就是基因组大，基因组分别达到了2.5 Mb和1.9 Mb。换言之，这些巨大病毒的尺寸和

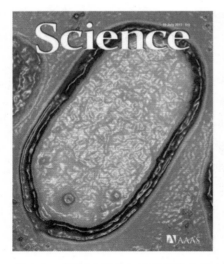

图4-8 *SCIENCE*杂志封面刊登的潘多拉病毒电镜照片

基因组大小与细菌已十分接近。同时研究还发现，巨型病毒基因组中基因的数量也接近细菌基因组。将巨型病毒DNA序列与已知的海洋病毒的DNA序列比较分析，结果发现它是一类全新类型的海洋病毒，并将其命名为潘多拉病毒（Pandoravirus）（图4-8）。潘多拉病毒的发现让我们认识到海洋中有许多我们从未知道的生命形式。

二、海洋细菌（Marine Bacteria）

细菌是具有细胞形态的生命形式。与真核生物相比，最显著的差别是细菌缺少核膜包被的细胞核。细菌形态十分多样（图4-9），在海洋环境中数量庞大、无处不在（图4-10）。

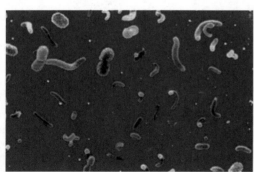

图4-9 海洋细菌形态模式图

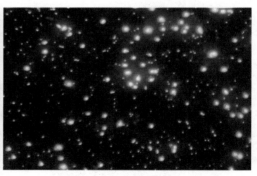

图4-10 荧光染色观察海洋细菌

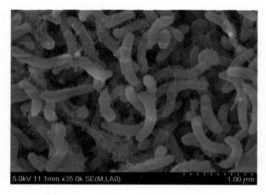

图4-11 遍在远洋杆菌电镜照片

一种被称为遍在远洋杆菌（*Pelagibacter ubique*）（图4-11）的海洋细菌可能是地球上数量最多的一种细菌，据估算其数量可达10^{28}个细胞。然而目前我们对这样一种数量如此庞大的细菌在海洋环境中的作用仍不清楚。遍在远洋杆菌也是迄今为止已知的最小的，不通过寄生就能够自我繁殖的生物，其细胞长度是$0.37\sim0.89$ μm，直径$0.12\sim0.2$ μm，就大小而言甚至小于巨型病毒。与遍在远洋杆菌形成对比的是纳米比亚嗜硫珠菌（*Thiomargarita namibiensis*）

（图4-12），这种细菌是迄今为止人类发现的最大细菌，细菌细胞呈球形，直径一般为0.1~0.3 mm，最大可达0.75 mm，因此不用借助显微镜就可肉眼看到。在纳米比亚海岸的沉积物中，纳米比亚嗜硫珠菌数量很多，因含有微小的硫黄颗粒，所以发出闪烁的白色。这种细菌生长在缺氧而富含硫化氢的环境中，能够利用硝酸盐将硫氧化从而获得能量。发现纳米比亚嗜硫珠菌的重要性在于它为地球硫循环和氮循环之间的耦合提供了更为确切的证据。

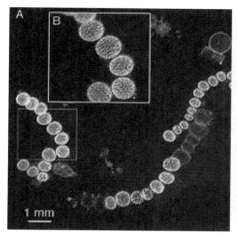
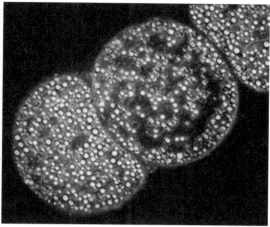

图4-12 纳米比亚嗜硫珠菌电镜照片

a. 生长于叠层石中的蓝细菌

b. 蓝细菌附生改变北极熊毛色

海洋细菌中有一类特殊的类群——蓝细菌（Cyanobacteria）（图4-13）。由于蓝细菌能够进行光合作用，又被称作蓝绿藻（Blue-green algae）或者蓝藻（Blue algae）。蓝细菌是地球上最早出现的光合生物类群之一，化石证据表明早在27亿年前蓝细菌即开始在地球上生活。大约在40

c. 地中海沿岸的红海束毛藻藻华

图4-13 不同生境中的蓝细菌

亿年前，随着地球逐渐冷却，地球内部大量气体随火山喷发和地壳运动逸出地表，围绕在地球周围，形成了以水汽、二氧化碳、氮、甲烷和氨等为主要成分的大气层，替代了主要成分是氢、氦的原始大气，被称为次生大气。次生大气中没有氧，还原性的大气环境是绝大多数现存生物种类难以适应并生存的。从还原性的大气改造到现代富含氧气的氧化性大气，蓝细菌发挥了十分重要的作用。今天，蓝细菌的分布非常广泛，在海洋环境中扮演着重要的角色。在沿岸带，礁石高潮线上方常可见到黑色的壳状薄膜，这里就是蓝细菌的生境。蓝细菌还能钻入热带浅海珊瑚礁的碳酸盐颗粒内部。沿岸带的蓝细菌可以固氮，对岩石海岸带和珊瑚礁的生产力贡献巨大。在大洋中，海水营养比较贫瘠，大型浮游植物数量极少，但聚球藻（*Synechococcus*）、集胞藻（*Synechocystis*）和原绿球藻（*Prochlorococcus*）等超微型浮游植物由于其高的表面积与体积比率，使其细胞能高效率摄取环境营养，因此微型球状蓝细菌提供了开放大洋大部分的初级生产力。红海名称的由来与一种被称为束毛藻（*Trichodesmium*）的蓝细菌暴发形成大范围的红色水华有关。束毛藻能够固氮，在加勒比海其固氮量可达每天每平方米1.3 mg，其初级生产力的贡献达到20%。

三、古菌（Archaea）

古菌（图4-14）可能是地球上最早出现的生命形式，据估测有38亿年以上的历史。古菌的形态十分多样，有的形态不规则，而有的则呈几何形态（图4-15），有球形、杆状、螺旋形；细胞直径一般为0.1~15 μm，丝状菌体长度有200 μm。与细菌一样，古菌

门（Phylum）	代表性类群	代表性类群显微示意图
广域古菌门（Euryarchaeota）该类群包括能生成甲烷的产甲烷菌（Methangens）和生活在极端高盐环境中的嗜盐菌（Halobacteria）	产甲烷菌属（Methanogenium）该属成员能生成甲烷；人类和其他动物肠胃胀气也与其有关 盐杆菌属（Halobacterium）该属喜欢高盐环境，由于细胞膜上有细菌视紫红质（Bacterio-rhodopsin），高密度嗜盐菌会使水色变红。细菌视紫红质与视网膜视紫红质相关	盐杆菌NRC-1（*Halobacteria* strain NRC-1）
泉生古菌门（Crenarchaeota）是分布广泛的古菌类群，具有重要的固碳作用；许多成员是需硫极端微生物，生活在富含硫环境中；有些成员具有嗜热或超嗜热特性	硫化叶菌属（*Sulfolobus*）该属古菌常生活于火山热泉中，温度75~80℃，pH为2~3	被噬菌体感染的硫化叶菌（*Sulfolobus*）

门（Phylum）	代表性类群	代表性类群显微示意图
纳米古菌门（Nanoarchaeota）目前该门仅发现骑行纳米古菌（*Nanoarchaeum equitans*）1种	骑行纳米古菌（*Nanoarchaeum equitans*）该种分别分离自大西洋底及黄石国家公园热泉；该种专性寄生于另一种古菌——燃球菌（*Ignicoccus*）	骑行纳米古菌（*Nanoarchaeum equitans*）（小的深色圆球）附着于体积较大的燃球菌（*Ignicoccus*）宿主
初生古菌门（Korarchaeota）该门成员仅在黄石国家公园的黑曜石热泉中被发现，被认为是最原始的生命形式之一	尚不能人工培养	图片展示的是黄石国家公园黑曜石热泉中发现的不同种类的初古菌

图4-14　古菌的相关信息

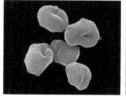
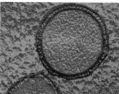
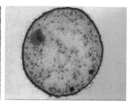

硫化叶菌　　　　　　海洋葡萄嗜热菌　　　　　伯顿甲烷类球菌　　　　　产盐盐球菌

图4-15　几种古菌的形态

也没有细胞核，属于原核生物类群，但古菌与细菌的细胞结构存在差异。古菌细胞膜含有由分枝碳氢链与D型磷酸甘油，以醚键相连接而成的脂类；而细菌及真核生物细胞膜则含有由不分枝脂肪酸与L型磷酸甘油，以酯键相连接而成的脂类。细菌细胞壁的主要成分是肽聚糖，而古菌细胞壁不含肽聚糖。

　　人们对古菌感兴趣，原因之一就是古菌代表着地球生命的极限，让我们对生命的边界有了更全面的认识。热网菌（*Pyrodictium*）能在113 ℃的高温下生长，这是迄今为止发现的生物能够生长的最高温度。过去，人们认为古菌主要生活于极端环境下，如大洋底部的高压热溢口、热泉、盐碱湖等，因此也被称作嗜极生物。但近年来，随着分子生物学技术的发展，人们发现古菌广泛分布于各种自然环境中，土壤、沼泽中均生活着古菌，甚至近海的一滴海水中就能发现古菌的存在。

　　按照代谢和生理特性，古菌可分为三大类型：产甲烷菌、嗜热嗜酸菌、极端嗜盐菌。詹氏甲烷球菌（*Methanococcus jannaschii*）是一种分离自2 600 m深海火山口附近的古菌，能耐受260个标准大气压（$2.6×10^7$ Pa）和94 ℃的高温。1996年，詹氏甲烷球菌（图4-16）全基因组序列被解析，是第一个完成全基因组测序的古菌和自养型生物。根据对该菌全基因组序列的分析结果，证实了由美国学者卡尔·沃斯（Carl Richard Woese）等人提出的"生命三域学说"，即生命世界包括了细菌域、古菌域和真核生物域，因此被称为具有"里程碑"意义的研究成果。

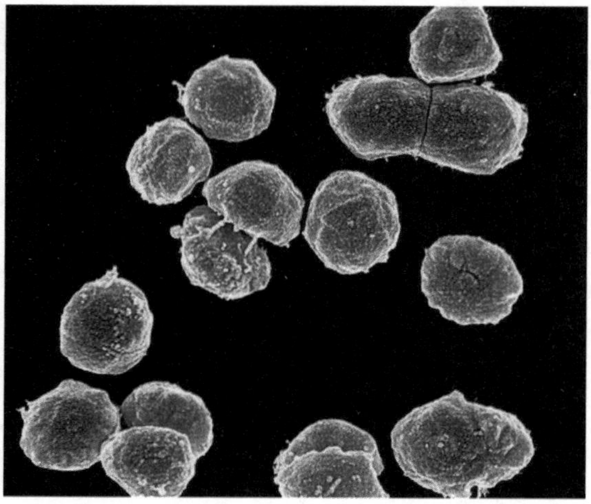

图4-16　首个完成全基因组序列测定的古菌——詹氏甲烷球菌

面临挑战的三域生命树

（1）三域还是两域

生命的起源与演化一直是科学研究的热点，生命之树有几大分支也一直为人们所关注。1977年，微生物分类学家卡尔·沃斯（Carl Richard Woese）通过对核糖体RNA（rRNA）小亚基序列分析发现了古菌（Archaea），认为是真细菌（Eubacteria）和真核生物（Eukaryotes）之外的第三种生命形式，提出了三域分类系统学说，将地球生命分别归为细菌域（Domain Bacteria）、古菌域（Domain Archaea）和真核生物域（Domain Eukarya）。然而，1984年，加州大学洛杉矶分校的James A Lake等根据核糖体结构进行系统演化分析，认为真核生物与原核的泉古菌亲缘关系更近，提出了真核生物起源于泉古菌的假说。近年来，随着新的生物进化分支的发现，数据的不断积累，以及更好的系统演化模型的应用，越来越多的证据支持二域分类系统，也就是将所有的地球生物归为细菌域和古菌域，其中真核生物归为古菌域，并起源于泉古菌。目前，虽然三域分类系统仍然被多数学者所认可，但有学者指出大量的研究证据已显示目前广泛接受的三域（Domain）分类系统可能是错误的。

（2）三域还是四域

20世纪末、21世纪初，随着Mimivirus以及另外几种侵染原生生物的巨型病毒的发现，人们对一类被称为核细胞质大DNA病毒（nucleocytoplasmic large DNA viruses, NLDVs）的生命形式产生了浓厚的兴趣。这类生命形式都是寄生生活，只含有一种类型的核酸，而且不能自主完成生命周期，因此科学家们将它们归为病毒。然而，这些"巨型病毒"与典型的病毒，区别十分明显。首先，NCLDVs体型"巨大"，Mimivirus的直径在0.4~0.5 μm，比脊髓灰质炎病毒（为0.02~0.03 μm）大一个数量级；2011年在智利海岸分离的*Megavirus chilensis*个头比Mimivirus还大6.5%；2013年发现的咸潘多拉病毒（*Pandoravirus salinus*）其长径甚至达到1 μm，超过了许多细菌的大小, Mimivirus基因组约120万个碱基对, 编码1 000多个基因, 是一般病毒的几十倍到上百倍; 潘多拉病毒基因组达到247万个碱基对, 编码2 500多个基因, 已与细菌基因组编码能力相当。NCLDVs的第三个特征是基因构成复杂, 甚至能编码DNA修复和蛋白质翻译功能的部分基因, 而这些功能一直以来都被认为仅存在于细胞生命体中, 但是NCLDVs仍然不能编码核糖体相关蛋白, 所以仍然需要借助宿主细胞的翻译系统才能完成自己蛋白质的翻译。NCLDVs的第四个特征是其编码基因中相当一部分在目前已知的生命形式中找不到相似的基因, 例如潘多拉病毒基因组中有约93%的基因功能未知。

21世纪初, 随着 "全球海洋取样调查 (Global Ocean Sampling Expedition)" 科考项目的深入实施, 越来越多的NCLDVs被发现。

尽管NCLDVs的宿主和基因组大小差别很大, 但研究人员通过分析其序列和基因集合发现它们是单系演化, 具有共同的古老祖先。有观点认为NCLDVs是地球上已知的细菌、古菌和真核生物之外的第四类生命形式, 可能与地球40亿年前第一批生命形式同时出现 (图4–17)。

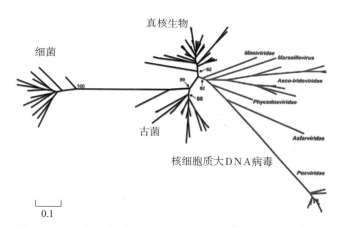

图4–17 细菌、古菌、真核生物与NCLDVs系统演化关系

(http://blogs.discovermagazine.com/loom/files/2011/03/raoult-tree600.jpg)

四、真核微生物

真核生物是具有细胞核的所有生物的总称。真核生物与原核生物的根本性区别是前者的细胞内有以核膜为边界的细胞核, 许多真核细胞中还含有其他细胞器, 如线粒体、叶绿体、高尔基体等。

(一)原生动物

原生动物生活在海洋、湖泊中, 甚至在生物体内, 分布十分广泛。原生动物个体微小、形态简单, 它们是真核的单细胞生物, 但像动物一样是异养的。原生动物都是 "超级细胞",能够完成许多结构更复杂的多细胞生物才能完成的工作。从系统演化关系来看,原生动物的几个类群并非单系起源。

1. 有孔虫(foraminiferans)

有孔虫(图4-18)的重要特征之一是其外壳成分为碳酸钙质,底栖有孔虫对珊瑚礁和海岸的钙质组成有重要的贡献。浮游的有孔虫种类很少,但有时数量巨大,大量浮游有孔虫的外壳最终会沉积到海底,形成绵延覆盖的钙质有孔虫软泥。英格兰多佛海岸的白色峭壁,以及世界各地的石灰质地貌都是由浮游有孔虫的沉积物形成的。

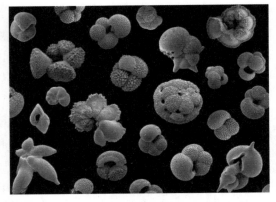

图4-18 有孔虫模式图
(http://i.dailymail.co.uk/i/pix/2013/08/12/article-2389820-1B41B743000005DC-673_634x476.jpg)

2. 放射虫(radiolarians)

放射虫精致的外壳富有弹性,由硅质及其他材料构成。放射虫外壳是球形,具有放射状的棘刺(图4-19)。大多数放射虫个体微小,但有些种类能形成腊肠状的群体,长度可达3 m。放射虫在大洋中生活于开放水域,当数量巨大的放射虫残骸沉积到海底后就形成了硅质的放射虫软泥。

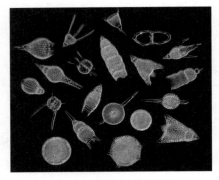

图4-19 放射虫放大照片

(http://www.microscopy-uk.org.uk/micropolitan/

marine/radiolaria/radiolaria_barbados.jpg)

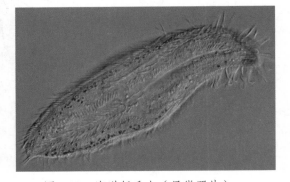

图4-20 海洋纤毛虫(显微照片)

(http://www.photomacrography.net/forum/

userpix/632_ForumA2361_copia_1.jpg)

3. 纤毛虫(ciliates)

在海藻体表和底泥上生活着许多海洋纤毛虫(图4-20),还有一些纤毛虫生活在贝类鳃、海胆肠道、鱼皮肤等特殊空间。纤毛虫毛发状的纤毛可用来运动和摄食。砂壳纤毛虫瓶状的兜甲让它很适合在水中漂浮生活。浮游生活的纤毛虫在微生物食物环中的功能十分重要,有利于能量流从可溶有机物流向较大的浮游生物。

(二)海洋真菌

已知的海洋真菌有500多种,大多数是多细胞的,也有单细胞的。真菌不能进行光合作用,是异养生活的。有些真菌与藻类共生,形成地衣这一特殊的类群。在岩石海岸的海浪飞溅区,海洋苔藓形成很厚的深褐或黑色斑块。

在红树林中,海洋真菌是最重要的落叶分解者,在红树林营养循环中发挥重要作用。一些海洋真菌寄生于海洋生物的体表或体内,其中有些是具有重要经济价值的藻类、海绵、贝类和鱼类的病原。研究发现,一些海洋真菌能产生抗生素,因此可作为药物的来源。

第三节 海洋初级生产者:海藻与海洋高等植物

生活在海洋中的藻类和高等植物是主要的初级生产者,参与了海洋中能量与物质的循环流动。它们通过光合作用固定二氧化碳,合成有机质,从而将太阳能和无机碳转变为可供其他生物利用的化学能和有机质,同时释放出氧气。藻类和高等植物营造的海洋生境成为许多海洋生物栖息和繁殖的场所,具有重要的生态价值。同时,藻类也为人类提供所需的食物和工业原料。

海洋中藻类的类群,根据其藻体的颜色可分为红藻、褐藻和绿藻等。严格来讲,"海藻"这一名词并非真正意义上的生物分类群,它们是多系起源的。之所以将海藻当作一个类群,是因为它们都是能进行光合作用的自养生物。海洋中的高等植物类群主要包括全球性分布、生长于潮下带的海草,以及亚热带海域的红树林。

一、海洋真核微藻

藻类的主要特征之一是能够进行光合作用,是重要的初级生产者。海水和淡水中均生活着种类繁多、数量巨大的微藻。真核微藻结构比较简单,具有细胞核和细胞膜包被的细胞器。叶绿体是光合作用的场所。藻类没有根茎叶的分化、不开花、繁殖结构比较简单,因此有人认为藻类并非真正意义上的植物。

(一)硅藻(Diatom)

硅藻是由单细胞或多个细胞连接而成的群体。硅藻因其细胞壁中含有硅质而得名。硅藻细胞壁由2个上下套合的壳组成,上下壳之间有起连接作用的环带(图4-21)。硅藻的颜色为橙黄色或黄褐色,这与其色素组成有关。硅藻光合色素主要有叶绿素a、c,β-胡萝卜素、α-胡萝卜素和叶黄素。叶黄素类中主要含有墨角藻黄素、硅藻黄素和

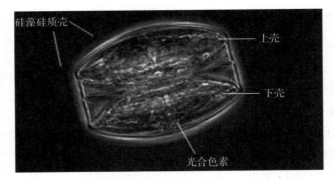

图4-21　硅藻细胞结构模式图

硅甲黄素。

　　硅藻是开放大洋区域浮游植物的主要成员，也是淡水浮游植物的重要组成。已知的硅藻种类大约有1 200种，其中有一半生活在海洋中。一般而言，从温带到寒带，硅藻的数量逐渐增加。在两极海域，硅藻是主要的初级生产者。硅藻在地球生源要素的循环中发挥着重要的作用。

　　硅藻细胞壁表面有十分精致而复杂的花纹图案及孔刺等结构（图4-22）。现在，人们正在尝试利用基因工程技术来创造硅藻表面新的图案和结构，最终的目的是要利用硅藻在人工控制下制造新型纳米材料。藻类是地球上光能利用率最高的有机体，硅藻外壳复杂的结构能使射进的光线无法逃逸。科研人员正在研究将硅藻作为未来太阳能电池的模板，以期制造能量利用率与藻类媲美的硅藻太阳能电池。硅藻死后其坚固多孔的外壳遗存下来，经过亿万年的积累和地质变迁形成硅藻土。硅藻土在生活中和工业上用途广泛，如作为过滤材料、绝缘材料、隔音材料和研磨材料等。

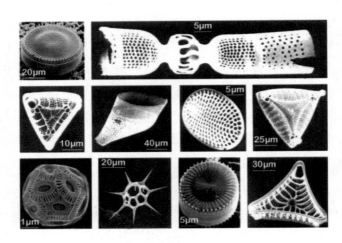

图4-22　浮游硅藻形态

（二）甲藻（Dinoflagellate）

图4-23　甲藻电镜照片

甲藻有时又被称作"双鞭藻"，是因为甲藻有两条鞭毛，其中一条围绕着中部沟，另一条鞭毛可以自由摆动（图4-23）。甲藻的细胞壁由纤维素甲板构成，甲板上具花纹、有刺孔等结构。甲藻的光合色素为叶绿素a、c和β-胡萝卜素，此外还有几种特有的色素，如硅甲黄素、甲藻黄素等。有些种类的甲藻既能通过光合作用利用光能，也能像变形虫一样去捕获食物，因此甲藻具有藻类和动物的双重特性。

甲藻几乎都生活在海洋中，种类约1 200种。在温暖的海域，甲藻是重要的初级生产者。海洋中的有害藻华（harmful algal blooms）常被叫做赤潮（图4-24），是一种危害海洋生态环境的海洋灾害。甲藻是许多赤潮的肇事物种，有些甲藻能分泌神经毒素，形成有毒赤潮。

图4-24　有毒甲藻"赤潮"及毒素分子结构

（三）其他单细胞藻类

在一些海域，硅鞭藻（silicoflagellate）（图4-25）、颗石藻（coccolith）（图4-26）和隐藻（cryptophytes）等单细胞藻类非常丰富，成为非常重要的初级生产者。硅鞭藻具有典型的由硅质构成的胞内部骨架和两条不等长鞭毛，普遍存在于海洋沉积物中，可用来测算沉积物的年龄。颗石藻具有鞭毛，球形细胞表面覆盖纽扣状的装饰结构，其

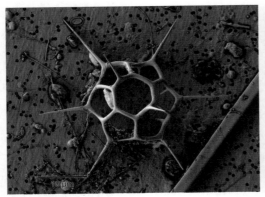

图4-25 硅鞭藻（*Dictyocha speculum*）电镜照片
（http://www.antarctica.gov.au/__data/assets/
image/0014/140225/varieties/antarctic.jpg）

图4-26 颗石藻电镜照片
（http://a1.att.hudong.com/21/47/0130000009
5902121421475484443.jpg）

成分是碳酸钙，在海洋碳素循环中发挥重要的作用。隐藻有两条鞭毛，无骨架，其叶绿体位置很特殊，位于与隐藻内共生但已退化的真核细胞中，因此隐藻是叶绿体演化存在次级内共生的重要证明。

二、大型海藻

与高等植物比较，大型海藻（seaweed）的藻体结构比较简单，没有真正意义上的器官分化（如根、茎、叶），没有高等植物中运送物质所需的维管束结构，不开花，也没有果实和种子。用于描述其结构的名词与高等植物也有区别，例如海藻的藻体被称为原植体或者原叶体（thallus），海藻的结构包括叶片（blade）、叶柄（stipe）和固着器（holdfast），有些褐藻有气囊（pneumatocyts）（图4-27），海藻的繁殖结构没有特化的保护组织，经常直接由营养细胞产生无性的孢子或者有性的雌雄配子。

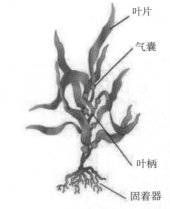

图4-27 大型海藻形态模式图

（一）绿藻（green algae）

绿藻是海藻三大类群之一，种类约有7 000种，海水种类约占10%。多细胞绿藻的光合色素与高等植物类似，主要的叶绿素是叶绿素a、b，主要的类胡萝卜素是叶黄

图4-28 世界性入侵海藻——杉叶蕨藻（*Caulerpa taxifolia*），又被称为"杀手藻"

素。绿藻光合作用的产物主要是淀粉,由直链淀粉和支链淀粉组成,也与高等植物非常相似。因此,绿藻被认为与高等植物有较近的亲缘关系。纤维素是构成绿藻细胞壁的主要多糖,而团藻目绿藻的细胞壁由糖蛋白构成。多细胞绿藻的形态多样,包括了丝状(刚毛藻)、管状(浒苔)、叶片状(礁膜)、分枝状(松藻)等(图4-28)。绿藻中的伞藻、蕨藻的藻体为单个细胞,巨大的细胞中有多个细胞核,称为多核体。

图4-29 不同形态的绿藻

(a)长石莼(*Ulva linza*),藻体中空管状;(b)孔石莼(*Ulva pertusa*),藻体叶片状;(c)刺松藻(*Codium fragile*),圆柱状藻体具分枝;(d)长颈葡萄蕨藻(*Caulerpa lentillifera*)藻体为单细胞,分化为假根、匍匐茎和直立枝

　　绿藻中的有些种类对海洋生态有重要影响。蕨藻属(*Caulerpa*)绿藻是入侵性较强的种类,杉叶蕨藻(*C. taxifolia*)(图4-28)原产于澳大利亚,被广泛地用作观赏水族的装饰植物,其对寒冷容忍度高,在适宜环境中生长速度达2 cm·d^{-1}。逃逸的杉叶蕨藻能迅速形成密集的单一种群,几乎所有本土物种都被排挤掉,目前该藻已在全球迅速蔓延。石莼属(*Ulva*)的有些种类在特定环境条件下会暴发性增殖,称之为绿潮(图4-30)。若绿潮藻在海岸或内湾高密度聚集,海水中的营养物质被迅速耗尽,

图4-30 浒苔(*Ulva prolifera*)绿潮

藻体死亡，腐败产生的有害气体不仅会破坏海岸旅游景观，对潮间带生态系统也带来极大的危害。从2007年至今，我国黄海海域在春夏之交连年暴发浒苔绿潮，对山东半岛沿岸造成了巨大的经济和生态损害。

绿藻中的海松科藻类是重要的造岩藻类，浅水区的钙扇藻、深水区的仙掌藻（图4-31）对礁湖区的钙化有重要作用，研究人员对墨西哥一处海滩的沙子组成进行计算，发现其中含有35%的成分来自仙掌藻。

图4-31　钙质的仙掌藻（*Halimeda* sp.）

（二）褐藻（brown algae）

褐藻是大型海藻的一个主要类群，目前已鉴定的褐藻种类有1 500种，几乎都生活在海水或半咸水中，淡水中只有8种。褐藻的颜色是由于其质体中含有大量的类胡萝卜素——岩藻黄素，此外质体中还含有叶绿素a、c_1和c_2。其光合作用的产物是褐藻多糖和甘露醇。

褐藻都是多细胞的，其形态多样，结构也是藻类中较复杂的。基本上可分为三类：一是有分枝的丝状体，有的物种分枝比较简单，有的物种分化为匍匐枝和直立枝；二是由具分枝的丝状体紧密结合，形成假薄壁组织；三是比较高级的类型，有组织分化。褐藻藻体的结构分成表皮层、皮层和髓部3部分（图4-32）。褐藻细胞壁分为两层，内层成分与高等植物一样是纤维素，外层由藻胶组成。在细胞壁成分中还含有一种被称为褐藻糖胶的物质，能在褐藻表面形成黏液质，具有退潮干露时保护藻体免于干燥失水的能力。褐藻的繁殖包括营养繁殖、无性繁殖和有性繁殖多种形式。褐藻的配子有两条鞭毛，长度和结构均有差异，这是褐藻的特征之一。褐藻中除了墨角藻目的种类外，其他类群在整个生活史过程中都有双倍体的孢子体世代和单倍体的配子体世代交替生长，世代交替明显。世代交替有两种类型：一是等世代交替，孢子体和配子体形状相同，大小相等，如长囊水云等；二是不等世代交替，配子体和孢子体的形状和大小不等，如海带孢子体长达数米，而配子体是仅几个细胞的丝状体。墨角藻目种类没有世代交替，只有二倍体的孢子体世代，没有无性繁殖，只有卵配生殖。

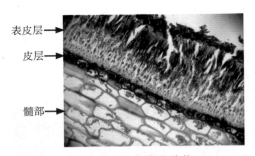

表皮层

皮层

髓部

图4-32　褐藻藻体结构

褐藻主要分布于寒带和温带海洋，生长在低潮带和潮下带的岩石上，是温带和极地岩礁海岸的主要初级生产者。巨藻（*Maerocystis*）是一类个体巨大的褐藻，在适宜的条件下，每天可以生长30～60 cm，有些种类长度可达数百米。因此，不论是长度

图4-33　褐藻形成的"海底森林"
（http：//msnbcmedia.msn.com/j/
MSNBC/Components/Slideshows/_
production/ss-130603-underwater-
contest/ss-130603-underwater-tease-
458p.660；660；7；70；0.jpg）

图4-34　海带收获
（http://s5.sinaimg.cn/large/ools Ggbb-zy6Mvcrcxele4&690）

还是生长速度，巨藻都可称得上是"世界之最"。巨藻等大型褐藻在海底形成"森林"（图4-33），为鱼类、贝类等提供良好的栖息索饵场所。许多褐藻是重要的经济海藻，海带（图4-34）、裙带菜、羊栖菜等可直接食用，海带、马尾藻等是重要工业和食品原料——褐藻胶的主要来源。在医药方面，褐藻被用作抗凝剂、止血剂和代用血浆等。

（三）红藻（red algae）

红藻是红藻门（Rhodophyta）藻类的俗称，可能是真核藻类中最古老的类群之一。绝大多数红藻种类生活于海洋中，在海藻各类群中红藻的种类也是最多的。按照最新的红藻分类体系，红藻门包括7个纲，6 500多个物种。

多数红藻种类的藻体是多细胞，单细胞种类较少。红藻的形态结构比较简单，有简单的丝状体，也有形成假薄壁组织的叶状体、囊状体、壳状体或圆柱状具分枝藻体（图4-35）。红藻的藻体通常呈现紫红色或鲜红色，这是由于其光合色素中含有大量的藻红蛋白和藻蓝蛋白，另外还含有叶绿素a、叶绿素d、叶黄素和胡萝卜素。由于色素比例的差异，藻体颜色常会发生变化。红藻光合作用的产物为红藻淀粉。细胞壁外层由琼胶或卡拉胶等红藻多糖组成，因种类而异，内层为纤维素。在红藻的繁殖过程和复杂的生活史中，没有发现带鞭毛的游动细胞，无论是孢子还是配子均如此，这是红藻的重要特征。红藻的繁殖方式包括无性生殖和有性生殖。红藻的生活史类型包括异型两世代交替和三世代交替两类。前者如紫菜等，其生活史由大型的配子体和微型的孢子体构成；后者如江蓠等，其生活史包括了配子体、四分孢子体和寄生于雌配子体上的果孢子体三个世代。

图4-35　不同形态的红藻

红藻多生长在潮间带或潮下带浅水区，但在水深达200 m的深度也有发现红藻。大多数种类固着于礁岩、砾石等基质上，也有种类附生或寄生在其他藻体上。红藻中有些种类营养丰富，如紫菜、麒麟菜、海萝等，是味道鲜美的食物；还有一些是用来提取重要的食品和工业原料——琼胶和卡拉胶的经济种类，如龙须菜、江蓠、卡帕藻等。近年来的研究还发现，一些红藻多糖是开发药物的重要药源。

三、海洋中的高等植物

(一)海草(sea grass)

在海洋中，有一类形态与陆生野草类似的植物，被称为海草。海草是由陆生植物长期演化，适应海水环境后返回海洋中形成的，已完全适合在海水中生活。海草全部属于单子叶植物的沼生目(Helobiales)，全世界约有60种，其陆生亲缘类群是百合科植物。海草具有高等植物特征性的结构，有根、茎、叶、花等器官和组织分化。大叶藻(*Zostera marina*)是分布最广泛的海草物种。大叶藻叶子细长呈带状，叶内有气腔；茎很发达，呈匍匐根状；念珠

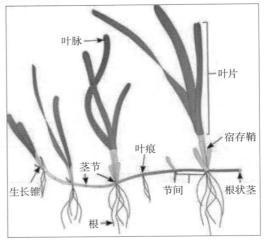

图4-36　大叶藻形态结构及其种子

形的花粉黏结成链状（图4-36）。这些特殊的形态和结构都是大叶藻适应海水生活的特征。

海草分布在热带和温带的浅海，常在潮下带形成大面积的海草场。海草根系发达，能固定软土层，有利于抵御风浪对近岸底质的侵蚀，对海洋底栖生物具有保护作用。同时，通过光合作用，海草对溶解氧有补充作用，有利于改善渔业环境。海草场是高生产力区域，腐殖质含量高，浮游生物十分丰富，是海洋动物良好的产卵场和孵育场。有些种类的海草还是濒危保护动物儒艮的食物（图4-37）。因此，海草场对于保护生物群落具有十分重要的作用。

图4-37　海草场与海牛
（http://www.teachoceanscience.net/images/seagrass_manatees_lge.jpg）

近年来，由于海岸线附近的人类活动不断加剧，海草场的面积呈现衰减的趋势。海草场修复技术和方法日益受到人们的重视。目前，海草场修复的思路和方法主要包括人工移植、种子播种和组培苗培育移植等。人工移植就是从海草生长比较茂盛的区域，挖取部分海草植株并移植到受到破坏的海域，但是由于海草生长比较缓慢，被移走的区域要很长时间才能恢复。种子培育也是一种常用的技术，它首先要收集大量的种子，然后在目标海域进行播种栽培。然而，海草种子萌发率低的问题一直是采用这种方法恢复海草场的制约因素。另外，通过植物组织培养技术来获得海草植株的研究也正在进行中。

（二）盐沼植物 (salt marsh plant)

盐沼是含有大量盐分的湿地。由于海水浸渍或潮汐交替，河流入海口或海滨浅滩常会形成大面积的盐沼。盐沼植物就是能在含盐量高的沼泽中生长的植物，它们的根常浸没在高盐分的水中，但茎和叶等其他部分常暴露在空气中。盐沼的高盐环境不利于大多数植物生长，因此盐沼群落一般结构简单、种类较少，碱蓬、芦苇和米草是常见的盐沼植物种类。

盐分胁迫对任何植物都会造成伤害。盐生植物已演化形成复杂的生理机制以适应高盐环境，从理论上和现象上可分为避盐植物和耐盐植物。避盐植物的体内不积累盐分，泌盐是避盐植物采取的方法之一，它是利用植叶内特殊的分泌腺，将含有盐分的液体排出体外，米草类都属于避盐植物。耐盐植物适应高盐环境的方法则不同，其细胞液的浓度高、渗透压高，因此能从含盐量高的土壤中吸取水分。同时植物的茎和叶常常肉质化，含有大量的水分，从而能在生理干旱条件下维持正常的生命活动。

互花米草（*Spartina alterniflora*）（图4-38）是一种多年生草本植物,适宜在潮间带盐沼生活。互花米草的原产地是美洲大西洋沿岸和墨西哥湾,其秸秆密集粗壮、地下根茎发达,能够促进泥沙的快速沉降和淤积,因此20世纪初许多国家为了保滩护堤、促淤造陆,先后加以引进。虽然互花米草在海岸生态系统中有重要的生态功能,但是其超强的繁殖力,对全球海滨湿地的土著物种造成了严重威胁。目前,许多国家都将其列为生态入侵物种。

图4-38 盐沼植物——互花米草

（三）红树林（mangrove）

红树林是由一些耐盐能力很强的常绿灌木和小乔木构成的植物群落,常茂密生长在热带和亚热带受海浪冲击较轻的海湾、河口的潮间带,沉积的淤泥和沙土是其适宜的底质（图4-39）。红树林的最南分布界限在霜降开始的地方,霜冻控制的地区由盐沼植物代替红树林。全世界的红树植物约有80种,其中以红树科的种类为主,在红树林的边缘还有一

图4-39 红树林
（http://www.norbertwu.com/nwp/specific_clients/
National_Geographic/sunlight_underwater_plants_
web/originals/3816.JPG）

些草本和小灌木。赤道地区的红树林可高达30 m，组成的种类十分多样；但随着温度降低、纬度升高，红树林的高度也逐渐减低，种类也减至1~2种。根据其种类组成、外貌结构和演替特征，我国的红树植物可分为7个植物群系，即木榄群系、红树群系、秋茄群系、桐花树群系、白骨壤群系、海桑群系和木榄群系。就面积而言，我国红树林主要分布于海南、广东和广西的海岸，占全国红树林总面积的97%。我国位于世界红树林分布区的北缘，因此对研究世界红树林的起源、分布和演化等有着特殊的价值。

海水环境的特殊性决定了红树植物形态和生理的特性。红树林植物的枝干上有很多须状的支持根，这些扎入淤泥中的支持根可以有效地稳定植株；露出于海滩地面的指状气生根也是红树植物的重要特征，这些气生根可在退潮时甚至潮水淹没时用来交换气体。胎萌是红树植物一种有趣的适应现象，所谓胎萌是指种子还黏附在母体上时就已开始萌发。有些红树植物，果实成熟后种子留在母树上，并迅速长出长达20~30 cm的胚根，从母体脱落插入泥滩里扎根后很快就长成新个体；一些没有胚根的种类，种子先发育成幼苗的雏形，一旦脱离母树就能迅速生根发芽。不同的红树植物采取不同的方式适应海水的高盐胁迫。一般而言，红树植物细胞内渗透压很高，有利于其从海水中吸收水分，通过调节细胞内的渗透压可以随生境不同而改变。某些种类的红树植物叶肉内有泌盐细胞，能把含盐的液体排出叶面；不泌盐的种类则往往具有肥厚的肉质叶片，可以有效减少水分散失。

红树林通过光合作用合成大量有机物质，又通过新陈代谢以凋落物的方式，通过食物链转换，为海洋动物提供了丰富的食物。红树林区潮沟发达、生境多样，为不同种类动物提供了觅食栖息、生产繁殖场所。红树林丰富的食物资源，也使其成为候鸟的越冬场和迁徙中转站。红树林发达的根系盘根错节，能有效地滞留陆地来沙，减少近岸海域的含沙量；高大的树干密集排列，能有效消解风浪袭击。因此，防风消浪、保滩固岸、净化海水是红树林的又一重要生态功能。

第四节　海洋无脊椎动物

动物界可分为原生动物亚界（以单细胞动物为主）和后生动物亚界（多细胞动物为主）。如果比较直观地进行区分，根据形态学可将后生动物分成无脊椎动物和脊椎动物两大类。无脊椎动物，顾名思义就是没有脊椎骨的动物。在动物门类中，无脊椎动物占动物30个门中的29个，种类占动物的97%，已知物种近200万种。在海洋中，主要的无脊椎动物类群都有其代表物种，而有些类群仅生活在海洋中。

一、海洋无脊椎动物主要类群

海洋无脊椎动物（invertebrates）门类众多、物种丰富，其形态大小、身体构造、生活习性差别很大。因此，对无脊椎动物进行准确的分类并不容易，但随着技术的进步，将以形态结构特征为核心的经典分类与以分子特征为基础的遗传学分类技术进行有机结合，为无脊椎动物类群的准确划分提供了技术手段。

目前，针对多细胞后生动物，科学家们首先将其分为侧生动物（Parazoa）和真后生动物（Eumetazoa）。前者包括海绵动物（Porifera）、扁盘动物（Placozoa）和中生动物（Mesozoa），其共同特征是组织分化程度低，与真后生动物缺乏联系。真后生动物按照其身体对称方式又被分为辐射对称动物和两侧对称动物。前者包括刺胞动物门（Cnidaria）和栉水母动物门（Ctenophora）。对于两侧对称动物，按遗传学分类方法，首先根据原肠孔的发展去向分为原口动物和后口动物。原口动物按照蜕皮假说被分为两种：蜕皮动物和冠轮动物。蜕皮动物的特征是，这些动物在一种名叫蜕皮激素（ecdyson）的作用下，会蜕去身体表面的角质层外皮。节肢动物（Arthropod）、线形动物（Nematomorpha）、缓步动物（Tardigrada）和有爪动物（Onychophora）都属蜕皮动物。冠轮动物的特征是发育阶段有担轮幼虫阶段或是有触手冠。软体动物门（Mollusca）、环节动物门（Annelida）、纽形动物门（Nemertea）、星虫动物门（Sipunculida）、螠虫动物门（Echiura）、须腕动物门（Pogonophora），苔藓动物门（Bryozoa）、内肛动物门（Entoprocta）、腕足动物门（Brachiopoda）和帚虫动物门（Phoronida）都属于这一大类。后口动物则包括了棘皮动物（Echinodermata）和半索动物（Hemichordata）（图4-40）。

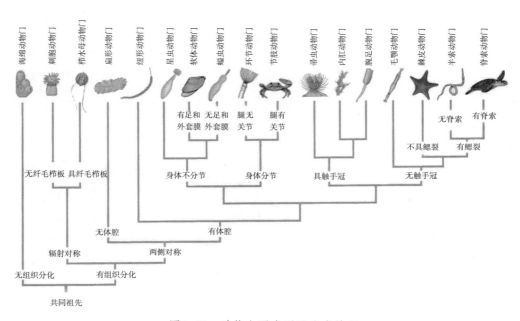

图4-40 动物主要类群及分类特征

（一）海绵动物

　　海绵动物是结构最简单的多细胞动物，种类大约有6 000种。海绵动物几乎都生活在海洋中，从两极到赤道都有分布，但大部分种类生活在热带浅水海域。海绵个体是由相对独立细胞构成的多细胞集合体，没有真正的组织和器官分化，但细胞在功能上有所分工，有些细胞负责摄食，有些细胞负责防护。有观点认为，海绵动物是单细胞动物向多细胞动物演化进程中分化较早的一个侧枝。

　　海绵动物是典型的悬食动物，其表面有很多微孔，水从小孔进入并在身体沟槽内循环，水中携带的浮游生物和有机颗粒被细胞吞噬。海绵的生殖方式仍然保留了无性生殖方式，但许多种类已进化出有性生殖方式。海绵色彩丰富，其体内共生的虫黄藻所含色素的变化使海绵呈现绿色、红色、黄色和橘黄色等种种颜色（图4-41）。固着生活的海绵常常成为其他海洋动物的居所，"偕老同穴"是一种俪虾幼体进入海绵体内，随着身体长大被永远封闭在海绵腔体中，一起相伴永远。在日本，偕老同穴被认为是婚姻庆典上的最佳礼品。历史上，沐浴海绵的干制品曾被用作沐浴和擦洗器物，地中海沿岸收获加工沐浴海绵曾形成一定的商业规模。近年来，海绵的色素、甾醇类化合物和一些抗生素类物质的应用前景也引起了研究人员的关注。

图4-41　海绵动物

(二)刺胞动物与栉水母动物

1. 刺胞动物

刺胞动物也称作腔肠动物,包括海葵、水母、珊瑚及其近缘物种,已知物种大约有10 000种,几乎都生活在海洋中(图4-42)。刺胞动物身体结构的复杂性达到了新的水平,分化使不同组织能行使游动、应激、捕食等不同功能。刺胞动物身体呈辐射对称,中央有口的一面称为"口面",与其相对的一面就是"反口面"。口周围环绕的细长触手是其捕食工具,触手中有结构独特、含有不同种类毒素的螫刺,称为刺细胞。刺胞动物有两种基本的形态:一种是水螅体,呈固着生长的囊状结构,口和触手朝向上方;另一种是水母体,外形为钟型,类似于倒扣的水螅体,是一种便于游泳的形态。有些刺胞动物的生活史中既有水螅体阶段也有水母体阶段,有些则二者仅有其一。

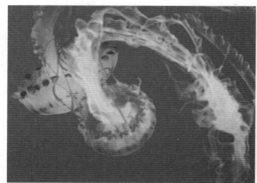

图4-42 刺胞动物

部分刺胞动物类群具有重要生态价值。珊瑚礁是刺胞动物珊瑚虫形成的一种结构,是成千上万的由碳酸钙组成的珊瑚虫的骨骼在数百年至数万年的生长过程中形成的。深海和浅海中均有珊瑚礁存在。珊瑚礁为许多动植物提供了生活环境,包括蠕虫、软体动物、海绵、棘皮动物和甲壳动物等,也是大洋鱼类幼鱼的栖息地。据估计,全球珊瑚礁区的海洋生

图4-43 澳大利亚大堡礁

物占海洋物种总数的25%。世界上最大的珊瑚礁区大堡礁是世界上最有活力的生态系统(图4-43),是海洋中的热带雨林,大约生活着1 500种美丽的热带海洋鱼类,以及虾蟹、贝螺、海藻等。

一些种类的刺胞动物对海洋生态有重要影响。从20世纪60年代开始，由于以棘冠海星为食的海螺被游客大量捡拾，导致海星数量激增，而棘冠海星大量摄食珊瑚虫造成珊瑚死亡，大堡礁脆弱的生态平衡受到严重威胁。近年来世界范围内水母暴发，表明海洋生态系统正发生着深刻的变化，暴发的水母大量捕食各类海洋动物，如何对其进行控制已成为一道世界性的难题。

2. 栉水母动物

栉水母动物多数生活于三大洋的热带和亚热带海区，物种约110种，可分为有触手纲和无触手纲。栉水母动物的身体辐射对称，呈球形、卵球形、袋形或长带状（图4-44）。与刺胞动物的区别在于，栉水母动物体外通常具有8条栉毛带，2条触手上通常有黏细胞而无刺细胞，背口端有固定的感觉区；发育不经过浮浪幼虫期，有幼生生殖现象。栉水母动物主要以各种小型浮游动物为食，有些种类还能吞食鱼卵和仔鱼。

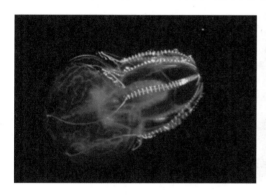

图4-44　栉水母动物

（三）扁形动物

扁形动物约有15 000种，自由生活种类广泛分布在海水中（图4-45）。扁形动物无体腔、无呼吸系统、无循环系统，有口无肛。身体前端有两个可感光的色素点（眼点），体表部分或全部分布有纤毛。从扁形动物开始出现两侧对称的体型，有肌肉系统，感受器亦趋完善，摄食、消化、排泄等机能也随之加强。扁形动物的组织细胞还有再生新的器官或系统的能力。多数雌雄同体、异体受精，少数种类为雌雄异体。这些在动物进化上都具有重要意义。

（四）软体动物

有体腔的无脊椎动物有10余门，有些身体分节，有些则不分节。软体动物是身体不分节无脊椎动物的代表性物种之一。软体动物俗称贝类，是动物界中仅次于节肢动物的第二大门类，种类超过10万种。软体动物分为7个纲，即以新月贝为代表的无板纲、以新碟贝为代表的单板纲，以石鳖为代表的多板纲，以红螺、鲍鱼、海蛞蝓为代表的腹足纲，以扇贝、蚶、牡蛎、蛤仔为代表的瓣鳃纲，以角贝为代表的掘足纲，以及以

图4-45　海洋扁形动物

（ http://media-cache-ec0.pinimg.com/736x/a6/cd/a2/a6cda256cdff90f123e2f45a29d6532c.jpg ）

乌贼、章鱼、鱿鱼和鹦鹉螺为代表的头足纲（图4-46）。

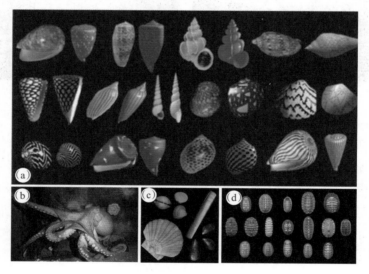

图4-46　海洋软体动物

（a）腹足纲；（b）头足纲；（c）瓣鳃纲；（d）单板纲

　　软体动物是三胚层、两侧对称，具有了真体腔的动物。软体动物在形态上变化很大，但在结构上其身体不分节，一般可分为头、足、内脏囊和外套膜四部分。由外套膜向体表分泌碳酸钙，形成一个或两个外壳包围整个身体，少数种类的壳被体壁包围或壳完全消失。软体动物用齿舌来锉磨食物。

　　海洋软体动物具有重要的经济价值，既是人类的重要食品来源，也是许多经济鱼类的饵料。

（五）环节动物

海洋中的环节动物（annelida）可分为两大类：一类是多毛类，现存物种数约8 000种以上；另一类是蛭纲，通常是寄生性生活。

环节动物的体壁及体腔被肌质隔膜所分隔，形成体节。多毛类的每一体节有一对疣足，疣足上丛生刚毛，多毛类的名称即由此而来。多毛类能适应从浅海至深海多样的生活环境，研究数据显示海洋底栖动物中多毛类可占比40%～80%。多毛类的生活方式十分多样，包括浮游、表层、筑穴、筑管、钻孔、共生或寄生等（图4-47）。多毛类的摄食方式也多种多样：第一类为悬浮物摄食者，如盘管虫、帚毛虫等有羽状鳃，可捕食水流中的浮游生物及碎屑；第二类是沉积物摄食者，如帚帽虫、叶蛰虫等是用触手从底质中搜集食物，还有一些管栖类可以用特化的牙齿攫取猎物；第三类是捕食者，巢沙蚕的体壁有化学感受器可以侦测猎物，沙蚕和吻沙蚕可以用其有力的钩状颌去猎食。

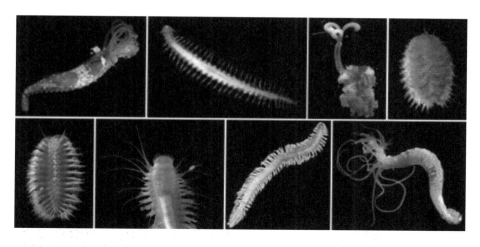

图4-47　海洋环节动物

（六）节肢动物

节肢动物（arthropoda）的共同特点是其表皮能分泌几丁质，由几丁质构成了身体坚硬的外骨骼，身体分为头胸部和腹部两大部分。节肢动物的附肢具有运动（游泳或爬行）、摄食的功能，成长过程中需要经过蜕皮过程。

海洋节肢动物中，虾、蟹、藤壶等甲壳纲的种类最多，其他还包括海蜘蛛纲（海蜘蛛）、肢口纲（鲎）和昆虫纲（摇蚊）等。海洋节肢动物生活方式十分多样，例如鹅颈藤壶营固着生活，桡足类营浮游生活，虾、蟹等能够爬行，而鱼虱、鲸藤壶等则是寄生生活（图4-48）。

图4-48　海洋节肢动物

桡足类是水域食物链的重要环节,全世界约有8 400种,我国约有500种海洋桡足类。桡足类在海洋中数量很大,营自由生活的桡足类一般摄食浮游植物,而本身又是很多水生动物的主要摄食对象。许多鱼类成鱼和幼鱼都直接或间接摄食浮游桡足类,因此桡足类对渔业生产有重要意义。另外,桡足类的分布情况可用于探测海流,监测水体污染。此外,还有一些种类的桡足类寄生于鱼类和无脊椎动物体表或消化道内,危害寄主的繁殖和发育。

(七)棘皮动物及半索动物

1. 棘皮动物

棘皮动物有6 000余种,均生活在海洋中,包括海星、海胆、海蛇尾、海参和海百合等五大类(图4-49)。棘皮动物在世界范围内均有分布,在热带浅海区生物量较大,但在大洋深处也可见到,均为底栖生活。棘皮动物的幼虫身体为两侧对称,可自由游泳;成体多为辐射对称,有些海胆与海参则是两侧辐射对称。

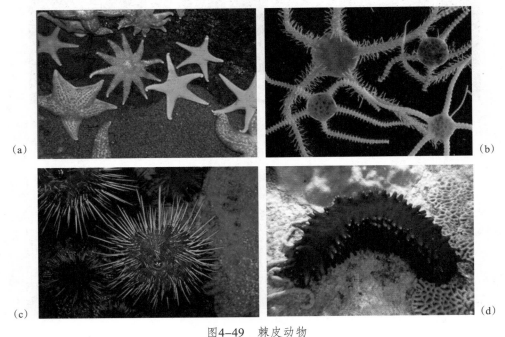

图4-49　棘皮动物
(a)海星; (b)海蛇尾; (c)海胆; (d)海参

棘皮动物中的一些种类具有重要的生态学意义或重要的经济价值。海星是肉食性动物，主要以海螺、双壳类、多毛类和甲壳类动物为食。近年来，世界许多地方出现了海星暴发的生态异常现象。据报道，2013年，澳大利亚东海岸的世界自然遗产大堡礁出现棘冠海星泛滥生长，在数百千米的海岸线上其数量超过了百万，它们以珊瑚虫为食，所过之处只留下白色的珊瑚骨骼，对大堡礁生态造成了严重威胁。而同样是棘皮动物的海参，其中的一些种类是我国传统的海珍品，具有重要的经济价值。

2. 半索动物（Hemichorda）

在无脊椎动物中，半索动物与棘皮动物同属于后口动物，而其他类群均为原口动物。原口动物与后口动物的划分是根据胚胎发育过程中囊胚孔发育的结果。如果胚胎的原口发育为成体的口，这类动物就是原口动物；如果囊胚孔变成肛门而在另处形成口，则为后口动物。除半索动物和棘皮动物外，更高等的尾索动物（海鞘）、头索动物（文昌鱼）和脊椎动物均为后口动物。

半索动物均生活在海洋中，包括肠鳃纲（图4-50）和羽鳃纲（图4-51）两大类，全世界已发现90余种，大多为穴居或在石块下生活。其身体两侧对称、延长、不分节；前端有吻，用于运动及摄食。半索动物除腹神经索外，还具有背神经索，并且在其前端出现空腔，呈管状，曾经被认为是早期背神经管的雏形；由口腔背面向前伸出一条较短的盲管，称"口索"，过去曾被认为是原始的脊索，现在研究证明，它与脊椎动物的脊索既不同功，又不同源，可能是一种内分泌器官。半索动物在进化和生态学上有重要的研究价值，有助于了解物种的起源与发生，有助于认识生物圈与生态系统。

图4-50　肠鳃纲中的柱头虫
（http://martine.tessier.pagesperso-orange.fr/images/
AcornWorm.jpg）

图4-51　羽鳃纲中的杆壁虫
（http://www.stroembergiensis.se/images/A_
norvegicum.jpg）

二、海洋无脊椎动物结构特征及其演化

通过系统了解海洋无脊椎动物身体结构从简单到复杂，功能从无到有的分化过程，有助于了解海洋生命众多门类的起源和演化过程。

（一）运动系统

生物的运动系统包括了身体支撑和运动机能两部分。所谓身体支撑指的就是骨骼，广义概念上的骨骼包括了外骨骼、内骨骼和水骨骼三类（图4-52）。这三类骨骼在海洋无脊椎动物中均存在。外骨骼是指甲壳等坚硬组织，具保护、防止水分蒸发等作用，如海螺壳、螃蟹外壳、昆虫角质层等。内骨骼是在体内起支撑作用的组织，存在于棘皮动物、多孔动物中，棘皮动物的内骨骼是由$CaCO_3$和蛋白质组成的。人类也是典型的内骨骼。水骨骼又称流体静力骨骼，是体内受微压的液体和与之拮抗的肌肉，加上表皮及其附属的角质层的总称，是无脊椎动物的主要骨骼形式。除棘皮动物和节肢动物外，其他无脊椎动物都拥有水骨骼。

由于构造上的差异，动物的运动方式多种多样。腔肠动物等许多海洋无脊椎动

内骨骼　　　　外骨骼　　　　水骨骼

脊椎动物体内的骨骼　软体动物外壳　环节动物体内具压强的液体

图4-52　动物身体支撑系统的形式

物的幼虫能够借助纤毛摆动来运动；线形动物等则是通过两侧纵肌的交替收缩实现蛇行；环节动物等通过不同节段的纵肌—环肌交替收缩实现蠕动；在海底沉积物中，星虫动物等可以通过膨胀身体某节段固定自身，而身体的另外部分收缩向前钻行；螃蟹等节肢动物则依靠身体的附肢进行爬行运动，有翅膀的昆虫还能够飞行（图4-53）。

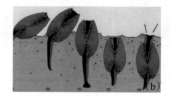

（二）消化系统

无脊椎动物的消化系统也经历了从简单到复杂的演化过程。海绵动物由细胞简单聚集在一起构成生物体，没有消化系统，它的消化方式被称为胞内消化，也就是细胞直接将营养物质吞食到细胞内，然后在细胞内进行消化（图4-54）。

从海葵、水母等腔肠动物开始出现消化管，被

图4-53　不同的运动形式

（a）蠕动；（b）掘进；（c）爬行

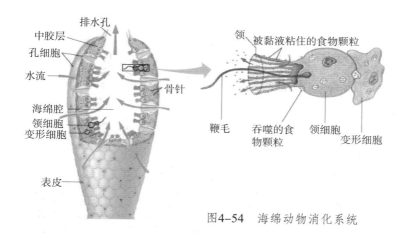

图4-54 海绵动物消化系统

称为胃水管系（gastrovascular system）。由于没有循环系统，腔肠动物的消化管行使着消化和运输的双重功能，而且腔肠动物仍保留胞内消化的形式（图4-55）。

在扁形动物中，虽然胞外消化成为主要的消化形式，但其消化管仍不够完善。线形动物出现了结构完整的消化管，并且有分化，其消化管通常包括口、咽、食道、（肌肉）胃、肠和肛门，完全行细胞外消化。由于真体腔出现，沙蚕等环节动物的消化管更加复杂和分化，同时出现了消化腺（图4-56）。

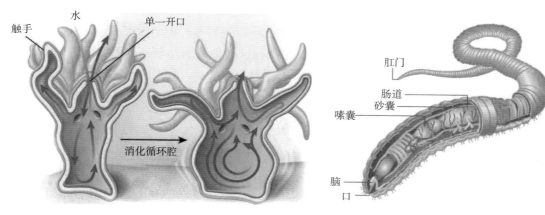

图4-55 腔肠动物消化系统　　　　图4-56 环节动物消化系统

（三）循环系统

循环系统是生物体的体液（包括血液、淋巴和组织液）及其借以循环流动的管道组成的系统。运输是循环系统的主要功能，将呼吸系统的氧气和消化系统的营养物质运输到身体各处，同时将代谢废物运输到排泄器官。

腔肠动物、扁形动物、线形动物等没有循环系统。无脊椎动物循环系统分为开放式循环系统（软体动物）（图4-57）和闭合式循环系统（环节动物和软体动物头足纲）（图4-58）。

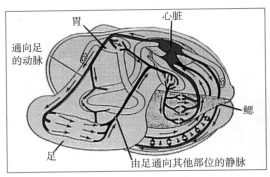
图4-57　软体动物开放式循环系统

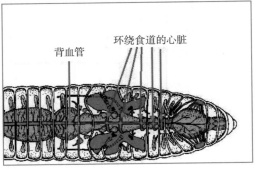
图4-58　环节动物封闭式循环系统

　　开放式循环系统的血液由"心"经血管流入组织间隙形成的血窦，血窦中血液与组织液、淋巴液相混，无管道将它们隔离，因此开放式循环系统不存在由微动脉、毛细血管、微静脉形成的微循环，有些连静脉也没有，血液由血窦经心门直接入心。这种低级形式的循环系统的特点是血管壁弹性小，不能支持较高的血压，因此它们的血压很低，血液重新分配的调节和血流速度很慢。

　　少数无脊椎动物如环节动物的蚯蚓等、部分软体动物如章鱼等开始有封闭型循环。血管系统开始形成了微循环，血流经微循环、静脉回心，由于心血管系统形成了完整的管道，而且血管壁弹性大，能支持较高的血压，因此血压较高，血液重新分配的调节和血流速度也较快，是高级形式的循环系统。

（四）神经系统

　　动物能够感知环境变化与其神经系统有密切关系。与海洋无脊椎动物的其他系统一样，神经系统也经历了从简单到复杂、由原始向高级的演化历程。

　　海绵动物体内的星芒状细胞被认为是原始的神经细胞，神经元之间没有突触联系。腔肠动物出现了网状神经系统，神经细胞间出现突触联系，并开始出现眼点、纤毛等感觉器官，但没有神经中枢表现出其原始的特征。扁形动物和软体动物的神经系统被称作梯形神经系统（图4-59），中枢神经开始出现，感觉器官也更加多样化，如触角、平衡囊、眼点等（图4-60），具有成像功能的眼睛在软体动物也已出现。

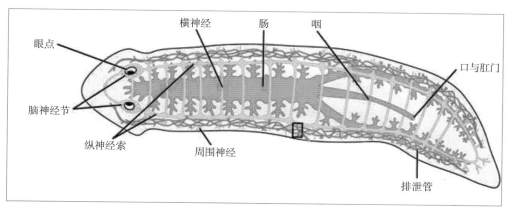

图4-59 扁形动物梯形神经系统及感觉器官

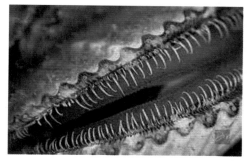

图4-60 扇贝（软体动物）的眼睛

　　环节动物拥有更加先进的链状神经系统，神经细胞集中形成神经节，神经纤维将神经节联系在一起形成神经索。出现了中枢神经系统和外围神经系统的分化，脑和腹神经索属中枢系统，从脑和各神经节伸出的神经属外围系统。神经细胞分化为感觉神经元、联络神经元和运动神经元。眼更为进化，出现化学感受器和平衡囊（图4-61）。节肢动物（如螃蟹等）的链状神经系统进一步向高端演化，神经更加向前部集中，"头化"程度进一步提高，脑很发达，可区分为前脑、中脑、后脑。

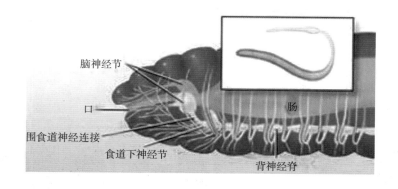

图4-61 环节动物链状神经系统及感觉器官

章鱼发达的神经系统

　　章鱼的神经系统是所有无脊椎动物中最复杂的。近年来,关于章鱼神经系统的研究一直是神经生物学的热点之一。目前国际神经生物学界正开展一项关于章鱼神经连接的联合研究项目。

　　章鱼神经系统的特点是大脑很发达,并且开始出现功能的划分,不同的区域可以控制不同的行为、有不同的功能。章鱼的神经纤维很粗壮,能够非常快速地传递神经冲动;章鱼有一对非常大的眼睛,对光变化的感受能力极强(图4-62)。

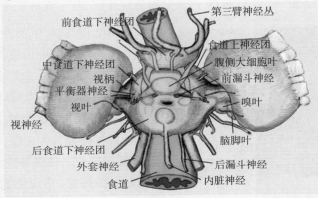

前食道下神经团　第三臂神经丛　食道上神经团　腹侧大细胞叶　前漏斗神经　中食道下神经团　视柄　平衡器神经　视叶　嗅叶　视神经　脑脚叶　后食道下神经团　外套神经　后漏斗神经　食道　内脏神经

图4-62　章鱼大脑结构

　　发达的神经系统赋予了章鱼很高的智力,研究发现章鱼具有较强的学习能力、模仿能力和游戏能力。科学家们曾做过一个实验,他们将一只螃蟹放入一个瓶子,然后把盖子盖上,贪吃的章鱼为了获得食物反复地尝试,最终成功将瓶盖拧开(图4-63)。在另一个实验中,章鱼表现出游戏行为,科学家在水族箱中放入彩色小球,章鱼对小球似乎很感兴趣,时不时向彩球喷水使其在水族箱中漂移,且乐此不疲。

图4-63　章鱼打开瓶盖的过程

第五节　海洋脊索动物

脊索动物是海洋中的高等动物类群,具有4个主要特征,即脊索、背神经管、咽鳃裂和肛后尾。脊索动物门包括三个亚门:尾索动物亚门、头索动物亚门和脊椎动物亚门,其中的尾索动物和头索动物合称为原索动物。

脊索是一条支持身体纵轴的棒状结构,结实而富有弹性,在脊椎动物中则被脊柱所取代。脊索(以及脊柱)构成支撑躯体的主梁。脊索的出现是动物进化历程中的重大事件,它有力地支持和保护了内脏器官,为运动肌肉提供了坚强的支点,使动物的捕食、逃避等定向运动更加准确、迅捷。

一、尾索动物

尾索动物身体外被纤维素质的被囊,因此又被称作被囊动物。由于其外观类似海葵等腔肠动物,常常被误认为是无脊椎动物。尾索动物的种类超过2 000种,归属为3个纲,即固着生活的海鞘纲(Ascidiacea)(图4-64)、浮游生活的樽海鞘纲(Thaliacea)(图4-65)和能够自由游泳的尾海鞘纲(Appendicularia)(图4-66)。

图4-64　固着生活的玻璃海鞘(*Ciona intestinalis*)
(https://www.suldal.kommune.no/handlers/bv.ashx/i2df37be6-d607-45f8-8cc3-1bddf558ac4a/
Ciona_intestinalis_10-04_a_H63GH_7706_435HE0.jpg)

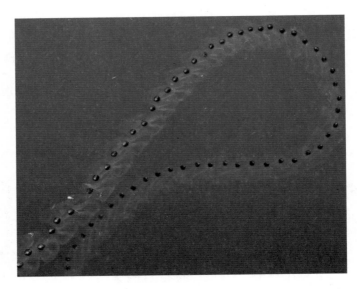

图4-65 群体聚集呈纽带状的梭形樽海鞘（*Salpa fusiformis*）
（http://www.markrosenstein.com/gallery2/var/albums/galapgos/IMG_6125.jpg）

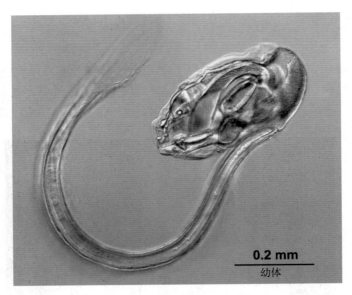

图4-66 尾海鞘纲异体住囊虫（*Oikopleura dioica*）幼体
（https://scripps.ucsd.edu/zooplanktonguide/sites/default/files/Holland_Nature_17Dec09%20-%20juvenile.jpg）

　　海鞘是尾索动物的代表性种类。海鞘幼虫的尾部很发达，中央有一条脊索，但仅局限于尾部；脊索背面有一条直达身体前端的神经管，咽部有成对的鳃裂。小海鞘能自由游泳，但随着发育，其身体前端吸附并固着在其他物体上，尾部逐渐萎缩，脊索退化以至消失，最后只留下一个神经节。海鞘由小到大逐步变态，但形体结构变得更为简单，这与

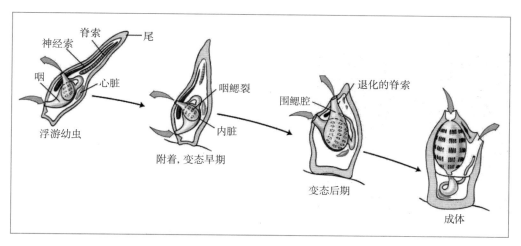

图4-67　海鞘身体结构与逆行变态过程

（ http://classconnection.s3.amazonaws.com/862/flashcards/2083862/png/untitled19-

144A2DE61BE7FD79F41.png ）

进化的方向正好相反,生物学上将这种现象称为逆行变态（图4-67）。由于海鞘处于生物进化的节点位置,因此成为进化和发育生物学研究的重要模式物种。

尾索动物遍布于世界各大海域,生物量较大,或营固着生活,或浮游生活。尾索动物靠滤食海洋中的微生物以获得营养,是海洋食物链中重要的一环。由于尾索动物常定植在海洋中的固体表面上生长,例如船体、钻井平台、养殖设施表面等,因此被认为是一类海洋污损生物。

二、头索动物

头索动物的体型类似鱼类,脊索和背部神经管很发达,并终生存在。脊索一直延伸至背神经管的前方,故称为头索动物。尽管名称中有"头",但其实际上并没有典型的头的构造（如颅骨、眼睛、鼻子和发达的大脑等）,因此又被称为"无头类"。头索动物是从无脊椎动物向脊椎动物演化过程中重要的过渡性物种,在发育生物学和进化生物学上具有重要的研究价值。

文昌鱼（图4-68）是头索动物的典型代表性种类,全世界约有23种,主要分布在北纬48° 至南纬40° 之间的热带和温带浅海海域。文昌鱼生活在有机质含量低的纯净砂砾中,仅前端外露,用以进行呼吸和滤食水体中的硅藻。

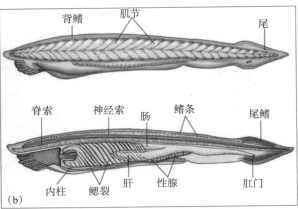

图4-68　白氏文昌鱼（*Branchiostoma belcheri*）形态（a）与结构（b）
（A:http://www.swild.cn/bbs/attachments/month_0903/20090329_ee40ecdc179c41a40a05rRt9ah
0N1phr.jpg）
（B:http://higheredbcs.wiley.com/legacy/college/levin/0471697435/chap_tut/images/nw0269-nn.jpg）

三、海洋脊椎动物

脊椎动物有以下主要特征：具有包裹和保护神经索的脊椎，神经索的前端构成大脑，大脑外面有颅骨起保护功能。有些物种的颅骨是软骨质的，有的是硬骨质的。脊椎动物都是身体为两侧对称，具有内骨骼。

海洋中脊椎动物类群包括鱼类、海洋爬行动物、海鸟和海洋哺乳动物。

（一）海洋鱼类

1. 鱼类的主要类群

鱼类分布极其广泛，从两极到赤道、从近岸到大洋、从海洋表层到万米深海，都有鱼类生活。鱼类生活在如此多样的生境中，也造就了鱼类丰富的物种多样性，目前已知的鱼类物种超过25 000种，其中生活在海洋中的鱼类超过16 000种。海洋鱼类分三大类群，即圆口纲（Cyclastomata）、软骨鱼纲（Chondrichthyes）和硬骨鱼纲（Osteichthyes）。

圆口纲是最原始的海洋鱼类，最大的特点是没有上、下颌，也就是我们常说的没有上颌和下巴，因此被称为无颌类。无偶鳍，体表无鳞，体形细长呈鳗形，骨骼完全为软骨。大脑有颅骨保护，无椎体。全世界现有2目，60余种。代表种类有日本七鳃鳗（图4-69）和蒲氏粘盲鳗等。

图4-69　日本七鳃鳗（*Lampetra japonica*）
（http://pic.baike.soso.com/p/20140521/20140521
140701-1588964352.jpg）

　　软骨鱼纲种类的骨骼为软骨质，没有真骨组织；体表覆盖着盾鳞；脑颅为原颅；软骨鱼类头部两侧有5~7个鳃孔；无鳔；雄性交配器官由腹鳍内侧特化而成，称为鳍脚；软骨鱼类为体内受精，繁殖方式是卵生、卵胎生或者胎生。现在全世界已知的软骨鱼类有13目、830余种。鲨、鳐、魟、鲛、银鲛是软骨鱼类的代表性类群（图4-70）。

图4-70　软骨鱼类

1. 鲸鲨　2. 兔银鲛　3. 鳐　4. 魟　5. 蝠鲼　6. 双髻鲨　7. 真鲨
8. 无刺鳐　9. 基齿鲛　10. 胸脊鲨　11. 噬人鲨　12. 银鲛

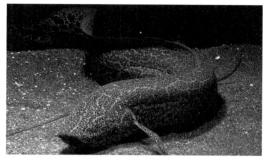

图4-71　肉鳍亚纲鱼类（左：肺鱼，右：腔棘鱼）
（肺鱼http://primitivefishes.files.wordpress.
com/2012/05/mal-banner-2.png）
（腔棘鱼http://www.leopardwalklodge.co.za/wp-
content/uploads/scuba1.png）

　　最早的硬骨鱼类化石记录得自早泥盆世地层，是现在生活的鱼类中种类最多、进化等级最高的。多数研究人员认为肺鱼类与总鳍鱼类有较密切的亲缘关系，并认为它与辐鳍鱼是平行发展的类群。总鳍鱼类和肺鱼类的鳍通常具有肉质鳍叶，鳍的内骨骼也非常集中，而合称肉鳍鱼类。辐鳍类的鳍以内骨骼不是集中的，通常没有肉质鳍叶，而明显区别于前者。因此，硬骨鱼类被分为两个亚纲，即肉鳍亚纲（图4-71）和辐鳍亚纲（图4-72）。

　　硬骨鱼类的内骨骼完全骨化，骨骼间具有骨缝；体表是硬鳞或者骨鳞；有一对外鳃孔；通常有鳔，能够调节自身浮力。硬骨鱼类的繁殖方式一般是体外受精。

图4-72　辐鳍亚纲鱼类
（http://ayay.co.uk/backgrounds/dinosaurs/water_based/modern-ray-finned-fishes.jpg）

人类下巴的起源

　　从进化的角度而言,长着上颌和下巴的脊椎动物叫做有颌类,现生的大部分脊椎动物,包括人类在内,都属于有颌类。4亿多年前,有颌类分为四大类群:盾皮鱼类、棘鱼类、软骨鱼类和硬骨鱼类,前三种鱼类的颌由软骨构成;只有硬骨鱼在口的边缘长着一系列硬骨质的颌骨,组成了一个复杂的"新颌",成为我们人类颌骨的原型。这也是人类是由硬骨鱼类一个分支经过漫长的岁月进化而来的重要证据。但是再往前追溯呢? 在过去很长时期内,由于缺少过渡化石,无法确切推断鱼类四大类群之间的亲缘关系。原来猜测最先出现的是盾皮鱼类,从中演化出了棘鱼类,而棘鱼类中的一支又成为软骨鱼类和硬骨鱼类的共同祖先。

　　2013年的9月25日,英国*Nature*杂志发表了中国科学家的一项研究成果,对上述问题有了全新的发现。由中国科学院古脊椎动物与古人类研究所朱敏研究员领衔的国际科研团队,在云南曲靖距今4.19亿年前古老的志留纪地层中发现了一件保存完好的古鱼化石,将其命名为"初始全颌鱼"(图4-73)。全颌鱼与盾皮鱼的形态结构极为相似,然而同时发现了有硬骨鱼类才有的由上、下颌骨构成的"嘴巴"。也就是说,在盾皮鱼的身体上长了一张硬骨鱼的嘴! 科学家们意识到,这一发现在盾皮鱼类和硬骨鱼类之间架起了一道桥

化石复原图

图4-73 初始全颌鱼

梁，也正是人们一直在追寻的进化中"缺失的一环"。据此推断，硬骨鱼类应该是由盾皮鱼类中的一支直接进化而来，而并非像以前认为的那样，曾经历过棘鱼的阶段。

全颌鱼生活在距今4.2亿年前冈瓦纳大陆北缘的近岸水域中，体长约20厘米，身体扁平、眼睛很小。它们在水底笨拙地游来游去，靠柔软的食物，如藻类、水母和生物碎屑等为生。

2. 鱼类的特征及其环境适应

鱼类的共同特征主要有：鳃是主要的呼吸器官，能让鱼类从水中获得氧气；鳍是主要的运动器官，使鱼类能够在水中快速而灵活地游动；体表有鳞片，皮肤能分泌黏液以减少在水中运动的阻力；很多鱼类有鳔，用于调节身体在水中的浮力（图4-74）。

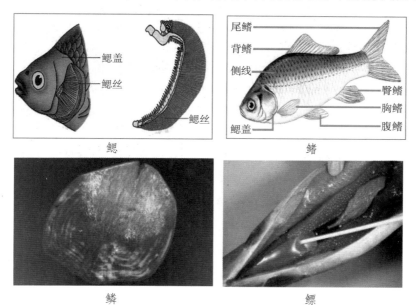

图4-74 海洋鱼类的主要结构特征

鱼类是变温动物，但最新科学研究发现，深海鱼类月鱼（*Lampris guttatus*）是一种全身性的温血鱼。

为了适应高盐的海洋环境，海洋鱼类已进化出多种机制。鱼肌肉中盐分含量很低，在正常情况下，水分会从渗透压低的区域向高渗区移动，因此大量的水分会从鱼体排出，为了弥补丧失的水分，海水鱼类必须大量地吞饮海水，但需要将海水中的盐分排出去。硬骨鱼类主要依靠鳃组织中的泌氯细胞和肾脏来排盐，泌氯细胞以主动运输的方式将Cl⁻通过隐窝排出，因此隐窝中Cl⁻浓度很高，而Na⁺则由

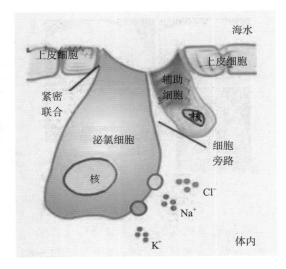

图4-75 海洋鱼类排盐的方式

细胞旁路扩散到体外（图4-75）。鲨鱼、魟等软骨鱼类则将代谢氮化物（尿素）储存于血液中，从而提高血液的浓度。

软骨鱼类的繁殖方式为体内受精，卵生、卵胎生或胎生。东太平洋绒毛鲨（*Cephaloscyllium ventriosum*）将受精卵产在海底底质或者附着物上（图4-76）。胚胎和卵黄被卵鞘包裹，卵鞘的特殊结构可以让胚胎跟外界交换氧气和水，胚胎靠卵黄囊

图4-76 东太平洋绒毛鲨胚胎发育

（a）刚产出的卵；（b）3～4个月的卵，开始消耗卵黄；

（c）6～7个月的卵，卵黄被吸收；（d）刚孵出幼鲨

提供营养。软骨鱼类的繁殖方式除卵生型外还有胎生型。所谓胎生型是指胚胎在母体子宫中发育，然后以幼体的方式产出体外。根据是否存在胎盘，胎生型可以分成两类。一种类型是有胎盘的，胚胎通过胎盘从母体摄取营养，这与高等哺乳动物的繁殖方式完全一样。另外一种类型是无胎盘，又可以分成三种形式：一种形式是胚胎在母体内发育，但其营养完全来源于卵黄；第二种形式叫做实卵形，所谓实卵形是指胚胎在发育过程中会掠夺其他胚胎的营养供自己所需；第三种形式是胚胎通过特定结构（功能上与胚盘相似）来获取营养。

温血的月鱼

　　人们通常所说的"冷血"和"温血"动物，在科学上分别被称做"变温动物"与"恒温动物"。在传统认识中，人们认为只有鸟类和哺乳动物才是恒温动物，实际上也存在一些例外，比如哺乳动物鸭嘴兽是变温动物，某些鲨鱼和金枪鱼（如长鳍金枪鱼，*Thunnus alalunga*）可以主动提高游泳肌群的温度。但这些例外似乎并未改变只有鸟类和哺乳动物才会拥有全身温热血液的结论。然而最近，人们对"冷血动物"的认知被改变了。科学家已经证实月鱼（*Lampris guttatus*）是一种全身性的温血鱼类，这是在"冷血动物"鱼类中首度被发现的拥有恒定体温的种类。这一研究发表在2015年5月的《科学》（*Science*）杂志上。

　　月鱼是一种全球分布的海洋鱼类，体色为银色，各鳍均为红色。它们体形硕大，成鱼体重超过40 kg，躯体卵圆侧扁。为了监测月鱼游泳时的温度，研究人员在月鱼的胸部肌肉中植入热电偶。研究结果显示，月鱼全身的温度都不同程度地高于环境温度，但在身体各处是不均匀的；而且发现月鱼胸肌内部的温度没有随深度和水温的变化发生明显的改变，基本保持在一个稳定的温度区间内。研究证实了月鱼全身性温血的特质，改写了教科书中"鱼类都是冷血动物"的旧有认知（图4-77）。

（a）　　　　　　　　　　　　　　　（b）

图4-77　（a）月鱼外观形态与（b）身体内部温度分布（环境温度10.5 ℃）（引自：Nicholas C. Wegner et al，2015，Whole-body endothermy in a mesopelagic fish，the opah，Lampris guttatus. Science，348（6236）：786–789）

月鱼维持血液温热有两大法宝。月鱼的胸肌在其总肌肉量中占比很高，行有氧代谢的暗红色胸肌像功率强劲的马达驱动胸鳍扇动，为月鱼的快速游动提供持续的动力，同时通过血液循环向全身各处输送源源不断的热量。对鱼类而言，由于气体交换使鳃部成为热量散失的主要"窗口"。月鱼鳃的结构十分独特，可以利用"逆流热交换"（counter-current heat exchange）的机制巧妙地降低热量的流失。月鱼鳃中运送未经气体交换之温血的静脉血管与运送含氧冷血的动脉血管紧密排列，保证了静脉血的热能高效地传递给动脉血，大大减少了血液流过鳃后的热量散失（图4-78）。

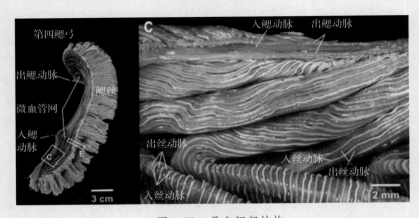

图4-78　月鱼鳃部结构

左图：月鱼的鳃弓，右图：左图中C区域放大后的血管网结构；蓝色为携带静脉温血的血管，红色为携带动脉冷血的血管。

（引自：Nicholas C. Wegner et al, 2015, Whole-body endothermy in a mesopelagic fish, the opah, Lampris guttatus. Science, 348（6236）：786–789）

全身温血使月鱼的生理功能大大提高：肌肉收缩更快、更有力，眼睛分辨率增强，神经传导速度加快，消化吸收率得以提升，这些特长使深水中的月鱼在游速、视力和反应灵敏度上的表现都十分出色。更重要的是，温血的保护使月鱼心脏的输出量不会因温度的降低而减小，这使月鱼具备了长时间处于深水中的能力，无需经常浮到海水表面去补充热量。这使它们的生存空间进一步扩大，能适应更加寒冷和幽深的海洋，成为当之无愧的深海捕食者。

尽管金枪鱼和某些鲨鱼也常常到深冷的海洋中捕食，但它们的故乡是在温暖的热带海洋。然而对于月鱼而言，深海似乎就是月鱼的"故土"，它们通过不断地完善自身的生理"性能"，向更寒冷和深邃的海洋领地扩张，这令人着迷的进化秘密，将不断吸引着研究者探索的目光。

（二）海洋爬行动物

爬行动物现存种类约有7 000种。生活在海洋中的爬行动物种类较少，主要类群包括海龟目（代表物种是海龟）、有鳞目（代表物种是海蛇和海鬣蜥）、鳄目（代表物种是湾鳄）（图4-79、表4-1）。

图4-79　海洋爬行动物

（a）绿海龟；（b）青环海蛇；（c）海鬣蜥；（d）湾鳄

爬行动物的共同特征包括，需要呼吸空气，没有鱼鳃的结构；但爬行动物与鱼一样是变温动物。皮肤表面覆盖着鳞片，干燥的皮肤可以防止水分散失；卵产在陆地上，有坚硬的外壳保护。

海龟身体外被龟甲，有鳞片，鳍状前肢适合游泳生活。海蛇皮肤有鳞片，四肢已完全退化，海蛇的身体是侧扁的，与陆地蛇圆形的身体有差别，侧扁的身体有利于它在水里游动。海鬣蜥尾部也是侧扁的，有利于它的游动。湾鳄皮肤具有鳞，下颌和尾部都非常大。

从体温调节的功能来说，海洋爬行动物都是变温动物，必须借助环境温度来提升身体温度。就繁殖方式来说海龟是卵生，而海蛇既有卵生也有卵胎生的。

表4-1 海洋爬行动物主要类群生物学特征

类群	海龟目	有鳞目		鳄目
	海龟	海蛇	海鬣	湾鳄
形态特征	外被龟甲，体表暴露部位有鳞片，腿进化为鳍足，常见于热带海洋	皮肤具鳞，无腿，身体侧扁利于游动，有毒，见于太平洋热带海域和印度洋	皮肤具鳞，尾部侧扁利于游动，仅见于加拉帕戈斯群岛	皮肤具鳞，颌与尾大，见于澳洲、东南亚和一些西太平洋海岛沿岸
体温调节	变温动物，外温型	变温动物，外温型	变温动物，外温型	变温动物，外温型
摄食习性	颌无齿，利于咬碎坚硬食物或啄食较软的食物	齿细小，适合捕获较小的食物	三行尖齿，适合摄食海藻	强有力的具齿颌部，捕食范围广泛
繁殖方式	卵生，产卵于沙滩	卵胎生，水中生殖；或卵生，产卵于陆地	卵生，产卵于陆地巢中	卵生，产卵于泥地巢穴中，在陆地上生长发育
生态价值	摄食水母、底栖无脊椎动物和海藻	捕食底层鱼类，有些主要以鱼卵为食	摄食海藻	捕食各类沿岸动物，包括鱼类、鸟类、海龟、蟹类等

（三）海洋鸟类

鸟类的重要特征就是大多能够飞翔，这与其身体结构有密切关系，其身体被羽毛覆盖，前肢演化成翅，骨骼相对密度轻、多隙且充满气体，呼吸器官除肺外，有辅助呼吸的气囊。鸟类是恒温动物，体温较高可达40 ℃；鸟类是卵生，胚胎外有羊膜。目前，全世界已发现的鸟类有9 021种，我国有1 186种。

海鸟主要分布于鸟纲的9个目中，分别是企鹅目、䴙䴘形目、雁形目、鹱形目、鹳形目、鹤形目、鹈形目、潜鸟目和鸻鹬目（图4-80）。海鸟的许多基本生物学特点与其他鸟类相似，例如身体长有羽毛，可以有效保持体热；骨骼相对密度较轻，便于飞行；恒温动物，这一点与鱼类和爬行动物有很大差别；繁殖方式是卵生，卵的外壳坚硬，具有很好的保护作用。但同时，由于适应海洋生活，海鸟已演化出一些特殊的结构和习性。海鸟的后肢已演化成蹼状足，从而方便其在水中游动；海鸟的喙状嘴能捕获不同的食物，有的具有滤食功能；尽管海鸟的巢仍建在陆地上，但它们一生的大部分时间是在海上生活，其食物主要来源于海洋生物，这是海鸟跟陆生鸟类的重要区别（表4-2）。

图4-80 海鸟主要类群

（a）企鹅目；（b）䨾形目；（c）雁形目；（d）鹬形目；（e）鹳形目；（f）鹤形目；

（g）鹈形目；（h）潜鸟目；（i）䴙䴘目

表4-2 海鸟的基本生物学特征

分类特征	体温调节	摄食方式	繁殖方式	生态重要性
体表覆盖防水羽毛以保持体热，足具蹼，骨质轻适于飞行，分布于世界各地沿海	恒温动物，内温动物	喙状嘴能捕获各类食物，有的具有滤食功能	卵生，卵壳坚硬，产卵于陆地集中	是鱼类和许多栖居在水面和浅水层无脊椎动物的捕食者，包括浮游动物

在海洋食物链中，海鸟是捕食者，主要捕食鱼类和栖居在水面和浅水的无脊椎动物，具有重要的生态学意义。

游泳与潜水健将——企鹅

在海鸟中,企鹅因其憨态可掬而备受人们喜爱。企鹅已完全不能飞行,从身体形态、构造和行为而言,企鹅已演化成完全适应于海洋生活。

企鹅身体结构非常适合游泳和潜水。羽毛很短,可以减少在水中的摩擦和湍流;羽毛间存留一层空气,用以保温。身体呈流线型,鳍状的前肢非常有力,后肢的脚趾之间有蹼,蹼足可以推动身体在水中快速灵活地游动。与飞行的鸟类相比较,企鹅骨骼的密度较高,可以减少海水浮力的影响,有利于下潜(图4-81)。从体色看,企鹅背部为黑色,而腹部是白色,形成反荫蔽(counter shading)保护色。如果从海底向空中望去,自上而下投射的阳光将使背黑腹白的企鹅与背景融为一体,有利于逃避猎物的捕食。企鹅的皮下脂肪非常厚,羽毛的防水能力很强,能够帮助它们耐受南极的严寒。企鹅能长距离深度潜水,这归因于其血液中的红细胞数量大,有高浓度血红蛋白,肌肉中也有大量肌球蛋白,其血液和肌肉储氧能力很强。同时,在潜水过程中企鹅还可以通过降低心率、减慢呼吸来减少氧的消耗。企鹅的游泳速度可达每小时25~30 km,一天游动的距离超过160 km(图4-82)。

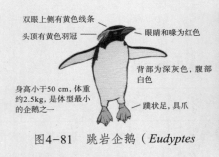

双眼上侧有黄色线条
头顶有黄色羽冠
眼睛和喙为红色
背部为深灰色,腹部白色
身高小于50 cm,体重约2.5kg,是体型最小的企鹅之一
蹼状足,具爪

图4-81 跳岩企鹅(*Eudyptes chrysocome*)形态特征图

图4-82 快速下潜游动的企鹅

(四)海洋哺乳动物

哺乳动物是进化程度最高的动物类群。根据世界自然保护联盟(IUCN)红皮书的资料显示,现存的哺乳动物物种大约有5 488种。哺乳动物的外形十分多样,凹脸蝠的体长只有3 cm,体重只有10 g,而海洋中体型巨大的蓝鲸体长可达33 m,重量可达181 000 kg。

海洋中的哺乳动物主要有5个类群:第一类是鳍脚类,顾名思义就是其足的形态类似鱼鳍,例如海豹等;第二类是鲸类,如海豚和蓝鲸等;第三类是海獭;第四类是北极熊；第五类是儒艮（海牛）（图4-83）。

鳍脚类（海豹/海狮/海象）

鲸类/海豚/鼠海豚

海獭

北极熊

儒艮（海牛）

图4-83　海洋哺乳动物主要类群

1. 海洋哺乳动物的起源与进化

哺乳动物大约在2亿年之前从现在已经灭绝的爬行动物进化而来。大约在6 500万年前，随着恐龙家族的逐渐衰落并最终灭绝，哺乳动物日益繁盛起来。

现存的海洋哺乳动物并非直接起源于海洋，而是由陆地哺乳动物再次返回到海洋中。海獭和北极熊都是典型的食肉目动物，与虎和狼等陆地猛兽属于同一目；海豹则是食肉目动物的近亲；温顺的儒艮（海牛）的陆地近亲是长鼻目的大象。大量的化石证据证明鲸类是从陆地动物演化而来的。古生物学家先后在巴基斯坦等中东地区发现了一些与现存鲸类的头骨形态非常相近的动物化石，包括生活在5 200万年之前的巴基鲸、4 900万年之前的陆行鲸，以及4 000万年前已完全生活在海洋中的械齿鲸，从以上资料我们看到了一条鲸类从陆地向海洋逐步演化的路径（图4-84、图4-85）。

巴基鲸（*Pakicetus*）

陆行鲸（*Ambulocetus natans*）

127

械齿鲸（*Basilosaurus*）

图4-84　鲸类的起源与演化

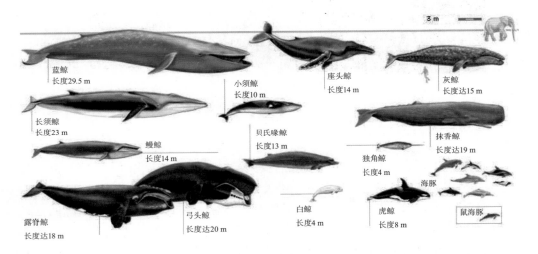

图4-85　现代鲸类

2. 海洋哺乳动物的生物学特征

海洋哺乳动物具有哺乳类动物共有的先进特性，主要表现在以下几方面：首先是神经系统和感官高度发达，强大的中枢神经系统使它们拥有复杂的技能，并能够协调一致，高效适应多变的环境；第二个特点就是体内环境比较稳定，海洋哺乳动物是恒温动物，拥有完善的血液循环系统和先进的体温调节机能；第三个特点是胎生并且哺乳，哺乳提高了仔兽的存活率，并能从母兽那儿学到很多生存和适应的技能；第四个特点是能量摄取效率非常高，这与其口腔具有咀嚼功能，更有利于食物消化有密切关系；第五个特点是运动能力更强，移动速度较快，有利于其捕食及躲避。

除了共有的生物学功能特性之外，海洋哺乳动物进化出了一些适合海洋生活的生物学特征（图4-86）。首先，体型适合于游泳运动。除北极熊外，鲸类等海洋哺乳动物的身体呈流线型，四肢演化为桨状（称为鳍状肢）。鲸类的鳍状肢和躯干通过波浪状的上下摆动,推动身体快速前进,鳍状的前肢可以控制方向,背鳍可以防止在行进过程中发生翻滚。其次,保持体温能力很强。海洋哺乳动物通常体型比较大,而体表凸出器官比较小,有效减少了表面积比(表面积与体积的比例),从而减少热量的散失;海洋哺乳动物的皮下脂肪通常较厚,鳍脚类的海豹及海獭等一些半水生的生物有比较厚的皮毛,皮毛的表面覆盖着防水的油脂,保温能力很强。第三个特点是携带氧的能力很强。海洋哺乳动物用肺呼吸,因此需要定期上浮到海表面以获得氧气,然而抹香鲸为了摄食大王乌贼,可以深潜到3 000 m深的海域,如此长距离的深潜需要十分强大的氧携带能力。研究证明,鲸类肌肉中肌红蛋白含量非常高,有利于氧的保存和缓释。

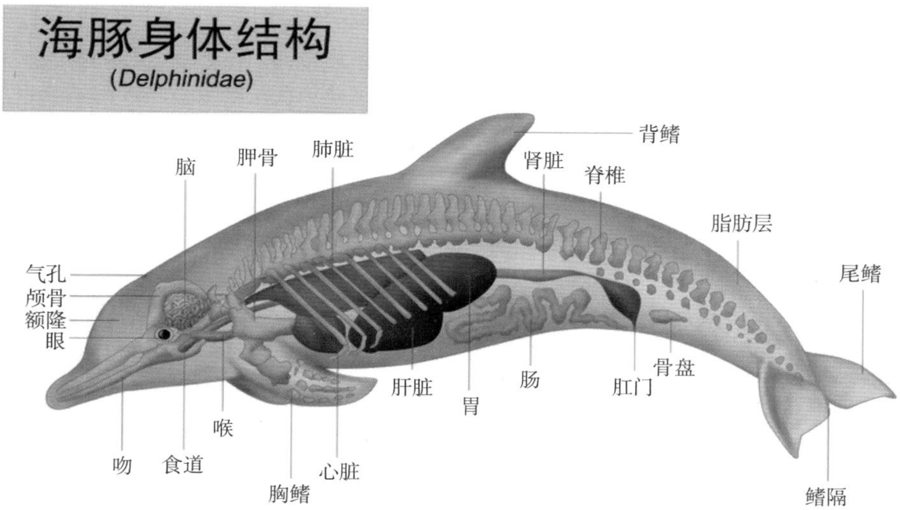

图4-86 海豚身体结构

聪明的海豚

海豚属于鲸目、齿鲸亚目。鲸类都有声呐系统,但以海豚最精密,它们能在2秒钟内精准地测量出目标物的形状、材质和位置。研究发现,海豚语言交流方式十分复杂,在哺乳动物中,海豚与人类和大象的社会化程度和认知水平被科学家排在前列。

海豚感知世界的方式与我们人类完全不同。绝大多数哺乳动物包括人类在内,通常视觉特别发达,主要靠视觉来认知世界和理解事物。而海豚的听觉特别发达,强大的回声定位能力使它们能够利用声波来感知环境、定位导向、搜捕猎物、交流情感。海豚回声定位器官的结构十分复杂,包括了额隆(鲸脑器)、气囊、鼻栓、下颌骨、齿、声窗、内耳、大脑等。海豚是相当"聒噪"的动物,能发出30种以上的声音,发出声音的频率差别很大,主要使用频率在200~

350 kHz的超声波进行"回声定位"，但在同伴间交流时也能利用人类能够听到的低频声音（16~20 kHz）。每只海豚都有属于自己的特别叫声，用来表征身份。

海豚的大脑非常发达，成年大西洋瓶鼻海豚脑部重量约为1 500克，与人类成年脑重1 400克相近；脑重和体重的比值约为0.6，虽远低于人类的1.93，却超过大猩猩等灵长类。海豚大脑半球沟回交错，形成复杂的褶皱，大脑皮质中单位体积的细胞和神经细胞数目非常多。海豚大脑的记忆容量和信息处理能力与灵长类动物不相上下。

海豚的社会化程度非常高，其社会系统在哺乳动物中独一无二。科学家们研究发现，2~3只成年雄性海豚会组成关系紧密的"一级联盟"，一起协作追逐雌性进行交配，而其他的雄性团队会尝试拐走雌性海豚。为了抵御这种情况，一级联盟会同其他的一级联盟组成伙伴关系，创建一个更大的"二级联盟"，某些二级联盟拥有多达14只海豚，而且其协作关系能持续15年甚至更长时间。在某些情况下二级联盟还能召集其他团体的援军形成规模更大的"三级联盟"。

海豚的长期记忆力惊人，研究发现海豚能够认出分离超过20年的伙伴，而实验证明猴子的记忆力不超过4年，大象也只能保持10年的记忆。海豚的好奇心很强，也有很强的辨识力，能够辨别区分镜像，也就是能够知道镜中的影像就是自己，而人类的镜像识别能力也要在3岁之后才逐渐完善。

海豚能够使用工具并学习技能，而且能将掌握的技能传承给下一代。魟鱼是海豚非常喜欢的食物，但常潜藏在海底沙子中，其背上有一根能分泌毒液的毒刺。为了防备被魟鱼毒刺蜇伤，聪明的海豚会在海底搜寻一种海绵动物，然后用嘴叼着海绵去拱开海沙，摄食底沙中的魟鱼。科学家们发现这种能力可以通过母传女的方式进行传承，而技能传承恰恰是我们人类文明的重要特点之一（图4-87）。

图4-87　携带着捕鱼工具的海豚

虽然海豚与人类都属于哺乳动物，但因生活环境不同，相互接触的机会不多，人类对海豚潜在能力的了解十分有限。随着人类对海豚关注度越来越高，以及研究技术手段的提升，海豚会越来越被人类熟识和了解。

思考题

1. 生命系统的划分方式有哪些?
2. 海洋微生物有哪些主要类群? 各类群主要特征是什么?
3. 海洋初级生产者有哪些类群? 概述其共同特征。
4. 概述海洋无脊椎动物神经系统的演化历程。
5. 海洋脊索动物的主要类群有哪些? 描述各类群主要特征。
6. 海洋哺乳动物适应海洋环境的进化特征有哪些?

参考文献

［1］ P 卡斯特罗， M 胡伯. 海洋生物学［M］. 茅云翔， 隋正红， 胡景杰,等译. 北京: 北京大学出版社， 2011.

［2］ R.E 李. 藻类学［M］. 段德林， 胡自民， 胡正宇,等译. 北京: 科学出版社， 2012.

［3］ 李太武. 海洋生物学［M］. 北京: 海洋出版社， 2013.

［4］ 李冠国， 范振刚. 海洋生态学［M］. 第2版. 北京: 高等教育出版社， 2011.

［5］ Huber M E， Castro P. Marine Biology［M］. 9th Edition. McGraw-Hill Education 2012.

［6］ Meadows P S， Campbell J I. An Introduction to Marine Science［M］. 2nd Edition. Springer 2013.

［7］ Mladenov P V. Marine Biology： A Very Short Introduction［M］. Oxford Press, 2013.

第五章　海洋生态系统

　　生态系统的概念最早是由英国生态学家Tansley在1935年提出的，他强调系统中生物和非生物组分在结构和功能上的统一。具体来讲，生态系统（ecological system，ecosystem），就是指一定时间和空间范围内，生物（一个或多个生物群落）与非生物环境通过能量流动和物质循环所形成的一个相互联系、相互作用并具有自我调节机制的自然整体。地球上的森林、草原、湖泊和海洋等自然环境，都是由环境与生物所构成的相互作用的整体。

　　海洋约占地球表面积的71%，海洋生物群落及海洋环境相互作用所构成的海洋生态系统，是地球上综合生产力最大的生态系统（图5-1）。海洋生态系统内的海洋生物和非生物之间，通过不断的物质循环、能量流动和信息联系而相互作用，形成相互依存的统一整

图5-1　丰富多彩的海洋生态系统

体。物质循环与能量流动是海洋生态系统的基本功能,在无外界干扰的情况下,能够维持动态平衡的状态。随着人类活动的增加,人们对海洋生物的过度开采和捕捞,以及人类活动造成的海洋污染等均是导致海洋生态系统失衡的"罪魁",而海洋生态系统平衡的破坏最终则会损害人类自身的利益。

由此,基于生态系统基本原理的海洋生态系统管理受到了越来越广泛的关注,只有在充分理解海洋生态系统的组成、结构和功能的基础上,人们才能够根据这些规律性和社会情况来制定政策和选择各种措施,以期管理好海洋生态系统,恢复或维持其整体性和可持续性。

第一节 海洋生态系统的组成和结构

广义而言,全球海洋可看作一个巨大的生态系统,其中包含很多不同等级的次级生态系统。每个次级生态系统占据了一定的空间,由相互作用的生物成分和非生物成分,通过能量流动和物质循环形成了具有一定结构和功能的统一体(图5-2)。

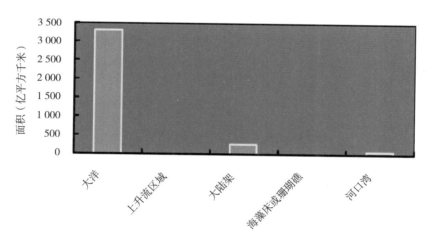

图5-2 全球海洋生态系统面积

(http://amuseum.cdstm.cn/AMuseum/renyushengtaihuanjing/docc/stxtbrow.asp-id=1908&classid=16.html)

一、海洋生态系统的基本组成成分

对于海洋生态系统来说,海洋生物群落如相互联系的动物、植物、微生物等是其中的生物成分,而非生物成分则是指海洋环境,主要包括光照、温度、盐度、海流和溶解气体等。

(一) 生物成分（biotic component）

生物成分是海洋生态系统的主体，海洋生物种类繁多，通常按营养关系将它们划分为生产者、消费者和分解者。

生产者：主要指自养的绿色植物，海洋中能进行光合作用的生物主要包括生活在真光层的浮游藻类、浅海区的底栖藻类、近岸海域的大型定生藻类、海洋种子植物以及光合细菌等。由于体型小和对悬浮的适应性，浮游植物最能适应海洋环境，是海洋生态系统的主要生产者。它们能够直接从海水中摄取无机营养物质，通过不下沉或减缓下沉而停留在真光层内进行光合作用；能够通过快速的繁殖和很低的代谢消耗，保证种群数量和物种的延续。小型浮游植物所制造的有机物约占海洋初级生产力的95%，因此，海洋初级生产力调查，主要是测定海洋浮游植物的光合作用速率。

此外，在海底沉积物的次表层或少数缺氧海区，能量来源不再是阳光，而是CH_4、H_2S等无机化合物，因此，生产者主要是那些具有化学合成作用的自养性细菌。例如，在加拉帕戈斯群岛附近海域的海底热泉周围，就发现了一些动物是由寄生或共生于其体内的硫黄细菌提供有机物质和能源的。这些硫黄细菌从海底热泉喷出的H_2S等物质中摄取能量，将无机物转化为有机物，构成了一个完全以化学能替代日光能而存在的独特的生态系统。

消费者：主要指异养生物，它们自身不能通过无机物制造有机物，而是直接或间接依靠生产者制造的有机物为生。广阔的海洋和大量的食物为消费者提供了适宜的生存环境，使海洋动物的种类和数量非常丰富。按营养层次划分，消费者可分为初级消费者、二级消费者和三级消费者等。

① 初级消费者，即植食性动物。大多数初级消费者的体型较小，并且多数营浮游生活，属于小型浮游生物，大小在20~200 μm，包括一些小型甲壳动物、小型被囊动物和一些海洋动物的幼体等。有一些初级消费者属于微型浮游生物，大小在2~20 μm，如一些很小的原生动物。初级消费者与初级生产者均生活于上层海水中，由于生产者转化为初级消费者的物质循环效率高，在海洋上层浮游植物和浮游动物的生物量大致为同一数量级，即浮游植物的生物量几乎全部被浮游动物所消费，这是海洋生态系统区别于陆地生态系统的一个明显特点。

② 次级消费者，包括二级消费者、三级消费者等，主要是肉食性动物，另外还包括一些杂食性浮游动物（兼食浮游植物和小浮游动物），它们有调节初级生产者和初级消费者数量变动的作用。

较低层的次级消费者体型一般仍很小，大多营浮游生活，属大型浮游生物或巨型浮游生物，为数毫米至数厘米。它们的分布已不仅局限于上层海水，而是广泛分布于大洋和沿岸区，并具有昼夜垂直移动的习性，包括一些较大型的甲壳动物、箭虫、水母和栉水母等。较高层的次级消费者，如鱼类等则具有较强的游泳能力，属于另一生态群——游泳动物,其垂直分布范围更广,从表层到深海都有一些种类生活。有些肉食性动物的摄食量很大,比如现今地球上最大的动物蓝鲸,每餐可摄食1吨的磷虾。

　　分解者: 主要是异养的微生物,包括海洋中的异养细菌和真菌。它们能分解生物尸体内的各种复杂物质,成为可供生产者和消费者吸收、利用的有机物和无机物。因而,它们在海洋有机和无机营养再生产的过程中起着一定的作用。同样地,海洋微生物对于净化有机物污染,如石油、农药等污染起积极的作用。另外,海洋细菌不仅起着还原者的作用,它们本身也是许多海洋动物的直接饵料。无论是在海水还是沉积物中,海洋细菌的生物量都相当可观,例如对大西洋一些浅水站位的调查发现,细菌的生物量约占总的微小生物量的9.4%;在某一个大洋站位,细菌的生物量在水中所占的比例高达94%。某些海洋浮游动物的食物来源中细菌所占的比例,可达30%~50%。

(二)海洋非生物生态因子及其生态作用

　　海洋环境的非生物因子包括光照、温度、盐度、海流、各种溶解气体和悬浮物质等,它们对海洋生物的分布、生长、繁殖和生产力等方面有重要的影响。

　　1. 光照

　　光照是海洋中一切生命活动的能源,绿色植物依靠光能进行光合作用制造有机物。海水中的光照强度随着深度增加而减弱,根据在垂直方向上的光照条件分为透光层、弱光层和无光层。另外,自然海区光照强度自低纬度向高纬度逐渐减弱,低纬度地区短波光多,随纬度的增加长波部分则增加。

　　光照强度与海洋植物光合作用速率有密切关系,在低光照条件下,浮游植物光合作用速率与光强成正比,过强的光照则会导致光合作用速率下降。很多海洋动物特别是浮游动物具有昼夜垂直移动的现象,由于这种垂直移动与昼夜交替有密切关系,因此,一般认为光是影响动物昼夜垂直移动最重要的生态因子。

　　2. 温度

　　海水温度是海洋环境的又一重要生态因子,它对海洋的很多物理、化学、生物以及生物地球化学过程具有直接或间接的影响。海洋的热源主要是太阳辐射,海洋表层水温分布与太阳辐射的纬度梯度一致,自低纬度向高纬度递减。海洋表层温度除与太阳辐射有关外,还与海流密切相关,由于海流不断运动以及海水有巨大的热容量(有很高的比热容,故在吸收或散发较多热量时,相对而言,水温变化并不大),因而海洋水温的变化范围比陆地的小得多。表层海水温度因太阳照射而上升,形成密度较低的水层,因而出现永久性温跃层(热带海区)或临时性温跃层(温带海区)。

　　海水温度对海洋生物的分布有重要影响,按生物对分布区水温的适应能力,海洋上层的生物种群可以分为暖水种、温水种和冷水种。与温度分布密切关联的另一个现象是海洋动物的迁移,如鱼类的洄游等。我国东海的带鱼在春季水温上升时,栖息于外海的越冬鱼群开始向近海移动,并向北进行生殖洄游。5、6月份产卵场主要在鱼山、大陈近海和舟山近海，产卵活动一直延续至10月。生殖后鱼群在江浙近海索饵，一部分鱼群可继续往北进行索饵洄游，有的年份可到达青岛外海。

3. 盐度

盐度能够直接影响海洋生物体液的渗透压，大部分海洋硬骨鱼类常通过鳃把多余的盐排出体外，通过减少尿液排出量或提高尿液浓度等方式来实现体液与周围介质的渗透压调节。多数海洋无脊椎动物体液的渗透压与周围海水相同，虽然它们能在一定程度上耐受周围海水的盐度变化，但不能主动调节渗透压来适应外界环境的变化，因此一般都不能离开海水生活。盐度也直接影响海洋生物的分布，大洋和深海的种类多属于狭盐性生物，而沿岸、河口区的种类多属于广盐性生物。

4. 海流

海水在水平方向的流动有两种，一种是海流（current），其流向是相对恒定的，流速流量则可以随季节变化；另一种是潮流（tide current），其流速、流向在一天中有周期性改变。按温度特征（相对于周围海水温度而言）分，海流包括寒流（cold current）和暖流（warm current）两种，寒流是指水温低于流经海区水温的海流，通常是从高纬度流向低纬度（如千岛寒流），一般低温低盐、透明度较小；暖流是指水温高于流经海区水温的海流，通常是从低纬度流向高纬度（如黑潮暖流），一般高温高盐、透明度也较大。我国海区主要受沿岸流（近海冬季沿岸流也是寒流）和洋流（黑潮等）两大流系的控制。此外，由于风的作用或地形因素产生深层水向上涌升的海流，称为上升流。表层海水辐聚向次表层下降称为下降流。

海流与海洋生物生产力的关系主要表现在海水的辐散或辐聚关系到海洋表层浮游植物所需营养盐类能否得到补充。表层的无机营养盐类含量很低，而这些营养盐却在深层大量积累。因此，凡是有海水涌升的海区，表层营养盐很丰富，浮游植物大量繁殖，浮游动物和鱼类等消费者也可获得丰盛的食物。此外，海洋中几个强大的暖流和寒流交汇的海区，多形成世界上良好的渔场，如太平洋的北海道渔场、大西洋的纽芬兰渔场和挪威渔场。在中国海，台湾暖流和不同性质水系（如沿岸水、冷水团的等）的交汇区，也都有良好的渔场，如烟威渔场和舟山渔场等。海流对海洋生物最重要、最直接的影响在于海流散播和维持生物群的作用，暖流可将南方喜热性动物带到较高纬度海区；而寒流则可将北方喜冷性动物带到较低纬度海区。海流也有助于某些鱼类完成"被动洄游"，例如欧洲鳗鲡的产卵场在大西洋西部的热带水域，幼鱼洄游时是海流把它们带到欧洲沿岸，其行程达数千海里，历时三年。在不同性质的海流里，栖息着不同种类的浮游生物，这些浮游生物可以作为海流的指示种。

5. 溶解气体

大气中各种气体会溶入海洋表层，最重要的有氧气、二氧化碳和氮气，它们在海水中的溶解度都较高。但这些气体（特别是氧气和二氧化碳）含量在各海区的垂直分布则明显地取决于各种生物学过程，包括浮游植物的光合作用、所有生物的代谢过程以及有机物质分解过程等。

二、海洋生态系统的营养结构

（一）海洋食物链

在海洋中，大鱼吃小鱼，小鱼吃虾米，虾米吃浮游动物，浮游动物吃浮游植物，浮游植物通过吸收阳光及无机盐等进行光合作用，制造有机物质，维持着这个"弱肉强食"的食物链。海洋生态系统中，生产者与消费者以及消费者之间通过食物链连成一个整体。从绿色植物、细菌或有机物开始，经植食性动物至各级肉食性动物，依次形成捕食者与被捕食者的营养关系称为食物链（foodchain）。食物链上每一个环节称为营养阶层或营养级（trophic level），一般沿着海洋食物链营养级向上，生物个体也逐渐增大。

海洋食物链主要包括两种基本类型：牧食食物链和碎屑食物链。

海洋"牧食食物链"：以浮游植物为起点，基本模式可概括为浮游植物、浮游动物、鱼类。海洋水层牧食食物链可细分为大洋食物链、沿岸（大陆架）食物链和上升流

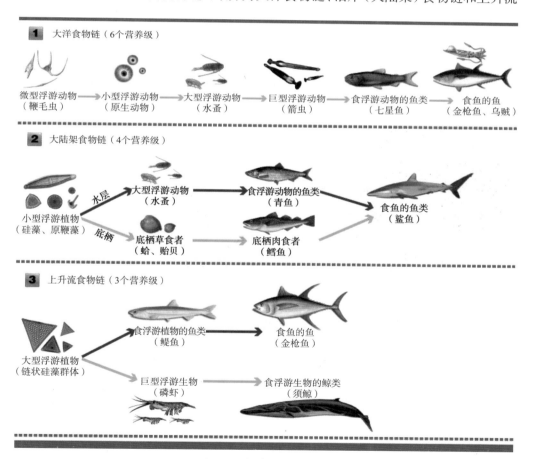

图5-3　海洋牧食食物链

（图片来源：http://amuseum.cdstm.cn/AMuseum/oceanbio/mqyx/swl_01.html）

食物链三种类型（图5-3）。由于这三种水环境特点以及生活于其中的海洋生物种类的不同，这三种牧食食物链的长短即营养级的数量不一样，其中，以微型浮游植物为初级生产者的大洋水域，食物链长些，可达5~6个环节；大陆架水域的食物链，主要以小型和微型浮游植物为初级生产者，食物链一般短于大洋水域；以大型浮游植物为主要初级生产者的上升流海域的食物链的营养级最少。

海洋"碎屑食物链"：以碎屑为起点。与陆地生态系统不同，海洋中存在着大量的有机碎屑，特别是在河口、港湾中的数量是非常可观的。除了海洋生物尸体分解后的小碎块、海洋动植物残体以及粪便等颗粒无生命的有机物质外，还有大量的溶解有机物，这些溶解有机物的数量比碎屑有机物还要多好几倍，它们在一定条件下通过细菌或原生动物等富集，可逐渐形成聚集物，成为较大的碎屑颗粒物，从而快速向底层降落，这种现象称之为"海雪花"。

以碎屑为起点的食物链，基本模式可概括为碎屑→取食碎屑的小螃蟹、小鱼、较大的食肉动物如大鱼、海鸟等。自20世纪60年代后，人们才逐渐意识到碎屑食物链在河口、内湾、红树林和浅海水域的重要性。例如，红树林生态系统的食物链就是从凋落物的分解和碎屑的形成开始的，红树林凋落物经过分解后为林区各种各样的海洋生物提供了不同档次的食物，使"大鱼吃小鱼，小鱼吃虾米"的自然食物链得到了充分体现（图5-4）。由于这些碎屑颗粒含有较高的有机质，可作为底栖动物的重要食物来

图5-4　红树林碎屑食物链

源，支持了底栖系统中的高营养级生物生产，所以在海洋生态系统的物质循环和能量流动中，碎屑食物链起着十分重要的作用。另外，由于碎屑的大量存在，也加强了海洋生态系统的多样性和稳定性，不同来源和成分的碎屑，不仅分解率存在很大差别，而且分解过程中可能产生多种多样的中间产物，包括细菌、真菌、原生动物、溶解有机质等。因此，大小各异的碎屑不仅对不同消费者的能量供应比较稳定，并且还有助于扩大物种的多样性，如大洋深处的底栖生物群落。

（二）海洋食物网

海洋动物的捕食与被捕食关系相当复杂。大多数动物幼体和成体的食性往往不同，可以处于不同的营养级。例如有些种类的海龟在小的时候只吃植物，而长大之后则主要捕食动物，因此，它在食物链中经常处于不同的营养层次；鲱鱼的幼体为箭虫所摄食，而箭虫却是成体鲱鱼的一种重要饵料。此外，很多海洋动物的食性非常广泛，不仅在生长的不同时期采食种类不同，而且随着季节的不同，食物的组成也有差异。由此来看，自然界中，单纯的食物链几乎不存在，许多长短不同的食物链相互交错，形成一个复杂的食物网（foodweb），并且食物网之间也经常有交错，相互联系。

食物网是食物链的扩大与复杂化，物质和能量经过海洋食物链和食物网的各个环节进行的转换与流动，是海洋生态系统中物质循环和能量流动的一个基本过程。为了研究方便起见，科学家提出了"简化食物网"的概念，即将取食同样的被食者并具有同样的捕食者的不同物种，或相同物种的不同发育阶段，归并在一起作为一个"营养物种"（图5-5）。例如，都捕食虾的鱼类和乌贼，而这些鱼和乌贼都被海鸟捕食，可以作为一个"营养物种"。以"营养物种"来描绘食物网结构就是"简化食物网"。

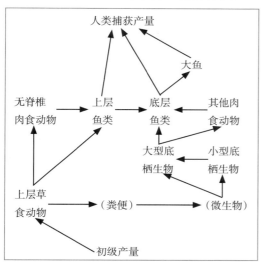

图5-5 依据主要生物类群作出的北海食物网

（引自Steele 1974）

在总结前人工作的基础上，我国海洋生态学家唐启升提出采用"简化食物网"的策略来研究我国各海区的食物网营养动力学，即以各营养层次关键种为核心展开研究。例如，我国东海鱼类有727种，黄海鱼类有289种，还有很多头足类、虾蟹类等，从中找出这些较高营养层次的主要资源种群各20多个。在黄海，这些种类可占生物量的91.9%，占渔获量的34.6%，这些种类可视为高营养层次的关键种。

三、海洋生态系统的生态平衡

生态系统达到动态平衡的最稳定状态时，能够自我调节并维持其正常功能，当其中某一成分发生变化的时候，必然会引起其他成分出现一系列的相应变化，这些变化最终又反过来影响最初发生变化的那种成分，这就是反馈过程。反馈现象也是海洋生态系统的普遍特性之一，其中，负反馈是比较常见的一种反馈，能够抑制和减弱最初发生变化的那种成分所发生的变化，反馈的结果往往能够使生态系统达到和保持平衡或稳态。例如，海洋生态系统内，如果植食性贝类因为养殖而无限增加，藻类生物量就会因为其过度摄食而减少，而藻类数量减少后，反过来则会抑制贝类生长，引起单位产量下降或病害发生。与之相反，正反馈是比较少见的，是指生态系统中某一成分的变化所引起的其他一系列变化，反过来不是抑制而是加速最初发生变化的成分所发生的变化，一般正反馈的作用常会导致生态系统远离平衡状态或稳态。例如，一个养虾池受到了污染，对虾的数量会因死亡而大量减少，虾体死亡腐烂后又会进一步加重污染并引起更多对虾死亡，因此污染会越来越重，对虾死亡速度也会越来越快。由此可见，正反馈往往具有极大的破坏作用，常常是爆发性的，所经历的时间也很短。从长远来看，生态系统中的负反馈和自我调节将起主要作用。

然而，海洋生态系统的这种自我调节功能是有一定限度的，当外来干扰因素（如人类大规模围填海、排放有毒物质、人为引入或消灭某些生物等）超过一定限度时，海洋生态系统的自我调节功能就会受到损害，从而引起海洋生态失衡，甚至导致生态危机爆发。曾经，人们以为海洋是一个能够进行自我修复、可再生的庞大资源库，海洋资源也是取之不尽用之不竭的，历经数个世纪不计后果的掠夺，严重破坏了海洋生态系统的平衡，例如过度捕捞严重破坏了海洋生物的遗传多样性。除此以外，人类活动造成的海洋污染也是造成海洋生态平衡破坏的主因之一，近海水域一直被人们当成倾倒垃圾的场所。其中，塑料是所有垃圾中最多的。这些塑料会像海绵一样吸收碳氢化合物及杀虫剂等有毒化学物质，再辗转进入海洋动物体内，最终可能成为人类餐桌上的食物。而海洋的各类有毒物质中，石油是毒性最大的一种，排入海洋中的石油会以极快的速度扩展，形成一薄层，栖息于海水表面的微小有机物、鱼类等游泳动物以及海洋上空的鸟类等均可能受到不同程度的伤害而死亡。环环相扣的食物链上任何一个物种的灭绝将会导致整个食物链乃至整个海洋生态系统平衡的破坏。

海洋生态环境是海洋生物生存和发展的基本条件，生物依赖于环境，环境影响生物的生存和繁衍。当外界环境变化超过生物群落的耐受限度时，将直接影响生态系统的良性循环，从而造成生态系统的破坏。因此，只有加强海洋生态环境保护，才能真正实现海洋资源的可持续利用。

第二节　海洋生态系统的功能

　　能量流动、物质循环、信息传递是生态系统的三大功能,它们共同维持着生态系统的正常运转。在生态系统中,物质循环是生态系统的基础,能量流动是生态系统的动力,信息传递则决定着能量流动和物质循环的方向和状态。在这里,我们以海洋中最美丽富饶的珊瑚礁生态系统为例,来揭开海洋生态系统实现其功能的奥秘(图5-6)。

图5-6　"海洋热带雨林"珊瑚礁生态系统

(图片来源: http://baike.baidu.com/picview/6146/10171575/352500/ 9c16fdfaaf51f3de75935cee

94eef01f3a297913.html#albumindex=0&picindex=3)

　　在南北纬30°之间的海域,特别是太平洋中、西部的热带和亚热带的浅海里,分布着成片生机盎然的"海洋热带雨林"。在连片的"雨林"中,有色彩鲜艳的鹦嘴鱼、琪蝶鱼、雀鲷和蝴蝶鱼,也有海蛇、海龟和海鸟,千姿百态的海绵动物、腔肠动物和能钻岩打洞的甲壳动物与软体动物……这片欣欣向荣的海底世界,就是珊瑚礁生态系统。珊瑚礁是大自然最壮观、最美妙的创造物之一,全世界总面积约为60万平方千米,其中91.9%位于印度洋–太平洋地区(包括红海、印度洋、东南亚和太平洋),仅东南亚就占32.3%，太平洋（包括澳大利亚）占40.8%，大西洋和加勒比海的珊瑚礁面积占7.6%。

然而，孕育了丰富物种的珊瑚礁生态系统，其所分布的热带海洋，并不是一个利于动植物生存的富饶之地。热带海区尽管拥有充足的阳光，但其表层海水中却缺乏浮游植物生长所必需的营养盐，浮游植物的生产力较之上升流区和沿岸浅海区要小得多，这样的环境并不利于以浮游植物为食的上层捕食者的生存，也难以形成像上升流区和沿岸浅海区一样复杂的食物链和食物网。那么，在热带海洋这片"生命荒漠"中，珊瑚礁生态系统欣欣向荣的奥秘是什么呢？科学家们从珊瑚虫与虫黄藻之间的营养循环中，找到了答案。

虫黄藻是生活在珊瑚虫体内的一种共生藻类，它像其他植物一样，能够进行光合作用。生活在珊瑚虫体内的虫黄藻，从珊瑚虫的代谢产物中获得光合作用所必需的二氧化碳和氮、磷等营养盐，同时利用太阳光中的能量，合成碳水化合物并释放出氧气。而虫黄藻光合作用生成的碳水化合物和氧气，又是珊瑚虫生长发育的营养来源。利用虫黄藻提供的有机物和氧气，加上捕食一些小型浮游动物，同时从海水中直接吸收少部分氧气，珊瑚虫就能获得生长发育的充足能源。据估计，每立方毫米的珊瑚组织内，与其共生的虫黄藻数目多达3万个。所以说，是虫黄藻和珊瑚虫之间互利互惠的营养关系，在营养匮乏的热带海域造就了"珊瑚礁生态系统"这样一个自给自足的生态王国。

虫黄藻等共生藻类和珊瑚虫之间的营养关系，奠定了整个珊瑚礁生态系统繁荣的基础，而珊瑚礁也为种类繁多的动植物提供了完美的生活环境，是许多大洋鱼类幼鱼生长的"摇篮"，在这些"海洋霸主"们太小还不能统治海洋的时候，这里可以让它们居住。生活在这里的各种动物，有的直接以珊瑚为食，有的以藻类、水草为食，有的以浮游动物和底栖无脊椎动物为食，彼此之间构成一个纷繁复杂的食物网，充分利用了每一种可获得的食物资源，使得只有很少的营养会流失到整个生态系统之外。

一、物质循环

任何物质或元素都处在循环的某个阶段，它们通过生态系统中生物有机体和无生命环境之间的循环活动过程叫作生态系统的物质循环。生态系统的营养物质循环是在环境、生产者、消费者和分解者之间进行的。

下面我们具体来分析一下珊瑚礁生态系统的物质循环过程。从生产者的角度来看，在这个系统中，不但有虫黄藻这样的共生藻类，还有一些浮游植物，这两大类生物构成了主要的生产者，而这些生产者所生产的食物，可以为浮游动物、鱼类和底栖无脊椎动物所利用，这样就构成了一个牧食食物链，而浮游植物、浮游动物、鱼类和底栖无脊椎动物产生的尸体碎屑，又能被微生物和原生动物所利用，产生的无机营养盐类可以被浮游植物重新利用，形成了一个碎屑食物链。通过这两个食物链，珊瑚礁生态系统就完美地实现了其"物质循环利用"的功能。

在自然界存在的元素中,有三四十种是生物体所需要的。其中,碳、氢、氧、氮是生物体大量需要的。这些物质既是维持生命、进行生物化学活动的结构基础,又是贮存能量的运输工具。植物在光合作用过程中同时吸收各种养分,主要是无机物质(如硝酸盐、磷酸盐等),这样,生态系统中的物质从无机形态转变为生物体中各种有机物质(如碳水化合物、蛋白质、核酸等)。它们被绿色植物吸收进入食物链,并在各营养级之间传递、转化,当生物死亡后,机体内各种有机物质被微生物分解成为无机物释放回环境中(分解作用是与光合作用相反的过程),然后再一次被植物吸收利用,重新进入食物链,参加生态系统的物质再循环。很容易看出,海洋中生产者生产了有机物,被消费者利用,又被分解者分解,再循环分解成无机物,进而被浮游植物等再利用。这是一个循环往复的过程,所以物质循环的一个重要特点就是这种周而复始的循环过程。

在这里要区别一下,生态学中的"生物地球化学循环"这一概念,指的是在生态系统之间各种物质或元素的输入和输出以及它们在大气圈、岩石圈的交换,是一个全球范围内的物质循环活动。生态系统的物质循环与生物地化循环紧密联系,是组成生物地化循环的基础。生物地化循环按物质贮存的性质分为三种循环类型:一种是水循环(图5-7)。水是生态系统中生命必需元素得以无限运动的介质,没有水循环也就没有生物地化循环。水循环的主要途径是由太阳能所推动的由大气、海洋和陆地形成的一个全球性水循环系统。水的循环处于稳定状态,因为总的降雨量与总蒸发量相平衡。在陆地,降雨量大于蒸发量;在海洋,蒸发量大于降雨量,而陆地的径流量则补偿了海

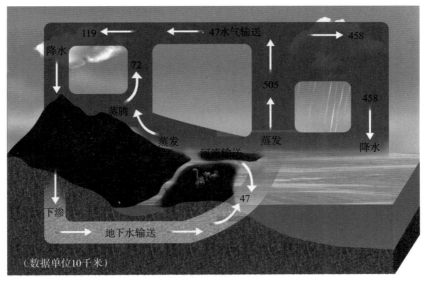

图5-7 全球水循环示意图

(图片来源:http://amuseum.cdstm.cn/AMuseum/geography/01_cqjg/13_03.html)

洋的蒸发量。第二种是气态循环（图5-8、图5-9）。气态循环是指循环物质的主要贮存库是大气，并在大气中以气态出现。属气态循环的物质以氧、碳、氮为代表。气态循环把海洋和大气紧密联系起来。还有一种是沉积循环。沉积循环是指循环物质的主要贮存库是岩石圈和土壤圈，基本上与大气无关。属沉积循环的物质以磷、硅等为代表，还有钙、钾、镁、铁、锰、铜等金属元素。

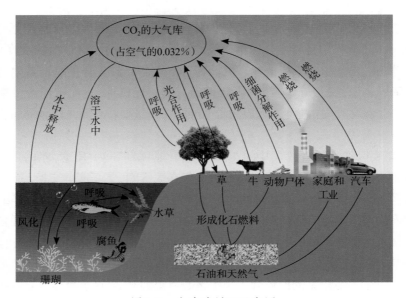

图5-8 全球碳循环示意图

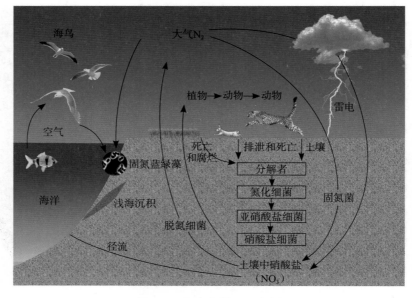

图5-9 全球氮循环示意图

二、能量流动

海洋生态系统的另一重要功能——能量流动，则具有完全不同的特点。不同于物质循环的"无穷无尽"，生态系统中的能量流动是指能量沿着食物链单向流动的过程，是"有始有终"、单向进行的。能量流动既然有这样一个单向的流动过程，那它符合哪些规律呢？

首先，生态系统的能量流动符合热力学第一规律：能量可以从一种形态转化为另一种形态，但不能创造它，也不能消灭它，即能量守恒定律。简单来讲，就是能量守恒。回到珊瑚礁生态系统的例子，我们可以看到，整个珊瑚礁生态系统得以生生不息的最终能量来源，便是太阳能。植物吸收太阳能，通过光合作用合成了有机物，同时将太阳能转化为化学能，储藏在有机物中。而动物作为消费者，通过捕食获得了植物以有机物形式固定的太阳能，再通过食物链的环环相扣，将能量又传递到了下一个营养级的生物，供其生长发育利用。此外，各个营养级的生物，其本身的新陈代谢还会消耗一部分能量。而在这个过程中，来自太阳的能量"有始有终"地流经了整个食物链，一部分储存在生态系统的生物有机体中，一部分被生物利用、并最终散发到无机环境中，两者之和与流入生态系统的太阳能是相等的。

生态系统的能量流动还符合热力学第二定律：能量流动是非循环性的，而且由于部分能量被消散为不能利用的热能，因此没有任何能量（如光）能够百分之百有效地自然转变为潜能（如原生质）。简单来讲，就是能量不能百分之百地进行转化。在珊瑚礁生态系统中，能量虽从低营养级传递到了高营养级，然而高营养级并没有百分之百地获得低营养级的能量，这是因为各个营养级的生物，需要消耗能量来维持生命，这部分消耗的能量最终通过热能的形式散发到无机环境中，并没有被下一个营养级所利用。生态系统能量流动的这一规律，决定了生态金字塔的构造。

什么是生态金字塔呢？如果把水生生态系统中各个营养级有机体的能量按营养级位顺序排列并绘制成图，会发现绘制的图形类似金字塔，故称生态金字塔（图5-10）。生态金字塔的原理可用一个

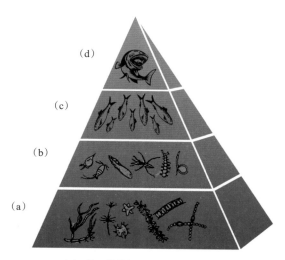

（a）第一营养级　　（b）第二营养级

（c）第三营养级　　（d）第四营养级

图5-10　生态金字塔

（图片来源：http://www.gdepb.gov.cn/ztzl/stkx/

jbzs/200510/t20051012_8193.html）

十分形象但又不很严格的比喻来概括：大约1 000千克浮游植物能转变成100千克浮游动物，而100千克浮游动物才能转变成10千克鱼，而10千克鱼大致是人长1千克组织所需要的食物。这条规律被称为"十分之一法则"，是美国生物学家林德曼在研究湖泊生态系统能流时提出来的。他曾受我国的"大鱼吃小鱼，小鱼吃虾米，虾米吃浮游生物，浮游生物吃绿藻。"和"螳螂捕蝉，黄雀在后"等谚语的启示，提出食物链的概念，又受"一山不存二虎"等谚语的启发，提出能量的"十分之一法则"。该法则说明，在生态金字塔中，每经过一个营养级，能流总量就减少一次。食物链越短，消耗于营养级之间的能量就越少。

生态系统的物质循环和能量流动是紧密联系、不可分割的，能量是通过物质载体来流动的，但是两者又有根本区别。能量来源于太阳，在食物链中向着一个方向逐级流动，不断消耗和散失；而营养物质来源于地球并可被生物多次利用，在生态系统中不断地循环，或从一个生态系统消失而又在另一个生态系统出现。

三、生态系统的信息传递

生态系统中的各个组成成分相互联系成为统一体，它们之间的联系除了能量流动和物质交换之外，还有一种非常重要的联系，那就是信息传递，通过它可以把同一物种之间，以及不同物种之间的"意愿"表达给对方，从而在客观上达到自己的目的。

信息传递的主要方式有：

物理信息：包括声、光、颜色等。比如海豚的回声定位、海葵的颜色、墨鱼的荧光，这些物理信息往往表达了吸引异性、种间识别、威吓和警告等作用。

动物的"回声定位"是指动物通过发射声波，利用从物体反射回来的回波进行空间定向的方式，它有捕捉猎物和回避物体两种作用。根据研究已知动物界小蝙蝠亚目的几乎所有种类、大蝙蝠亚目的果蝠属、鲸目的齿鲸类（即豚类）、鳍脚目的海豹和海狮、食虫目的马岛猬科、鼩鼱科的短尾鼩、南美洲的油鸟、东南亚的金丝燕及有些鱼类都具有回声定位的本领。它们的体内皆有完成回声定位的天然声呐系统。声呐主要由"声波发射器"、"回声接收机"和"距离指示器"构成。

与陆生的蝙蝠一样，生活在水中的齿鲸类（包括淡水豚类和海豚）也能进行回声定位。科学家们做过这样一个有趣的实验：在饲养池内，把一块透明的硬塑料片浸入水中，被蒙了双眼的海豚仍可以轻易地避开，并沿着正确的路线游动；当把活鱼抛入池中，海豚立即准确地游向活鱼并吞食之。在海豚游向活鱼的过程中，测试装置记录到高频声波，由此确认海豚发出的高频声波是用于回声定位。齿鲸多栖于食物丰富、能见度较低的水体中，限制了它们靠视觉觅食。而抹香鲸等常潜入1 000米以下、光线不能透过的深海中捕食，再好的眼睛也难以分辨周围物体。齿鲸类眼睛退化为小眼，虽有感光功能但分辨能力减退；但它们进化出一套凭借回声定位觅食、探测目标的本领。不过，与蝙蝠不同的是，豚类的发声不是由声带的振动引起。多数学者认为，其声波是由鼻道部发出的。因为齿鲸单个鼻孔位于头颅，紧靠喷水孔还有前庭囊、鼻额囊和前额囊三对气囊，鼻道内受挤压的空气经气囊喷出而产生声音。但有的学者认为声源位于喉部。由于豚类的耳壳退化，外耳道狭窄、且充塞蜡质的耳屎，呈闭塞状态，鼓膜和听骨也很简单，所以回声可能是通过身体组织、颅骨和下颌骨传导到中耳的。某些齿鲸的下颌骨是空的，其中充满油液，是声波的优良导体，可将声波迅速地传到紧靠其后面的中耳和内耳。然而有的学者却认为声波仍是通过外耳道、鼓膜传到耳蜗的，因为实验证明蜡质耳屎是一种传递声音的优良导体。根据测试得知豚类可发出多种不同频率的声波，其中频繁的、高音调（如白鳍豚发出的频率分布在8 000~160 000赫兹之间）的声音向前传播时，遇到物体便可产生回声，豚类接收回声后，把对回声的感觉转换成为神经信号传到大脑，经过听觉中枢的分析，就可确定物体在水中的具体位置。齿鲸类也有一些与回声定位相适应的结构特征：在鼻道的前方有一个含脂肪的额隆，起波束形成作用（或称声透镜作用），使声波集中，是声呐系统中重要的组成部分。与其他动物相比，齿鲸类的整个听觉机制已发展到很高的水平。与大多数陆生动物相反，其脑中听觉中枢比视觉中枢大四倍。一旦声呐系统出现故障或因某些原因无法正常回声定位，则齿鲸会发生搁浅死亡的悲剧。齿鲸类游到倾斜度很小的海滩、浅湾、河口后，声呐系统便失灵了。科学家们按照鲸鱼声呐的工作方式，用船代替鲸鱼进行验证，结果发现，这种地形往往扰乱甚至消除自表层水平方向进行的音波的回响。音波常越过倾斜的海底而继续向前传递，以致声呐仪器的指示器出现误差，不能正确指示水体深度。对齿鲸类来说，由于声呐失灵出现假象又迷于追逐猎物，就会不知不觉地搁浅，如果退潮时还未返回较深的水域（或涨潮时无法游入较深水域），那就坐以待毙了。加上鲸的种群行为，高度的友爱行为，鲸群的其他成员会奋不顾身地冲到浅滩救援搁浅的同伴，发生集体搁浅"自杀"的悲惨事件。

化学信息： 生物依靠自身代谢产生的化学物质，如酶、生长素、性诱激素等来传递信息。海洋中某些藻类所释放的毒素，会作为一种"利己信息素"，对其他藻类的生长产生抑制作用，甚至会对更高等生物的生存产生不利影响。其中赤潮藻类释放的赤潮毒素受到人们广泛关注。

赤潮爆发造成赤潮毒素的释放，有的是直接由赤潮藻本身的释放，有的是赤潮生物死亡后，其藻体分解而产生的；有的藻类的毒素能够在海产动物体内富集，而鱼类体内氧化酶对赤潮毒素的作用，往往导致赤潮毒素在鱼类体内转化产生的产物具有更大的毒性，从而导致人类或其他动物通过食物链发生中毒事件。受到赤潮毒素危害的不仅仅只有人类，大洋里生活的很多生物都会受到赤潮毒素的毒害作用。据报道，美国加州中部海岸有数以千计的巨型乌贼搁浅，出现大规模的"自杀"场景，而乌贼搁浅事件往往与赤潮同时发生（图5-11）。海洋生物学家William Gilly认为，一种能够形成赤潮的有毒海藻大量繁殖，并释放出效力极强的脑毒素，可能使美洲大赤鱿中毒，从而使这种动物在失去方向感的情况下游上岸；但研究人员在搁浅的乌贼中仅发现了微量的赤潮毒素，因而也有科学家认为，可能是赤潮释放出的软骨藻酸导致这些乌贼中毒并让它们失去方向感，致使乌贼产生"喝醉"而"驶向"陌生水域，最终引发了大规模的"自杀"事件。

图5-11　搁浅的乌贼

（http://news.xinhuanet.com/tech/2012-12/19/c_124112650.htm）

营养信息：食物和养分的供应状况也是一种信息。全球变暖消融冰雪，南极磷虾因失去栖息地等原因而锐减80％，食物链将这种营养匮乏的信息向高营养级的生物传递，从而引起食物链上的大大小小动物闹饥荒。南极磷虾靠食用海冰下的海藻生存，是南极地区鲸、海豹和企鹅等许多动物的主要食物来源。但近50年来，由于全球变暖、冰雪融化，海冰的减少致使南极磷虾数量减少。在南极磷虾主要生活的南极半岛，过去50年间气温上升幅度超过了2.5℃，而南极磷虾现在的数量也减少到20世纪70年代的1/5。而处在南极食物链最高层的鲸鱼、海豹等大型哺乳动物是南极磷虾锐减的最终受害者。

行为信息：行为信息是动物为了表达识别、威吓、挑战和传递情况，采用特有的行为表达的信息。比如乌贼遇到敌害会喷射"墨汁"、叶海龙利用其独特的前后摇摆运动方式伪装成海藻的样子以躲避敌害等（图5-12）。

叶海龙是一种生活在澳大利亚南部沿

图5-12　叶海龙

（http://blog.sina.com.cn/s/
blog_6147af5e0100ejy8.html）

148

海相对寒冷水域里的鱼类，这种鱼类有一个"管状"嘴巴，有须有角，通体呈金黄色，看起来很像海藻叶，又颇似中国神话传说中的龙，故称"叶海龙"、"海藻龙"。叶海龙和海马同属海龙科，无论形态、生活习性和食物习性都很相似。不同的是叶海龙的身体比海马大一些，头部和身体有叶状附肢，尾巴也不像海马一样可以盘卷起来。叶海龙伪装性极强，它全身有叶子似的附肢覆盖，就像一片漂浮在水中的藻类，并呈现绿、橙、金等体色。只有在摆动它的小鳍或是转动两只能够独立运动的眼珠时，才会暴露行踪。遭遇敌害时，叶海龙会发挥它出色的伪装能力，通过摆动叶状附肢，模拟海藻随波逐流的姿态，"骗"过捕食者的目光，成功躲避敌害。

　　生态系统中生命活动的正常进行，离不开信息的作用，而生物种群的繁衍，也离不开信息的传递。各种信息还能够调节生物的种间关系，以维持生态系统的稳定。

第三节　海洋生态系统管理

　　近年来，随着我国社会经济的快速发展，我国近岸海域生态系统健康状况呈现持续恶化的态势（图5-13），众多海湾、河口、滨海湿地等生态系统处于亚健康或不健康状态，海洋渔业资源严重衰退，海岸侵蚀、赤潮等海洋环境灾害事件时有发生，严重制约着我国海洋经济的进一步持续健康发展。目前，迫切需要改变单一物种、小空间尺度、短期目光、脱离于生态系统的管理方式，采用多层次空间尺度、长远视野、充分考虑生态系统、适应性管理的新型海洋管理方式。在这一背景之下，基于生态系统基本原理的海洋生态系统管理受到了越来越多的关注。

图5-13　青岛市滨海遭受的浒苔"袭击"

一、海洋生态系统管理的含义与内涵

海洋生态系统管理是一门年轻的交叉学科,在环境管理工作中具有重要的意义。

顾名思义,海洋生态系统管理是在充分理解海洋生态系统的组成、结构和功能的基础上,依据对关键生态过程和重要生态因子长期监测的结果而进行管理,以恢复或维持海洋生态系统的整体性和可持续性。

人类社会的可持续发展归根结底是一个生态系统管理问题,既满足当代人的需求,又不损害其满足后代人需求的能力。海洋生态系统管理不是一般意义上对生态系统的简单管理,而是要立足于可持续发展角度重新审视人类自己的管理行为,是人类以科学的态度利用、保护生存环境和自然资源的行为。可持续发展主要依赖于可再生资源特别是生物资源的合理利用,因而生态系统管理是实现可持续发展的手段和重要途径(图5-14)。

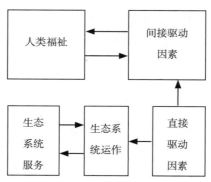

图5-14　生态系统管理的内涵

二、海洋生态系统管理的特征

海洋生态系统管理包括四大特征。第一个特征是必须要承认海洋生态系统健康的重要性,也就是要把保护生态系统的健康与可持续发展作为最重要的,也是第一位的原则。在这个特征之下,要求管理者要加强生态系统的保护,努力恢复已经受损的生态系统。第二个特征是要维持和促进生物多样性,即要尽可能地恢复原有本地物种,保证生态系统中物种的多元化。第三个特征是更宽的空间尺度,这要求人们在对海洋生态系统进行管理的时候要站在更广阔的空间尺度上看待问题,要避免进行碎片化的管理。第四个特征是强调可持续,要求协调地解决整体性问题并考虑到后代的需求。

三、海洋生态系统管理的原则

整体性原则。海洋生态系统是与周围环境以及人类社会经济活动密切相关的,绝不是孤立存在的,在对海洋生态系统进行管理时需要分析自然条件、人口变动、经济发展、现时利益与长远利益、局部与整体等多种因素。只有保持生态系统结构和功能的完整性,才能实现生态系统管理的目标。因而生态系统管理的一个重要原则是保持系统结构和功能的完整性,并在这一基础条件下开发和利用海洋资源。

再生性原则。海洋生态系统具有很高的初级生产和次级生产能力,能够为人类社会提供大量的食物、工农业生产的原料以及医药等资源,尤为重要的是这种能力是可再生的,具有较强的再生性。在进行海洋生态系统管理时,对生态系统的这种再生产能力和再造性,在管理中必须给予高度的重视。

平衡性原则。海洋管理者需要对生态系统各项功能指标(功能极限、环境容量、生态承载力等)加以认真分析和计算,通过合理的人为管理,减缓外界压力,以保持系统的健康和平衡。

多样性原则。生物多样性是生态系统发展和保持高生产力的核心。生物多样性在复杂的时空梯度上维持着生态系统过程的运行,是生态系统抗干扰能力和恢复能力的物质基础,也是自然界基因、物种、群落、生态系统可持续的基础。因此,生态系统管理的基本原则是保护生物多样性,在管理活动中需要对生物多样性(尤其是物种多样性)实施监测和管控。对生态系统健康具有重要指示作用的特定物种(如鲸、海豚等)的持续关注和监测是最为有效的管理方式之一。

除此之外,生态系统管理原则还有多部门协作原则、多学科交叉原则、循环利用原则、管理尺度原则等等。值得一提的是,近年来以区域生态系统为对象、综合管理为特征的区域生态系统综合管理正在迅速成为生态系统管理科学发展的主流方向。

四、海洋生态系统管理的途径

通过构建健康的海洋生态系统能够为人类提供更多可持续的产品。海洋生态系统管理可以通过各种途径实现,包括生态工程与建设、自然保护区建设、废物资源化管理、清洁生产、生态风险评估及环境管理信息系统等。其中自然保护区建设及生态工程与建设是最主要的海洋生态系统管理方式。

自然保护区建设。自然保护区建设是海洋生态系统管理中十分常见的一种方式,是保护海洋生物多样性和防止海洋生态环境全面恶化的最有效途径之一。自然保护区有两大功能:一是保护区通过控制非自然的干扰和破坏性活动,有助于维持生态系的生产力,保护重要的生态过程;二是为了海洋物种和生态系能够持续利用而保护遗传资源。为此,在保护区内禁止捕捞和采集海洋生物,禁止采石、挖沙、开采矿藏,禁止其他任何有损保护对象及自然环境和资源的行为。据统计,截至2010年,我国已建有各级、各类海洋自然保护区共计201处,保护面积超过330万公顷,约占中国管辖海域总面积的1.12%,沿海11个省、自治区、直辖市均有国家级海洋保护区分布,初步形成了以海洋自然保护区和海洋特别保护区相互结合的海洋保护区网络体系。

生态工程与建设。生态工程是指利用生态学基本原理而进行的自然生态恢复和人工生态建设的技术手段。它注重生态系统的可持续发展、清洁生产以及生态效益和经济效益的统一,是应用生态系统中物种共生与循环再生的原理,结合系统工程的最优化方法设计的分层多级利用物质的生产工艺系统。其中典型的生态工程有海洋人工鱼礁等。

人工鱼礁

（1）人工鱼礁的定义

不同国家、不同地区、不同学派的学者对于人工鱼礁的定义并不完全相同，但他们所描述的人工鱼礁的基本含义是一致的，即人工鱼礁通常是指以改善海域生态环境及保护海洋生物资源为目的，在水域中人为设置的用于聚集鱼类和其他生物的构造物，是利用鱼类等生物的趋性和鱼礁周围的流场、饵料、避敌等效应，人工营造出适合鱼类等生物生存的栖息场所。

（2）人工鱼礁的类型

人工鱼礁的种类繁多，并且随着对人工鱼礁研究的不断深入，每年又有多种新型的人工鱼礁被研发出来。常见的人工鱼礁大体上可以按照其使用功能、建造形状、构筑材料以及其所处海水中的位置进行如下分类。

按使用功能分类可以划分为鱼类礁、贝类礁、海珍礁和藻类礁。

按建造形状分类可以划分为三角形鱼礁、圆筒形鱼礁、立方体鱼礁及多面体型鱼礁和漏斗型鱼礁等。

按构筑材料可以划分为钢筋混凝土鱼礁、钢质鱼礁、废弃物制作的鱼礁（主要为废旧轮胎、废旧汽车、废旧船体、废旧混凝土构件等废弃物组成的鱼礁）、石块鱼礁等。

按礁体所处海水中的位置可以划分为海底鱼礁和浮鱼礁。

牡蛎壳能够为微藻和大型藻类提供良好的附着基，可以为刺参提供丰富的天然饵料、更多的附着空间和遮蔽场所。与此同时，使用牡蛎壳构筑人工鱼礁还能起到变废为宝的效果，并且价格低廉，操作简单，聚参效果明显。在荣成市俚岛海区投放的5 000 t牡蛎壳海珍礁，投放后期刺参增养殖密度可达到17.8头/平方米。另外，荣成山东俚岛海洋科技股份有限公司和鸿洋神集团制作和投放了三层组合式海珍礁，这种鱼礁对许氏平鲉和刺参的增殖效果显著（图5-15）。

废弃船只的人工鱼礁　　　　　　　废弃航空母舰人工鱼礁

底层鱼类栖息的三角形鱼礁

海参、鲍鱼栖息的立方体藻礁

牡蛎壳海珍礁

三层组合式海珍礁

图5-15　各种人工鱼礁

（3）人工鱼礁的效用

人工鱼礁的基本原理是依据生态系统原理，向海洋中投放各种类型的人造构筑物，通过改变与海洋生物资源有关的物理、生物及社会经济过程，完善或修复生态系统的结构和功能，以期改善海域生态环境，营造海洋生物栖息的良好环境，为生物提供繁殖、生长、索饵和庇敌的场所。具体来说，其效用包含如下几个方面。

上升流作用。人工鱼礁独特的构造可使局部海域呈现上升流作用，这些由鱼礁形成的上升流可以将海底营养盐和沉积的有机营养物质带至海洋中、上层，能够有效增加受影响水域的肥沃度，促进饵料生物的繁殖生长，为鱼、虾等生物提供丰富的饵料，并且吸引鱼类集结。

涡流作用。涡流作用是由人工鱼礁的不规则形状产生的，与上升流作用类似，可引起上下部水体的不断混合，导致溶解氧和饵料更为集中和丰富，成为鱼、虾等海洋生物优良的索饵场所。另外，也有研究表明涡流作用可以引起低频波的压力变动，鱼类侧线对此较为敏感，从而可以发挥集鱼作用，使鱼类在此处汇集。

附着作用。人工鱼礁比表面积大，可以为附着、孳生甲壳类、贝类、多毛类幼虫等多种生物提供附着生长的场所。这些附着的生物不仅可以修复已经遭到破坏的食物链，使重点海域、海湾的海洋环境质量得到逐步恢复与改善，不仅使海洋渔业产业结构不断趋向合理，还能够进一步为鱼类等海洋生物提供饵料资源，增加鱼类种群密度。

逃避场与阴影作用。大多数鱼类都有昼沉夜浮、趋弱光的生活习性。人工鱼礁的多洞穴结构和投放后形成的流、音、光影等为不同生物提供了良好的栖息场所及避敌场所,因而鱼礁区生物量要高于平坦的海底处。

水温作用。不同鱼类的生长繁殖有着不同的适宜温度,甚至能对极其细微的温度变化作出反应。大型人工鱼礁内外部流态不同,各处温度有较大差异,可以为不同种类的鱼类提供各自适宜的温度,有利于生物多样性的恢复。

另外,一些特殊材料制成的鱼礁还可以通过向海水释放某种化学物质,改善海洋环境的理化环境,使之更加适宜海洋生物生存。例如钢材可以向水中释放出铁离子,有利于海洋浮游生物的生长繁殖,更容易使海洋生物附着在人工鱼礁上。

（4）人工鱼礁的价值与意义

首先是可以增加当地渔业产量,对海洋生物资源进行保护。人工鱼礁能够为海洋生物提供良好的栖息环境和索饵场,非常适宜幼鱼、幼虾、幼贝及幼参等的生活。而且,人工鱼礁的投放还能明显改善海水水质,不仅提高了生物的存活率与成活率,也利于资源的恢复和增长。有研究发现,未投放人工鱼礁的区域,其生物种类一般仅有3~5种,而人工鱼礁区则达45种之多,其渔获量可提高10~100倍,最高可达1 000倍。

海岸带生态保护与修复。人工鱼礁投放后会有大量贝类、海藻等海洋生物附着,其能消耗海水中的氮、磷等营养物质,降低海水富营养化的程度,对修复海域生态环境、减少赤潮等具有重要作用。2011年发生的"蓬莱溢油"事件,对渤海渔业资源造成了严重破坏。为应对这一突发环境事件,天津市政府在汉沽大神堂海域投放了近2 000个钢筋混凝土人工鱼礁,以期修复受损的海洋环境,收到了良好的生态效益。

休闲旅游。人工鱼礁能够诱集多种海洋生物、改善水质,是发展旅游观光以及浅海休闲潜水、垂钓的绝佳场所。目前,该项活动在美澳国家已经十分流行。美国是人工鱼礁旅游业最发达的国家之一,每年有5 400万人从事游钓活动,其年游钓业收入高达180亿美元,可安排从业人员近50万人。

科研价值。目前,我国各大涉海科研机构都在或多或少地进行人工鱼礁方面的研究,取得了大量的科研成果。但是,人工鱼礁建设不当,也会带来生态系统的负面影响,应引起重视。

（5）国内外人工鱼礁建设现状

人工鱼礁的建设最早起源于1935年的美国,当时投放的第一处人工鱼礁位于新泽西州梅角附近,主要用途是休闲垂钓。第二次世界大战之后,人工鱼礁的建设范围逐步扩大,到20世纪70年代便掀起了建设人工鱼礁的高潮。其建礁范围从美国东北部逐步扩展到西部和墨西哥湾,并一直延伸至夏威夷群岛。当前,美国人工鱼礁的建设主要采用适合海底观光的鱼礁类型并向着观光旅游的方向发展,重点发展海洋观光旅游业。据统计,每年约有5 400万人到鱼礁区参加游钓活动,游钓船达1 100万艘,钓捕鱼类140万吨,占到全美渔业总产值的近35%,收到了可观的经济效益。

日本的人工鱼礁建设最早开始于1945年,经历了普通型鱼礁、大型鱼礁和人工鱼礁渔场三个历史时期。近年来，日本的国家和地方政府每年还投入600亿日元用于人工鱼礁的建设，建礁体积达到600万空立方米。截至目前，日本是建设人工鱼礁规模最大的国家，并将人工鱼礁建设作为发展沿海渔业的最主要措施之一。日本还十分注重人工鱼礁的科学研究，对人工鱼礁的原理、材料、结构等进行了深入的研究分析，并出版了大量有关人工鱼礁的著作。目前，日本拥有人工鱼礁300多种，几乎遍布日本列岛沿海。

挪威、韩国、英国、加拿大、俄罗斯、瑞典等国也纷纷把人工鱼礁作为振兴海洋渔业的战略对策，投入大量资金进行科研、开展人工育苗放流，以期恢复渔场基础生产力。亚洲一些国家如马来西亚、泰国、菲律宾等投入的资金虽然不多，主要以投放废旧船、废轮胎等作为鱼礁，但也收到了良好的效果。

在我国的台湾，人工鱼礁最早开始于1974年，至今围绕台湾岛多处建有一定规模的人工鱼礁。我国大陆的人工鱼礁建设最早开始于广西，投放了26个钢筋混凝土鱼礁作为实验并取得了成功。20世纪80年代，我国已在沿海部分地区建立了24个人工鱼礁试验点。随后我国的人工鱼礁建设进入了快速发展阶段，在广西、广东、山东、辽宁、河北、江苏、福建和浙江8个省、自治区的23个县投放了各种人工鱼礁8 586座，总体积达到84 870 m^3。2002年广东投放公益性人工鱼礁5 558个，面积达2 511公顷。2006年，山东省建设6处人工鱼礁示范区，面积115万空立方米。目前，天津、浙江、江苏、福建、海南等沿海省区，都在进行人工鱼礁的规划与建设。特别值得一提的是位于浙江省东南部海区的南麂列岛的人工鱼礁，其投放规模较大，基础调查研究工作比较深入，成为我国人工鱼礁建设的典型代表之一，是我国国家级海洋自然保护区，被联合国教科文组织列为人与生物圈网络的海洋类型保护区。

思考题

1. 海洋生态系统有哪些基本组分，它们各自执行什么功能？
2. 举例说明海洋生态系统物质循环的特点。
3. 试述海洋生态系统物质循环和能量流动的联系与区别。
4. 简述海洋生态系统信息传递的主要方式。
5. 试述海洋生态系统管理的含义与内涵。
6. 海洋生态系统管理的特征与原则如何？
7. 常见的海洋生态系统管理的途径有哪些？
8. 简述人工鱼礁的定义、类型与效用。

参考文献

[1] 白佳玉. 以生态系统为基础的海洋管理模式引发的思考 [J]. 海洋开发与管理，2005，25（5）：30–32.

［2］ 斯蒂尔. 海洋生态系统结构［M］. 北京: 科学出版社， 1983.

［3］ 施并章, 沈国英. 海洋生态学: 2版［M］. 北京: 科学出版社, 2008年.

［4］ 唐启升， 苏纪兰. 海洋生态系统动力学研究与海洋生物资源可持续利用［J］. 地球科学进展， 2001， 16（1）: 5–11.

［5］ 唐议，邹伟红. 海洋渔业对海洋生态系统的影响及其管理的探讨［J］. 海洋科学， 2009， 33（3）: 65–70.

［6］ 王慧， 柏仕杰， 蔡雯蔚，等. 海洋病毒——海洋生态系统结构与功能的重要调控者［J］. 微生物学报， 2009， 49（05）: 551–559.

［7］ 王淼， 毕建国， 段志霞. 基于生态系统的海洋管理模式初探［J］. 海洋环境科学， 2008， 27（4）: 378–382.

［8］ 王晓雯. 赤潮的预报及治理［J］. 环境科学与管理, 2012, 37（12）: 37–51.

［9］ 叶属峰， 温泉， 周秋麟. 海洋生态系统管理——以生态系统为基础的海洋管理新模式探讨［J］. 海洋开发与管理， 2006， 23（1）: 77–80.

［10］ 张灵杰. 美国海岸带综合管理及其对我国的借鉴意义［J］. 世界地理研究， 2001， 10（2）: 42–48.

［11］ Botsford L W， Castilla J C， Peterson C H. The Management of Fisheries and Marine Ecosystems［J］. Science， 1997， 277（277）: 509–515.

［12］ Cicin-Sain B. Sustainable development and integrated coastal management［J］. Science， 1997， 278: 1211–1212.

［13］ Heath M R. A global map of human impact on marine ecosystems.［J］. Science， 2008， 319（5865）: 948.

［14］ Larkin P A. Concepts and issues in marine ecosystem management ［J］. Reviews in fish biology and fisheries， 1996， 6（2）: 139–164.

［15］ Islam M S， Tanaka M. Impacts of pollution on coastal and marine ecosystems including coastal and marine fisheries and approach for management: a review and synthesis［J］. Marine Pollution Bulletin， 2004， 48（s 7–8）: 624–649.

［16］ Mann N H， Cook A， Millard A， et al. Marine ecosystems: bacterial photosynthesis genes in a virus.［J］. Nature， 2003， 424（6950）: 741–741.

［17］ Moberg F， Folke C. Ecological goods and services of coral reef ecosystems［J］. Ecological economics， 1999， 29（2）: 215–233.

［18］ Patrick C， Lowry K， White A T， et al. Key findings from a multidisciplinary examination of integrated coastal management process sustainability［J］. Ocean and Coastal Management， 2005， 48: 468–483.

［19］ Polovina J J. Model of a coral reef ecosystem［J］. Coral reefs， 1984， 3（1）: 1–11.

第六章　海洋生物地球化学循环

海洋生物地球化学循环过程是现代海洋科学研究的核心问题，涉及海洋科学的四大分支，物理海洋学、化学海洋学、生物海洋学和地质海洋学，并与大气科学、环境科学、生态学等学科有密切的联系（图6-1）。

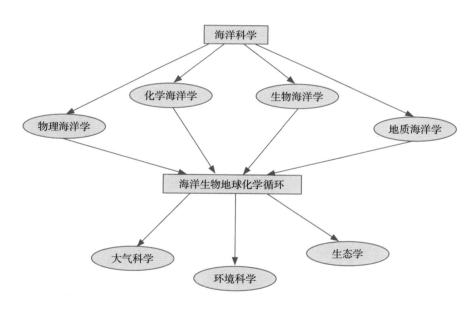

图6-1　海洋生物地球化学循环与各学科的关系

157

第一节　海洋生物地球化学循环的概念

　　海洋生物地球化学循环的概念包括三个层面：循环、生物地球化学循环和海洋生物地球化学循环。"循环"这个词早在《战国策·燕策二》中就已经出现。《战国策》主要记述了战国时代纵横家的主张和言行策略。在《燕策二》中，苏代（苏秦之弟）对燕昭王这样描述秦国："此必令其言如循环，用兵如刺蜚绣"，意思就是秦国在对付东方六国的过程中，交替使用外交和军事手段，就像刺斐绣（"蜚"通"斐"）那样交错用兵，反反复复，以达到消灭六国，一统天下的目标。实际上，循环就是一种往复回旋，指的是事物周而复始的变化和运动。这种往复回旋不是绝对的一成不变的重复。例如春夏秋冬的变化是一种循环，不同年份之间每个季节的具体情况是不一样的，但这四个季节周而复始的变化每一年都是相同的，这就是一种循环。在自然界中有一个非常重要的循环就是水的循环（图5-7）。从图5-7可以看出，整体而言，在自然界水的循环中，一个非常有趣的现象就是在海洋中的蒸发量大于降水量，在陆地上降水量大于蒸发量。一个关键的原因是河流不间断地向海洋输水。可以想见，如果陆地上降水量小于或等于蒸发量，陆地上有限的水就会不断减少，整个陆地迟早都会变成沙漠。只有海洋通过蒸发、转移、降水把陆地输入海洋的水还给陆地，自然界水的循环才能够实现。自然界水的循环和生物地球化学循环有着非常密切的关系。

　　生物地球化学循环是建立在综合研究的基础上的，涉及生命科学、地球科学、化学甚至数学等学科。最早进行生物地球化学研究的是19世纪英国化学和植物学家多布尼。他先做化学教授，然后做植物学教授，对地质学也有很深入的研究。他对火山喷发，大气碳水平对石炭纪植物的影响以及臭氧的产生机制的相关研究都取得了卓有成效的成果。尽管当时并没有生物地球化学的概念，但是他的研究是典型的生物地球化学研究。他的研究经历表明，个人多学科的知识基础是进行生物地球化学研究所必须的。前苏联科学家维尔纳斯基院士在1939年最早提出了生物地球化学循环的概念。他的一系列论文主要涉及植物体对微量元素的富集。研究元素在生物体和环境中的比值变化，是生物地球化学研究的第一阶段。维尔纳斯基关于生物地球化学的概念在1943年被哈钦森引入到英文中。直到1971年，美国杰出的生态学家奥德姆才清晰地解释生物地球化学循环的概念。他认为，生物地球化学循环是化学物质包括原生动物体内的所有组成元素，在生物圈内从环境到生物体再从生物体返回环境的特定运转途径。生物是生物地球化学循环的核心。通俗地说，生物地球化学循环就是物质从环境到生物又从生物到环境的一个过程。他认为生物地球化学循环主要有两大类，即大气圈和水圈中呈气态的物质的循环和地球表壳贮库中沉积的物质的循环。前一类物质循环的典型代表就是大家所熟知的CO_2和N_2，也就碳和氮这两种物质的循环。后一类物质循环的典型代表是磷循环，因为大气中没有含磷的化合物，磷酸盐存在于地球的表壳中。奥德姆的成果推动生物地球化学研究在20世纪70年代进入第二阶段，其标志是环境生物地球化学研究取得了长足的进展。

海洋生物地球化学是在生物地球化学的基础上发展起来的。由于海洋的广度和深度以及水的巨大储量，海洋生物地球化学循环在整个生物地球化学循环中居于核心地位，对全球气候变化有决定性影响。可以说，20世纪80年代开始对全球气候变化的研究推动了海洋生物地球化学循环研究的迅速发展，使生物地球化学研究进入了第三阶段。为了研究海洋生物地球化学循环对气候的影响，1991年国际上启动了一个地圈生物圈计划（IGBP），以研究生源要素的海洋生物地球化学过程为核心，特别是研究控制海洋系统的关键的海洋生物地球化学循环。该循环主要包括海洋环境中的生源要素和与生物有关的元素的循环，其中最为重要的是碳、氮、硫、磷、硅等元素的循环。研究海洋生物地球化学循环，必须从以下几个方面入手：首先要了解参与海洋生物地球化学循环的物质的储库，也就是哪些环境中存在这些物质；其次，要了解这些参与循环的物质的来源和去向，也就是参与循环的物质从哪里来，到哪里去；还要研究这些物质在不同的储库以什么样的形态存在（例如，在碳循环中，碳元素就以CO_2、有机物、碳酸钙等不同的形态存在）；以及控制这些物质循环的物理、化学和生物过程。其中，前三个方面是静态地描述不同物质的海洋生物地球化学循环，最后一个方面则是动态地描述这些循环。

第二节 碳、氮、磷、硫、硅的海洋生物地球化学循环

一、碳循环

碳循环是最为重要的海洋生物地球化学循环，是海洋生物地球化学循环的核心，也是生物地球化学循环和海洋科学研究的核心。碳循环之所以重要，主要在于碳是构成有机物，进而构成生命的决定性元素。碳循环是碳元素在各个自然储库之间不断交换和循环的生物地球化学过程。海洋碳循环是碳在海洋中的吸收、输送及释放的过程。CO_2是碳循环的主要研究对象，也是碳循环中碳元素最关键的形态。碳循环中CO_2参与的主要过程包括的海-气交换过程、环流过程、生物过程和化学过程。众所周知，植物通过光合作用，吸收CO_2，合成有机物，实现CO_2的固定。有机物通过食物链，进入不同的动物体内。最后，有机物通过呼吸作用和微生物的分解，重新形成CO_2，完成了从CO_2到CO_2的循环。碳循环与N、P、S等元素的

生物地球化学循环密切相关，对这些元素的循环起了决定性的作用。碳循环是海洋系统持续、发展的基础。海洋碳循环也决定海洋生态系统的走向，在碳固定比较容易的区域，生物量往往较大；而在碳循环比较困难的区域，生物量往往较低。CO_2也是导致温室效应的关键气体。我们可以这样理解温室效应：地球从太阳吸收了热量，再通过辐射，主要是以红外线的方式，把热量向太空中发散，形成一个吸热与散热的平衡。随着大气中CO_2的浓度增加，地球向太空辐射的热量会有相当一部分被大气中的CO_2吸收，并向地表发射更多的回辐射，吸热与散热的平衡被打破，导致地球表面的温度升高，从而产生"温室效应"。因此，由于CO_2对碳循环有至关重要的影响，因此海洋碳循环在很大程度上决定了全球气温以至于全球气候的变化趋势。图6-2显示的是全球碳循环的基本图景。

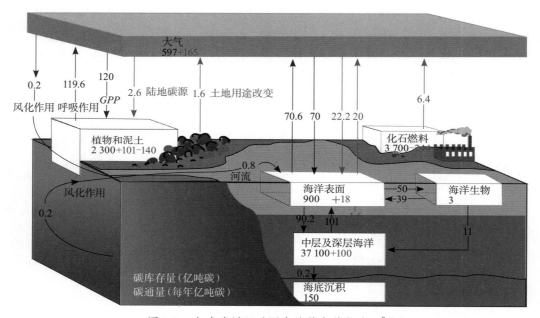

图6-2　全球碳循环（图中的数字单位为10^9吨）

（http://www.hko.gov.hk/education/edu06nature/ele-carboncycle_uc.htm，有修改）

全球碳循环是碳在大气、陆地和海洋中的循环。大气中碳的主要存在形式是CO_2，CO_2能够溶解在海水中，使大量的CO_2被海水吸收。陆地和海洋中的植物都能够将CO_2转化为有机物，实现碳的固定。碳的主要储库如下：大气约$720×10^9$t；海洋约$38\,400×10^9$t（包括总无机碳$37\,400×10^9$t、总有机碳$1\,000×10^9$t、生物群$3×10^9$t），其中上层海洋约$670×10^9$t，深层海洋约$36\,730×10^9$t；岩石圈$>60\,000\,000×10^9$t（其中油母质$15\,000\,000×10^9$t）；生物圈约$2\,000×10^9$t；化石燃料约$4\,130×10^9$t。岩石圈的碳储量十分巨大，但是绝大部分不参与碳循环，不具有活性。参与碳循环的主要碳库包括大气、海洋、生物圈以及化石燃料。海洋中的碳储量比大气要高两个数量级，是参与碳循环的活性碳的最大的碳库。化石燃料的燃烧，是导致大气中CO_2浓度增加的关键因素。

海洋中碳的主要存在形式包括三大类：可溶性无机碳（DIC，包括CO_2、HCO_3^-和CO_3^{2-}）、溶解有机碳（DOC）和颗粒有机碳（POC）以及少量的大型动植物及其残骸。DIC决定了海洋生态系统的基本状况。DOC和POC的定义是一个操作定义，指的是所取得的海水样品中，能够通过0.45微米滤膜的有机碳为溶解有机碳，不能通过的为颗粒有机碳。鱼、虾、海带等，则是大型动植物个体和残骸的典型代表。

在海洋中，有些地方有能力吸收大气中的CO_2，有些地方要向大气释放CO_2。海洋中吸收大气中CO_2的区域为"汇"，释放CO_2的区域为"源"。在海洋的不同部分，有的地方是大气CO_2的源，有的地方是汇。总体而言，海洋是大气CO_2的净汇。人类燃烧化石燃料释放的CO_2中的很大一部分被海洋吸收了。太平洋赤道海域面积广大，是最大的天然CO_2的源，主要是由于该区域海水温度较高，气体在海水中的溶解度降低，从而导致CO_2向大气释放。相对的，北大西洋海区温度较低，气体溶解度显著增加，CO_2从大气进入海水，使该区域成为最大的天然CO_2的汇。纬度较高，面积广阔的南大洋也吸收CO_2，是CO_2的汇。除了温度，生物对CO_2的吸收和释放也有重要影响，使得很多海区CO_2的吸收和释放具有不确定性。

推动海洋碳循环需要动力。如同人体的血液循环需要心脏作为"泵"来推动，推动海洋碳循环也需要泵。其中最大的一个天然泵称为物理泵。物理泵涉及物理过程，其基本概念是海水的运动带动了碳的输送，以及海水的混合过程促进了密度不同的海水发生交换，从而推动了海洋碳循环。图2-25所示的全球海洋输送带是影响海洋碳循环的最大物理泵。在北大西洋，低纬度的暖水可以一直北上，进入高纬度海域；那里气温很低，导致表层海水因为大量散热而密度增大，发生下沉运动。下沉的海水返回北大西洋，作为北大西洋底层水向南流动，一直抵达南大洋海域。在南大洋，这些底层海水加入南极绕极流的循环，并在印度洋和太平洋向北扩展。在漫长的流动过程中，这些海水不断上升，在适宜的条件下回到海面，并以表层流的形式重新回到北大西洋，形成完整的循环。因而，在北大西洋就有一个非常有趣的现象，就是表层的海水不断下沉，向南流动；上层的海水不断从南向北流动，形成大规模的热盐循环，成为一个巨大的物理泵。在这个过程中，大量的CO_2，以及各种营养盐被输送到深层海水，同时伴随着有机物的降解，以及沉积、扩散等生物地球化学过程。这个过程不断地输送着CO_2和营养盐，整个环流过程大约要1 000年。

除了物理泵，影响海洋碳循环的另外一个重要的泵是生物泵。生物泵是海洋生物的固碳输出，也就是生物通过光合作用或者化能合成作用固碳，将CO_2转化为颗粒有机碳并通过沉降转移到海底长期保存。生物泵对调控大气中CO_2的浓度至关重要。如果没有生物泵，大气中CO_2的浓度将达到$1 000 \times 10^{-6}$；如果生物泵以最大效率运转，大气中CO_2的浓度会低至110×10^{-6}（2008年大气中CO_2的浓度约是385×10^{-6}，比工业革命前升高约40%，这个浓度仍在以每年约1.9×10^{-6}的速度不断增加，2015年已经超过400×10^{-6}）。生物泵的发动机是初级生产力。所谓的初级生产力，就是生物把无机碳转化为有机碳的能力。在海洋中，无机碳转化为有机碳有两个过程，一个是我们熟知的光合作用，海洋中能够进行光合作用的生物是海藻、蓝细菌等。在海洋中，光合作用固定的CO_2能够转化成颗粒有机碳下沉，进入深层海水和海底沉积物中长期保存。另一个过程是化能合成作用，主要发生在太阳光达不到的海底，那里的一些微生物利用海底的一些还原性物质氧化获取能量，将无机碳转化为有机碳。光合作用和化能合成作用都是生物泵的推动力。

除了物理泵和生物泵，海洋中还有通过化学过程调控碳循环的碳酸盐泵。海洋碳酸盐泵是指大气中的CO_2被海洋吸收，并在海洋中形成碳酸盐的过程。一个比较典型的过程就是碳酸钙的溶解和生成：$Ca^{2+}+2HCO_3^- \rightleftharpoons CaCO_3+H_2O+CO_2$。海洋钙质生物残骸的下沉和分解，将碳和有营养的元素释放到深水中，同时消耗氧气，形成深海碳酸盐泵。由于钙质壳体的溶解与大洋碱度密切相关，所以又称"碱度泵"。事实上，海水表层的碳酸盐浓度是饱和或者过饱和的，随着水深增大，海水温度降低，CO_2含量增加，碳酸钙溶解度会增大，以至于到了某一个临界深度，碳酸钙的溶解量与补给量达到平衡，这个深度就是碳酸钙的补偿深度。在补偿深度之上，有大量的碳酸钙沉积物；在补偿深度之下，沉积物以非碳酸盐为主。海洋中，碳酸盐泵和生物泵关系密切。海洋中有一类特别的颗石藻，一方面它们能够将大气中的CO_2转变成有机物，另一方面它们又能够自主合成碳酸钙颗石积累在细胞表面，成为向海底输送CO_2最为高效的藻类。在不同的海区，温度、光照强度差别较大，海水中营养盐含量和CO_2含量也不相同，导致不同海区的初级生产力差别显著，补偿深度各不相同。现代海洋的平均补偿深度为4 500米，其中大西洋最深，平均为5 300米，太平洋最浅，平均为4 400米。印度洋的补偿深度平均约为5 000米。掌握不同海区的补偿深度，对于估算有多少CO_2通过碳酸盐泵进入海底十分重要。

在最近的海洋生物地球化学循环研究中，提出来一个微生物碳泵的概念，用于解释惰性溶解有机碳的形成。这个概念的提出主要是由于长期的研究发现，海洋表层浮游植物所固定的有机碳，绝大部分经过微生物的分解重新成为无机碳，未能转变为无机碳的有机碳，95%以溶解态存在于海水中，这其中的95%又是惰性的，可在海洋中保存5 000年，而由生物泵输送到海底进入沉积物的碳量不足表层固碳量的0.1%。惰性溶解有机碳（难以被生物利用的有机碳，RDOC）约有7 000亿吨，与大气中的碳量几乎相当，而RDOC的形成机制至今尚未明了。越来越多的证据表明，微生物对RDOC的形成起着关键作用，从而有了微型生物碳泵（Microbial Carbon Pump, MCP）的概念。MCP认为微型生物驱动了从生物可利用的活性有机碳到惰性DOC的转化，从而形成大量的RDOC。这些RDOC不能被生物利用，不能转化成为CO_2，而在海洋中以有机碳的形式长期存在。图6–3展示了生物泵和MCP的关系。浮游植物固碳，把营养盐和无机碳转变成了有机物，进入食物链。通过呼吸作用，大部分有机物变成CO_2被释放出来。一部分被固定的碳,进入食物链,通过生物泵进入深层海水,最终进入沉积物。另外一部分,通过MCP,形成惰性有机碳,长期存在于海水中。在海洋中,与生物泵、碳酸盐泵不同,MCP是不依赖于沉降过程的储碳机制,它不仅能够储碳,而且能够释放氮、磷等营养盐,从而保障了海洋初级生产力的可持续性。在海洋中,异养微生物是有机碳的分解者,也是RDOC的生产者。异养微生物在降解有机质的过程中,产生了一系列难以被生物吸收利用的相对惰性的物质,如复杂的多糖、L型葡萄糖、D型氨基酸等,这些物质,被认为是RDOC的主要来源。此外,病毒对原核生物的裂解作用对RDOC的形成也有重要的贡献。病毒是海洋中丰度最高的生命粒子,丰度可达10^{10} $\cdot L^{-1}$,是原核生物(细菌和古菌)丰度的5~25倍,总数达到4×10^{30}之多。病毒通过感染裂解原核生物的细胞,将大量有机碳释放到水体中。这些有机碳成分复杂,部分物质如胶体物质、细胞碎片等具有生物惰性,成为潜在的RDOC。另一方面,浮游动物对浮游植物的摄食活动对RDOC的形成也有贡献。深入研究MCP过程和形成机理对于认识全球气候变化的海洋调控机制有重要意义。

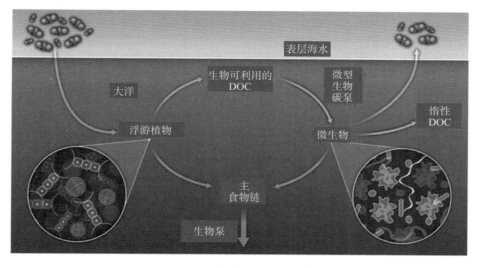

图6-3　海洋微生物碳泵

(根据http://baike.baidu.com/subview/11810570/12182463.htm图修改)

实际上,海洋碳循环是非常复杂的。图6-4简略地总结了海洋碳循环的基本过程。在这张图表中,海洋被分成了三个部分。第一部分是表层海水,是阳光能够照到,从而能进行光合作用固碳的水层。第二部分是深层海水,这里没有阳光,不能进行光合作用,与碳循环有关的主要过程是有机物的降解。第三部分是沉积物,沉积物中有十分复杂的、主要由微生物控制的碳循环过程。表层海水不断与大气进行CO_2的交换。作为CO_2的净汇,总体上大气中的CO_2不断进入海洋。河流输入为海洋带来了各种各样的营养盐。与陆地的植物以氮、磷、钾为主要营养盐不同,海洋中的光合生物的主要营养盐是氮、磷和硅。河流输入还带来了铁等微量元素。浮游植物利用CO_2和营养盐固碳，就是我们所说的生物泵的概念。浮游植物会被浮游动物摄食，进入食物链。在食物链中，经过呼吸作用，也就是图中的氧化过程，将有机碳变成无机碳，从而在表层水完成了一个从CO_2到CO_2的循环。还有一部分浮游植物、浮游动物等的尸骸下沉进入深海，经过氧化、降解，形成深海的DOC、POC，最终变成无机碳（如CO_2）和营养盐。这些无机碳和营养盐通过上升流被带到海洋表面，完成了深海的碳循环过程。在深海碳循环中，进入深海的是有机碳，通过上升流进入表层水的是CO_2等无机碳。在深海中，还有少部分有机碳进入了沉积物。进入沉积物的这部分有机物，有一些通过氧化分解，变成DIC，回到深海。还有一部分，成为底栖动物的食物，通过呼吸作用，氧化分解，变成DOC，回到深海。与深海相比，沉积物中的氧化过程更加复杂。

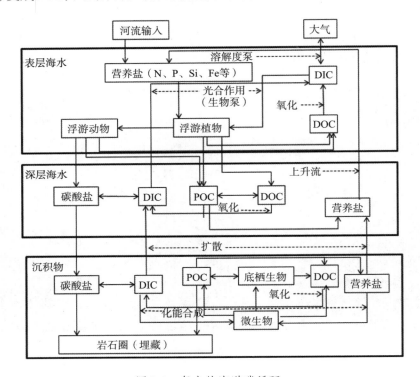

图6-4　复杂的海洋碳循环

一般而言，除了表层的沉积物能够接触氧气，表层下面的沉积物难以接触到氧气，因而在沉积物中存在大量通过微生物进行的复杂厌氧过程。这些厌氧过程可以继续利用有机物，将其变成小分子有机物，最终变成CO_2，通过转移、扩散的物理过程回到海水中。同时在海底，微生物还能通过化能合成作用将CO_2和无机盐转变成有机碳，形成深海的一些初级生产力。推动化能合成的能源来自地球内部喷出的还原性气体，如硫化氢、氨等的氧化。化能合成形成的初级生产力也为海洋碳循环做出了贡献，但是到目前为止，与光合作用初级生产力相比，这方面的研究进行得很不充分。

二、海洋氮循环

海洋碳循环与海洋中其他元素的循环例如氮循环、磷循环有非常密切的关系。在海洋中，浮游植物在总体上按比例吸收碳、氮、磷等元素，这个比例被称为Redfield比值，即浮游植物按照106∶16∶1比例吸收碳、氮和磷。从这个角度来看，如果这三种元素在海水中的比例偏离Redfield比值，浮游植物生长就会受到限制，这也是海洋中的生物泵不能达到最大运转效率的重要原因。Redfield比值反映了海洋中碳循环、氮循环和磷循环的密切关系。氮循环是氮在自然界的循环转化过程，是海洋生态系统物质循环的重要组成部分，是一个涉及物理、化学、生物等多种要素的复杂生物地球化学过程。在自然界，氮的存在形态多种多样，价态从+5价到–3价，包括硝酸盐、二氧化氮、亚硝酸盐、一氧化氮、氧化亚氮、氮气、羟胺、肼、氨气、铵盐和有机氮等。 推动海洋氮循环的主要是微生物过程，包括固氮作用、氨化作用、硝化作用、反硝化作用等。固氮作用是微生物将大气中的惰性的氮气转化为生物可利用的氮，也就是–3价的还原性氮的过程。由于生物体内氨基酸中氮的价态为–3价，因此从能量的角度看，–3价的无机氮更容易被浮游植物或微生物通过光合作用和化能合成作用吸收利用，转化为有机氮。有机氮通过呼吸作用，再转化为无机氮，就是氨化作用。氨化作用产生的还原性的氨在海洋中会被氧化成为亚硝酸盐和硝酸盐，这个过程就是硝化作用。反硝化作用是与硝化作用相对的过程，包括两种类型，即将硝酸盐转化为铵盐的同化硝酸盐还原和将硝酸盐转化为氮气的异化硝酸盐还原。在海洋中一系列微生物过程的推动下，氮元素完成了从氮气到氮气的循环过程。

固氮过程是一个严格的厌氧过程。固氮过程总的反应方程式如下：

$$N_2+8e+16MgATP+8H^+ \rightarrow 2NH_3+H_2+16MgADP+16Pi^+$$

一般而言，固氮过程是固氮酶催化的高耗能反应。固氮酶由铁钼蛋白和铁蛋白组成。这两个蛋白单独存在时都不呈现固氮酶活性，只有两者聚合构成复合体时才有催化氮还原的功能。在氮还原为NH_3的过程中，固氮酶中的铁和钼都发生氧化还原反应。如方程式所示，固氮生物体内存在ATP（三磷酸腺苷，通过水解释放能量，是生物体最直接的能力来源）和二价的金属离子 （如Mg^{2+}），这是生物固氮不可缺少的条件。只有在Mg^{2+}的作用下，ATP才可以与铁蛋白结合，而且必须有铁钼蛋白的参与，ATP才能水解成ADP（二磷酸腺苷，为ATP的水解产物），释放能量。铁钼蛋白最后将电子传递给N_2和质子，产生2分子NH_3和1分子H_2。

固氮酶对氧敏感，其催化反应需在厌氧下进行。除了专性厌氧的生物外，氧对其他固氮生物的固氮酶有损伤作用，但这些生物通过呼吸作用产生固氮必需的大量ATP往往又需要氧，所以高效率的固氮作用一般是在微氧条件下进行的。在海洋中，蓝细菌具有很好的固氮酶保护机制，能够同时实现产氧和高效固氮两个过程。有些种类的蓝细菌可以形成由多细胞组成的群体，群体个别细胞能够分化出异形胞，成为主要的固氮场所。异形胞胞外有一层防止氧气进入的很厚的细胞壁，缺乏产氧光合系统，而且有很高的脱氢酶和氢酶活力,这些特性使异形胞保持着高度的无氧或还原状态,保护固氮酶不会受氧的伤害。异形胞还有很高的超氧化物歧化酶活力,有解除氧毒害的功能。异形胞的呼吸强度也高于邻近的营养细胞。这些机制,保护这种特殊的异形胞在蓝细菌群体中实现固氮和产氢,同时不影响这个群体产氧。另外一些蓝细菌,没有异形胞分化,他们有的将固氮作用与光合作用分开进行(黑暗下固氮,光照下进行光合作用),如织线蓝细菌属(*Plectonema*)等;有的在束状群体中央失去放氧光合系统Ⅱ的细胞中进行固氮作用,如束毛蓝细菌属(*Trichodesmium*);有的则通过提高细胞内过氧化物酶或超氧化物歧化酶活力以解除氧毒害,如粘球蓝细菌属(*Gloeocapsa*)等,以保护固氮酶。由于能够既产氧又固氮,蓝细菌成为营养匮乏的大洋表层海水中的优势生物。由于固氮过程需要消耗大量的能量,因此会受到碳源和能量的限制,显示了碳循环和氮循环的密切关系。

氨化过程是微生物分解生物体内含氮大分子有机物如核酸、蛋白质、多氨基糖类等产生NH_4^+的过程。需要多种酶如蛋白酶、肽酶的参与。氨化作用是海洋中再生氮的主要来源,为海洋浮游植物的生长提供重要的氮营养盐。在海水中,硝化过程分为将氨转化为亚硝酸盐的氨氧化和将亚硝酸盐转化为硝酸盐的亚硝酸盐氧化两个有氧步骤。反硝化则是在厌氧条件下使硝酸盐转变成亚硝酸盐,并进一步转变成气体N_2或N_2O后扩散到大气中,一般是在沉积物中进行的。如果水体中NO_3^-浓度过高,就可能扩散到沉积物中,使硝化过程和反硝化过程耦合。这种耦合,对去除海岸带的富营养化非常重要。在沉积物中,硝酸盐还可以被直接还原成NH_4^+,从而将微生物固定的氮保留在海水和沉积物体系中,为后续过程所利用。除此之外,近些年来的研究表明,海洋沉积物中存在一种在厌氧条件下NH_4^+被NO_2^-直接氧化成氮气的过程,称之为厌氧氨氧化。参与厌氧氨氧化的细菌是自养的,能够吸收并固定二氧化碳,从而影响海洋的碳循环过程。目前已知的能够进行厌氧氨氧化的细菌都属于浮霉菌门,这些细菌的细胞中,最具特征的结构是有一个单一的双分子层的厌氧氨氧化体,占细胞总体积的30%以上,是一个独立的产能细胞器,也是厌氧氨氧化发生的场所。厌氧氨氧化的发现,打破了氨氧化必须是有氧过程的传统认识,从根本上改变了人们对海洋氮循环的认识。目前认为,厌氧氨氧化过程占全球海洋氮气产量的30%到50%。

图6-5是海洋氮循环的示意图,包括了海洋氮循环的一系列关键过程。在海洋中,生物可利用的氮除了由固氮作用产生,在近岸区域,还有很大一部分来自于陆源输入。在浅海、潮间带等近岸区域,光照相对充足,底栖的蓝细菌能大量生长形成蓝细菌垫,也有大量的海藻和海草床生长。在海藻和海草床等有根植物生长旺盛的区域,有大量的固氮菌得到从这些植物根部释放的有机碳供给,从而提高了固氮效率。而固氮效率的提高,又为有根植物的生长提供了必需的氮源,从而形成一种互惠机制。整体而言,尽管近海区域面积比大洋小得多,但是氮循环过程更加复杂多样,影响因素也更多。

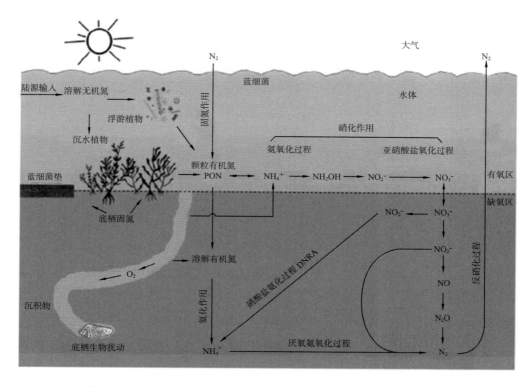

图6-5　海洋氮循环示意图（该图根据龚骏、张晓黎的文章修改）

三、海洋磷、硫和硅的循环

根据奥德姆的分类，海洋碳循环和氮循环是大气圈和水圈中呈气态物质的循环。磷循环与它们不同，属于地球表壳贮库中沉积的物质的循环。磷几乎不存在于大气中。在自然界，含磷的化合物主要以磷灰石的形式存在于地壳（岩石和土壤）当中。岩石和土壤中的磷酸盐由于风化和淋溶作用进入河流，然后输入海洋。磷酸盐有两个重要特性，一个是能够吸附在无定型的氢氧化物、碳酸钙和黏土上；另一个是与Ca^{2+}，Fe^{3+}，Al^{3+}等阳离子形成难溶的沉淀物。这两个特性使磷酸盐在海洋中的循环复杂化。进入海洋的磷酸盐，最终沉积于海底，直到地质活动使它们暴露于地表，再次参加循环。这一循环需若干万年才能完成。

磷是生物体内不可缺少的元素。生物体内生物化学反应中的能量转移都是通过高能磷酸键在二磷酸腺苷和三磷酸腺苷之间的可逆转换实现的。磷还是构成核酸的重要元素，对生物的生长和繁殖起着重要的调控作用。磷脂也是细胞膜的基本组成成分。海洋系统中磷酸盐的主要来源包括陆地风化侵蚀将岩石中的磷酸盐带入，人类的生产活动输入以及大气中的悬浮颗粒、火山灰等的沉降输入。在上层海洋，浮游植物通过光合作用吸收PO_4^{3-}，形成有机磷（如磷脂、核酸等）。浮游植物被动物摄食，为动物提供有机磷，使有机磷沿着食物链传递。动植物死亡，微生物将有机磷转化为无机磷。动物捕食、动植物死亡过程中, 释放的有机磷一部分形成溶解有机磷(DOP), 并分解成无机磷被浮游植物再利用。另一部分形成颗粒磷(PP), 包括生物体内的磷, 有机碎屑的磷和一部分悬浮无机颗粒的磷。 在中层水中, 部分颗粒磷矿化形成无机磷, 随着上升流进入表层海水, 重新被浮游植物吸收利用。由于颗粒磷在下沉过程中不断被分解, 深层海水中颗粒磷的含量实际上是很低的。少量矿化的颗粒磷进入海底, 最终埋藏于沉积物中。 埋藏的磷中, 一部分能够被沉积物中的微生物分解、再生、重新进入海水中; 一部分被吸附逐渐进入深层沉积物, 磷通过长期的地质过程, 最终返回到地表, 完成整个由磷灰石到磷灰石的循环。磷循环是典型的沉积循环。由于磷没有挥发性, 不能进入大气, 除了海鸟的鸟粪和海鱼的捕捞, 磷没有较快返回陆地的有效途径, 在海洋中沉积的磷酸盐需要很长的时间才能返回陆地, 因而从陆地上看, 在较短的时间尺度上, 磷酸盐是不断减少的。因此, 如果把海陆看成一个整体, 磷酸盐循环实际上是一个不完全的循环 (图6-6)。

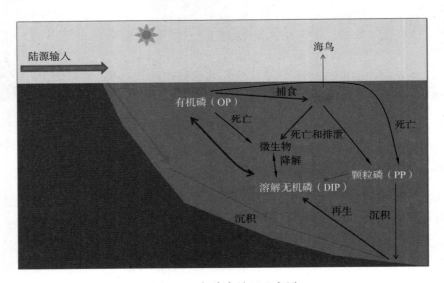

图6-6 海洋磷循环示意图

除了碳、氮、磷的循环, 海洋中还有非常重要的硫循环。海洋硫循环和陆地的硫循环是密切相关的。在生物体中, 硫是蛋白质和氨基酸的基本成分, 虽然在生物体内含量较少, 但十分重要。 硫在自然界中存在多种形态, 其中包括元素硫(S)、二氧化硫、亚硫酸盐、硫酸盐和气态的硫化物, 以及有机的二甲基硫等。由于硫既有矿物形态, 也有气体形态, 因此硫的生物地球化学循环既属于沉积型, 也属于气体型。硫的主要储库是岩石圈、有机和无机沉积物。硫在沉积物中以硫酸盐的形式存在。硫酸盐主要通过自然侵蚀和风化或生物的分解以盐溶液形式进入陆地和海洋生态系统。硫循环是在全球规模上进行的, 有一个长期的沉积阶段和一个短期的气体型阶段。如果进入土壤中的硫被地表径流带入海洋, 则可形成海底沉积岩, 这部分硫短期内不会再参与陆地生态系统的循环，而必须通过长期的地质过程返回地表，才能重新进入循环。与磷循环不同，硫循环还有一个短期的气体型阶段，能够形成二氧化硫等气体进入大气，然后参与循环。所以硫循环既有短期的大气的过程也有长期的在地壳中的矿物过程。图6-7描述了硫循环的基本过程。在图中，海洋对硫循环有十分重要的作用。海洋一方面将气态的硫释放到大气中去，另一方面海洋中的植物利用硫形成各种各样的矿物沉入海底。释放到大气中的硫，对全球气候有显著的影响，如形成酸雨等。海水中溶解态的硫主要以SO_4^{2-}的形式存在，被海洋植物所利用，转变成含硫氨基酸（甲硫氨酸和半胱氨酸）生产者用于合成含硫蛋白质。含硫蛋白质经过食物链由生产者转移到消费者。动植物死亡后，微生物将蛋白质氧化分解成SO_4^{2-}进入再循环，供生产者吸收再利用。在缺氧条件下，蛋白质分解形成H_2S，成为不产氧光合作用的微生物的氢源或者化能合成微生物的能源。在海底有氧-缺氧沉积层，H_2S可以与铁离子和钙离子形成FeS或$CaSO_4$沉积。硫循环的基本过程如图6-7所示。

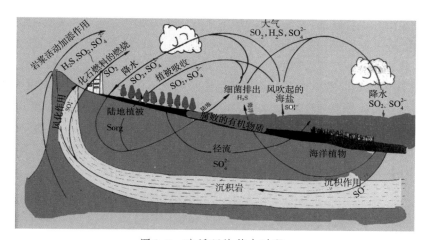

图6-7　硫循环的基本过程

（http://jw.nju.edu.cn/hjgl/content/en/stgn/m1324.htm）

事实上，海洋硫循环远比图6-7复杂。特别是海洋生物产生的一种特殊硫化物——二甲基硫（DMS），对气候调节有重要作用。它的循环过程引起各方面越来越多的关注。DMS主要是由海洋藻类产生的。藻类中的甲硫氨酸经过脱氨和甲基化形成DMS的前体DMSP（二甲基巯基丙酸，起调节细胞渗透压的作用），分解产生DMS和丙烯酸。DMS可经过光化学氧化或微生物氧化形成SO_4^{2-}，也能够经过表层海水向大气释放。DMS进入大气后，主要被OH自由基氧化生成非海盐硫酸盐（NSS-SO_4^{2-}）和甲基磺酸盐（MSA）。这些化合物容易吸收水分，能够充当云的凝结核（CCN）。CCN对云层的形成很关键，所以海洋中DMS大量进入大气后会直接增加CCN的密度，形成更多、更厚的云层，从而增加太阳辐射的云反射，使地球表面温度降低，DMS是一种典型反温室气体，对气候具有调节和控制作用。DMS的循环如图6-8所示。

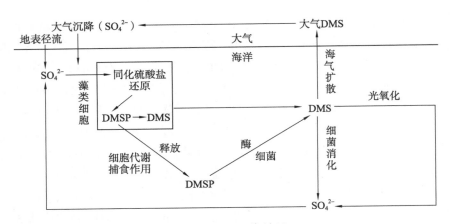

图6-8　DMS的循环

　　硅是海洋中重要的营养盐。海洋中硅的来源包括河流输入（约占84%），海底热液喷发（3%）和玄武岩侵蚀（6%），以及风的传输。进入海洋的硅被藻类（主要是硅藻）吸收利用，进入食物链。硅藻是以硅构成细胞壁的单细胞或链状浮游植物，种类多、数量大、分布广，是海洋浮游植物的主要组成部分和海洋初级生产力的主要贡献者。硅藻从海洋中吸收溶解硅酸盐，经过几个小时到几天的时间经同化作用形成硅质细胞壁。硅藻不断从外界吸收养分，富集硅，成为海洋表层生物硅的主要来源。硅藻死亡后形成的植物碎屑，一部分会溶解进入真光层，重新进入硅循环；另一部分会向深层海水沉降，以蛋白石的形式进入沉积物。这些进入沉积物的硅一部分继续溶解成为溶解硅酸盐，并向上覆水扩散，另一部分进入铝硅酸盐而被埋藏。

第三节　人类活动影响下的海洋生物地球化学循环

　　工业革命以来，人类活动对海洋生物地球化学循环的影响日益严重。特别是工业革命之后，通过燃烧矿物燃料以获得能量时，产生大量的二氧化碳，对碳循环产生了显著的影响。一方面矿物燃料燃烧产生的CO_2导致大气中二氧化碳浓度升高，破坏了自然界原有的平衡，成为导致气候异常的重要因素之一；另一方面矿物燃料燃烧生成并排入大气的二氧化碳有一小部分可被海水溶解，但海水中溶解态二氧化碳的增加又会引起海水中酸碱平衡和碳酸盐溶解平衡的变化，导致海洋酸化。具体而言，就是由于海洋对CO_2的大量吸收，使海洋中的酸碱平衡向碳酸氢根方向移动，使海水pH下降，海水变酸。20世纪初的时候，海水的平均pH是8.2。20世纪末的时候，海水的平均pH是8.1。对海洋的酸碱缓冲系统来说，这是一个非常显著的变化。如果以现在的趋势继续发展下去，到21世纪后期海水的平均pH将会变成7.8，将对海洋的生态环境产生重大影响。海洋酸化对海洋生物的影响主要包括：① 影响海洋生物（珊瑚虫、有孔虫、棘皮动物、软体动物、含钙藻类等）的钙化过程，使这些生物的钙化过程变得更加困难；② 对某些生物有毒性作用；③ 改变海水的化学环境，影响海洋生物种群。海洋酸化还能改变碳酸盐系统的无机碳质量分数与不同类型无机碳的比例，影响着海水中$CaCO_3$的饱和度，进而影响海洋渔业和珊瑚礁旅游业等。海洋酸化是一个必须引起人们高度重视的问题。

人类活动对氮循环、磷循环、硫循环和硅循环也有显著的影响。现代社会，人类的工、农业活动大量使用各种含氮物质，其基本原料是庞大的合成氨工业生产的NH_3。合成的各种含氮化合物最终会进入海洋，从而影响海洋氮循环。在一些河口区，人类活动释放的结合态氮超过了氮的天然输送通量，由此也导致近岸海域生态系统的变化。同样是工业革命后，海洋磷循环也受到了显著影响。例如，农作物和农牧产品运入城市，城市垃圾和人畜排泄物不能返回农田，而是排入河道，输往海洋。农田中的磷含量逐渐减少。为补偿磷的损失，必须向农田施加磷肥。含磷洗涤剂、城市生活污水和某些工业废水也含有丰富的磷，这些废水最终进入海洋，导致海水含磷量增加。海水含磷量增高，在海洋中的一个典型表现就是导致某些海域发生赤潮。同样是由于工业革命后，大量燃烧煤、石油等化石燃料，增加了大气中SO_2的含量，从而改变了硫在自然界的循环，并引起全球性的环境问题之一——酸雨的产生。 人类活动同样影响海洋中的硅循环，建坝、建水库、河流改道等导致河流向海洋中输送的硅大量减少，从而对海洋的硅循环产生显著影响。

海洋中碳、氮、磷、硫、硅的循环是密切联系，相互影响的。现代社会二氧化碳、甲烷、氯氟碳、氮氧化物、二氧化硫等温室气体的排放，导致温室效应、海洋酸化、酸雨，以及海平面上升、北极冰层融化，以及一系列的气候异常等环境问题。通过加强对海洋生物地球化学循环相关领域的研究，能够更有效地应对全球气候变化，更好地维护地球的生态环境。

小　结

海洋生物地球化学循环是现代海洋科学研究的核心问题。包括大气圈和水圈中呈气态的物质循环和地球表壳贮库中沉积物质的循环两大类。主要的海洋生物地球化学循环包括碳循环、氮循环、磷循环、硫循环和硅循环等。其中，碳循环是整个海洋生物地球化学循环的核心，受到物理泵、生物泵、碳酸盐泵等控制。氮循环主要受海洋中的微生物调控。磷循环是典型的沉积循环，需要几万年的时间才能完成。硫循环有一个长期的沉积阶段和一个短期的气体型阶段。海洋中的硅藻则对硅循环起决定性的作用。海洋中各种物质的生物地球化学循环密切联系，相互影响，并且受到人类活动越来越显著的影响。为了更有效地应对全球气候变化，需要进一步加强海洋生物地球化学循环的相关研究。

思考题

1. 为什么说海洋生物地球化学循环是现代海洋科学的核心问题?

2. 生物地球化学循环有哪两大类?

3. 海洋生物地球化学循环主要研究哪几个方面?

4. 什么是碳循环? 为什么说碳循环是海洋生物地球化学循环的核心?

5. 推动海洋碳循环的主要动力有哪些?

6. 推动海洋氮循环的微生物过程有哪些?

7. 海洋磷循环与海洋碳循环和氮循环有什么基本的不同?

8. 硫循环包括哪两个阶段? 什么是海洋酸化?

参 考 文 献

[1] 陈骏, 姚素平, 季俊峰, 等. 微生物地球化学及其研究进展[J]. 地质评论, 2004.(50)6: 620–629.

[2] Hebbeln D, Paul A. Marine biogeochemical cycles and ecosystems and their interaction with climate[J]. Int. J. Earth Sci. 2009, 98, 247–249.

[3] 金心, 石广玉. 生物泵在海洋碳循环中的作用[J]. 大气科学, 2001(25)5: 683–688.

[4] 宋金明, 徐亚岩, 张英, 等. 中国海洋生物地球化学研究的最新进展[J].海洋科学, 2006(30)2: 69–77.

[5] 宋金明. 海洋碳的源和汇[J]. 海洋环境科学, 2003(22)2: 75–80.

[6] 焦年志, 张传伦, 李超, 等. 海洋微型生物碳泵储碳机制及气候效应[J]. 中国科学, 2013(43)1: 1–18.

[7] 徐继荣, 王友绍, 孙松. 海岸带地区的固氮、氨化、硝化与反硝化特征[J]. 生态学报, 2004(24)12: 2907–2914.

[8] 龚骏, 张晓黎. 微生物在近海氮循环过程中的贡献与驱动机制[J]. 微生物学通报, 2013(40)1: 44–58.

[9] 王立军, 季宏宾, 丁淮剑, 等. 硅的生物地球化学循环研究进展[J]. 矿物岩石地球化学通报. 2008(27)2: 188–194.

[10] 张静, 张振克, 张云峰. 海洋酸化及其对海洋生态系统的影响[J]. 海洋地质前沿, 2012(28)2: 1–9.

第七章　海底矿产资源

众所周知，目前全球面临四大问题：能源短缺、环境恶化、发展空间受限、自然灾害频发。其中以矿产资源为主要支撑的能源问题是首要问题。世界对资源的需求日趋加大，而不可再生资源量却在逐日减少。许多陆地资源，例如石油、天然气和贵重金属等资源已近枯竭，人类不得不把寻求资源的眼光聚焦到海洋。值得指出的是，从面积来看，我国是一个大国，幅员辽阔，但并不是一个资源强国。自2000年，我国每年最少进口石油7 200多万吨，耗费150多亿美元，2009年更是突破了2.2亿吨，耗资达500多亿美元。至2012年，我国石油、天然气、Fe和Cr等贵金属、钾盐等45种主要矿产已有一半保有储量不能满足社会发展的需求。在20世纪90年代，世界各国都在开发利用海底矿产资源，但在联合国公布的名单上还没有"中国"。

尽管海洋自然资源种类繁多，但总体可分为不可再生和可再生资源两大类（图7-1）。不可再生资源或生产非常缓慢的资源主要是指矿物资源，包括无机矿物和以自然方式存在的有机物。通常所说的石油和天然气（统称油气）、天然气水合物、多金属矿物、煤等都属于不可再生资源。这些矿物资源若积聚成一定的规模，在数量、质量和开采条件上

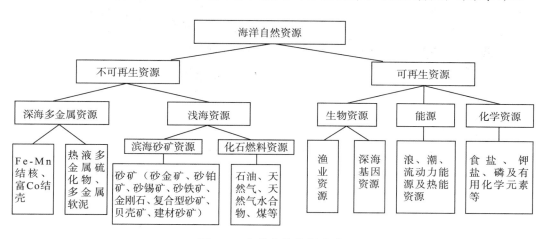

图7-1　海洋自然资源分类

173

具有工业可利用性,则成为矿床。

　　海底矿产资源是现代和地质历史时期地质作用的结果,既有现代发生的沉积成矿作用,包括经由机械分选、化学沉积、生物和生物化学沉淀、热液作用、成岩和溶滤等富集成矿,也有在不同地质历史时期由内生和外生成矿作用形成的各种金属、非金属和可燃性矿产资源。尽管海底矿产资源种类繁多,但有的(例如鸟粪)只是在局部区域形成矿产,并不具有普遍性。在本章中主要介绍几种公认重要的海底矿产资源,包括滨海砂矿、油气、天然气水合物、大洋多金属结核、富钴结壳和热液多金属硫化物。

第一节　海底矿产资源的分布

　　海底矿产资源的分布在横向和垂向上都具有明显的分带性(图7-2)。大陆边缘区(详见第一章)的总面积约为$74.6 \times 10^6 \, \mathrm{km}^2$,约占世界海底面积的20.6%,相当于全球陆地面积的一半,这是海底矿产资源最主要的聚集区。主要包括:石油、天然气、天然气水合物、砂矿、内生金属矿床及建材等。在大洋盆地中,则主要有大洋深水区的多金属结核、存在于海山之上的富钴结壳和局部区域(例如红海)的多金属软泥等。在大洋中脊和弧后扩张中心则分布有海底热液活动形成的多金属硫化物等矿产资源。

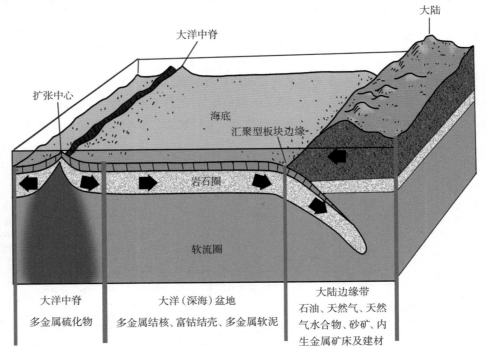

图7-2　海底主要矿产资源分布

顾名思义,滨海砂矿主要分布在海滨环境,既包括目前存在于滨海地带的砂矿,也包括在地质时期形成于滨海环境,后因海面上升或海岸下降而处在海面以下的砂矿,后者主要存在于外大陆架的残留砂沉积区。

目前,海洋石油在海底矿产资源中仍占有首要地位,其产值占海洋矿产的90%以上。迄今,世界石油的探查已遍及除南极以外的所有大陆边缘。调查的范围从南纬53°附近的南美洲南端的麦哲伦海峡,到北纬80°的北极群岛大陆边缘的陆架区,部分勘探已深达大陆坡和少数大陆隆上。石油与天然气的分布主要与中生代–新生代沉积盆地有关,主要取决于大陆架与大陆坡上的沉积物厚度。

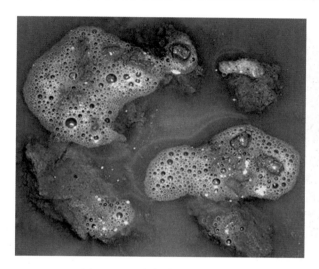

图7–3 天然气水合物(左图据周文杰,2007;右图来源于网络)

天然气水合物(gas hydrate),又称笼形包合物,俗称可燃冰。它是在一定条件(温度、压力、气体饱和度、水的盐度、pH等)下由水和天然气组成的类似冰的、非化学计量的、笼形结晶化合物,遇火即可燃烧(图7–3),其化学式可以用$M \cdot nH_2O$来表示,M代表水合物中的气体(天然气)分子数,n为水分子数。天然气水合物是最近十几年才被人们认识的海底矿产资源,以其分布范围广、规模大、埋藏深度浅和高效、洁净等为特点,可能成为21世纪的重要能源。全球天然气水合物的储量巨大,其含

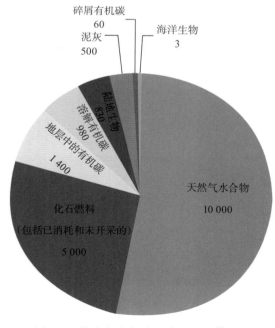

图7–4 地球上有机碳分布($\times 10^{15}$ g)

175

碳总量大约是地球上全部化石燃料（煤、石油、天然气等）含碳总量的两倍（图7-4）。

　　大洋多金属结核，曾被称为锰结核、铁锰结核、锰矿球、锰矿团、锰瘤等，它是一种Fe和Mn的氧化物集合体，颜色常为黑色和黑褐色。结核的形态多样，有球状、椭球状、马铃薯状、葡萄状、扁平状、炉渣状等（图7-5），个体大小不一，从几微米到几十厘米都有，重量最大的有几十千克。大洋多金属结核因富集Mn、Fe、Cu、Co和Ni等金属元素而具有商业开发价值。多金属结核广泛分布于水深2 000~6 000 m的深水大洋底的表层，而产于水深4 000~6 000 m海底的多金属结核品质最佳。

图7-5　分布于洋底的多金属结核

　　富钴结壳又称钴结壳、铁锰结壳，是指生长在海底岩石或岩屑表面的皮壳状铁锰氧化物和氢氧化物结合体，因富含钴又被特称为富钴结壳。表面呈肾状、鲕状或瘤状，黑色、黑褐色，断面构造呈层纹状、有时也呈树枝状，结壳大多厚0.5~6 cm，平均约2 cm，厚者可达10~15 cm（图7-6）。富钴结壳遍布在全球海洋中，集中分布在海山、海脊和海台的顶部和斜坡上。

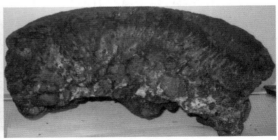

图7-6　中国大洋协会采到的富钴结壳样品

热液多金属硫化物是由海底热液活动（热泉，图7-7）所形成的、以金属硫化物为主要矿物的海底多金属矿产资源，富含Fe、Cu、Zn和Pb等金属元素。主要矿物包括黄铁矿、黄铜矿、闪锌矿、方铅矿等硫化物类和钠水锰矿、钙锰矿、针铁矿及赤铁矿等铁锰氧化物和氢氧化物类。热液多金属硫化物主要分布在大洋中脊、岛弧和弧后盆地的张性裂谷带，常与岩浆活动或热液活动相伴生。最初发现于红海，继之在东太平洋海隆、大西洋中脊、印度洋中脊，以及西太平洋的弧后盆地（例如冲绳海槽、马里亚纳海盆、劳海盆、斐济海盆等）都有发现。

图7-7 海底热泉（黑烟囱）及其所形成的烟囱体多金属硫化物

第二节 滨海砂矿资源

一、滨海砂矿的分布

滨海砂矿的种类很多，在世界各地的分布也很不均一。砂金矿主要产于美国的阿拉斯加、新西兰和俄罗斯西伯利亚东部海滨等处。砂铂矿主要产于美国的俄勒冈州和阿拉斯加、澳大利亚以及塞拉利昂的海滩上。非洲南部大西洋沿岸的纳米比亚、南非和安哥拉境内有世界上最大的金刚石砂矿。砂锡矿主要分布在东南亚滨海地区。砂铁矿在日本、菲律宾、印度尼西亚、澳大利亚、新西兰等均有分布，一般为磁铁矿。复矿型砂矿是指含多种有用矿物（如钛铁矿、锆石、金红石和独居石等）的滨海砂矿，这种矿床在世界许多国家都有分布。贝壳砂矿由贝壳破碎、经海浪冲洗、磨蚀并富集而成，可作为水泥原料，在美国、冰岛和我国海南都有分布。砂砾矿是指在陆架发现的砂砾混合而成的建材资源。

我国的滨海砂矿资源主要有钛铁矿、锆英石、独居石、金红石、磷钇矿、铌钽铁矿、玻璃砂矿等共十几种，此外还发现了金刚石和砷铂矿颗粒。主要分为八个矿区，广东海滨砂矿储量居首位。

二、滨海砂矿的成因解释

关于滨海砂矿的成因,普遍认为:来自陆上的岩矿碎屑,经过水的搬运和分选,最后在有利于富集的地段堆积而形成矿床。在某些地区,冰川和风的搬运也起一定作用。河流不但能把大量陆源碎屑输送入海,而且在河床内就有着良好的分选作用。现在陆架上被海水淹没的古河床是寻找砂矿的理想场所。海滩上的水动力(浪、潮、流)作用对碎屑物质的分选作用可使相对密度大的矿物在特定的地貌部位富集起来而成矿。存在于外陆架的砂矿是在冰期低海面时形成的海滨砂矿,只是现已被海水所淹没。

第三节 海底油气资源

一、储量分布

海底油气资源是对存在于海底的石油和天然气资源的总称,是目前已被人类开采利用的最重要的海底矿产资源。油气资源几乎遍布全球所有的大陆架和陆隆区。著名的产区有波斯湾、墨西哥湾、几内亚湾、北海、南海、里海和马拉开波湖等。近几年的勘探发现,陆坡及俯冲带可能是新的油气资源远景区。

目前,全球已发现2 000多个海洋油气田,海洋油气储量占全部油气储量的30%~40%,产量占全部油气产量的30%以上,已经成为世界油气生产增长的主要来源。在20世纪40年代,海洋油气资源的勘探和开发仅仅局限在水深几十米以浅的滨岸地带。到20纪90年代,作业水深接近2 000 m。进入21世纪,作业水深已经超过了3 000 m。据《油气杂志》统计,截至2007年,全球石油探明储量为$1.824×10^{12}$ t,天然气探明储量为$175×10^{12}$ m^3;全球海洋石油探明储量约$400×10^9$ t,天然气探明储量约$40×10^{12}$ m^3。海洋油气资源主要分布在大陆架,约占全球海洋油气资源的60%,深水、超深水海域油气资源约占40%。2000~2005年,全球新增油气探明储量约$164×10^9$ t油当量,水深大于500 m的深水区占41%,浅海占31%,陆上占28%。在过去的10多年中,全球几乎一半的新增油气储量都来自深海,深海油气资源的勘探与开采将是今后数十年各国关注的焦点。

二、国际著名的海底油气资源区

海底油气资源一般都储藏在大型年轻沉积盆地的沉降中心部位,如渤海为华北盆地的中心,墨西哥湾为墨西哥湾盆地的中心,马拉开波湖为马拉开波-法尔康盆地的中心等。这些盆地中心的共同特点是沉积厚度巨大(可达10 000 m以上),沉积物主要是富含有机质的海相或陆相碎屑沉积岩,并经历过构造变动,形成了各种褶皱(拱曲、背斜、穿隆等)和断裂构造,为油气的生成、运移和聚集提供了极为有利的条件。

国际上著名的海底油气资源区或产区包括北海、波斯湾、墨西哥湾、马拉开波湖、西非和东南亚近海区,其中又以北海、波斯湾和北美墨西哥湾最为著名。

北海油气田位于英国和欧洲大陆之间海域,大部分是英国和挪威的专属经济区,东南部为丹麦、德国和荷兰专属经济区。在20世纪70年代开始产油,80年代起大规模开采,使英国成为世界重要产油国之一。北海面积约54.4×10^4 km^2,平均水深96 m,最大水深433 m,是在石炭纪形成的沉陷区。北部盆地主产石油,南部盆地主产天然气。含油气层有20~30层,主要产于第三纪地层中,其次为侏罗纪、三叠纪、二叠纪、石炭纪地层。该区经历了港湾、沼泽和河口三角洲环境,并发育断层和褶皱等构造,形成了泥质页岩和碳酸盐岩生油岩,储集层为砂岩和碳酸盐岩。油气资源主要分布在英国、挪威、荷兰、丹麦和法国大陆架。北海海域石油储量约134×10^{9}桶,天然气约176.9×10^{12}立方英尺。挪威约占北海石油产量的57%,英国占30%。挪威与荷兰的天然气产量占北海天然气产量的75%左右。北海海域油气产量及其增长速率一直居各海域之首,2000年产量达到峰值(3.2×10^9 t),此后产量有所下降。

波斯湾油气资源主要分布在沙特阿拉伯、伊朗、科威特和卡塔尔等国的海域。波斯湾是一个半封闭的浅海,总面积约24.1×10^4 km^2,平均水深为40 m。自侏罗纪以来,一直处于稳定的海相环境,沉积厚度可达4~5 km。由于气候温湿,生物大量繁殖,形成生物碳酸岩,提供了丰富的有机质来源,是海洋油气资源最丰富的地区之一。波斯湾石油资源丰富,蕴藏量大而集中,多为大油田,平均每个油田储量达3.5×10^9 t以上,而且油井多为自喷井,开采条件优越。目前,波斯湾海域石油年产量保持在(2.1~2.3)×10^9 t左右。波斯湾地区石油出口量占世界的60%以上,是世界上最大的石油输出地。粗略估计波斯湾石油储量高达几千亿吨,天然气几万亿立方米。

马拉开波湖因盛产石油又称"石油"湖,是南美洲最大的湖泊,位于委内瑞拉西北部沿海马拉开波洼地的中心,湖北端与委内瑞拉湾相通。从构造性质上,马拉开波湖系安第斯山北段一断层陷落的构造湖,口窄内宽,南北长约190 km,东西宽约115 km,面积约1.34×10^4 km^2。在地质上,马拉开波湖是凹陷的沉积中心,仅新生代沉积厚度就达9 000 m左右,是最重要的世界海洋油气产区之一。油气主要产出地层为侏罗纪、白垩纪和第三纪的石灰岩和砂岩,圈闭类型属构造背斜圈闭。现已探明石油总储量为48×10^9 t左右。第三纪产油层有100多层,主要是构造—地层油气藏和断层油气藏,估计储量达几十亿吨。

墨西哥湾位于北美洲南部大西洋近岸,以佛罗里达半岛—古巴—尤卡坦半岛一线与外海分割,东西长约1 609 km,南北宽约1 287 km,面积约154.3×10^4 km^2,平均水深1 512 m,最大水深4 023 m,世界第四大河——密西西比河由北岸注入。油气区主要集中在美国的路易斯安那州和得克萨斯州以及墨西哥的近海区,在海湾中部水深大于3 000 m的海底已经发现了具有重要油气资源远景的地层构造。迄今已找到油气田145

个，探明石油储藏量约$8.4×10^9$ t，天然气约$10.483×10^{12}$ m³。油气主要储藏在第三系砂岩和白垩系灰岩中，油气藏类型多，有穹隆、背斜、断层遮挡和盐丘构造等。1990年美国仅有约4%的石油和不足1%的天然气产量来自墨西哥湾深水区域，自2000年起，来自深水区的石油产量超过了浅水区域。到2003年，美国60%以上的石油和29%左右的天然气产量来自深水油藏。在2005~2006年间，美国启动了4项大型石油气综合开发生产项目，使该地区的石油日产量至少增加了58万桶。目前美国石油产量的30%、天然气产量的23%来自墨西哥湾。

西非陆架区，包括摩洛哥、贝宁、尼日尔河三角洲以及加蓬、刚果、喀麦隆、安哥拉和扎伊尔近海的油气区，已探明石油储量$23.4×10^9$ t。尼日尔河三角洲海上就有50多个油田，估计储存石油$53.4×10^9$ t，天然气$7.2×10^{12}$ m³。西非大陆架上的盐丘构造已延伸到大陆坡，特别是尼日尔三角洲外的大陆坡，是油气资源的远景区。

东南亚陆架面积约$200×10^4$ km²。该区中生代和第三纪的沉积厚度大，是世界主要海洋油气富集区之一。主要油气田分布在印度尼西亚岛间海、爪哇西部和加里曼丹以东的望加锡海峡，加里曼丹东部海域和南苏门答腊东部海域。在马来西亚婆罗洲近海已发现油气田20多个，其中包括望加锡海峡的阿塔卡油气田、桑坦、卡林基甘油气田和贝卡巴依油田，爪哇海的阿尔朱纳、泽尔达、巴努瓦季油气田和辛坦、杰尔涅特、费尔利油田等。东南亚油气区的油气资源主要集在第三纪砂岩中。

三、中国近海海底的油气资源

中国近海大陆架面积约$1.3×10^6$ km²，目前已发现7个大型含油气沉积盆地，60多个含油气构造，已评价证实的油气田30多个，石油资源量约$8×10^9$ t，天然气约$1.3×10^{12}$ m³。其中，石油储量上亿吨的有绥中36–1（$2×10^9$ t）、埕岛（$1.4×10^9$ t）、流花11–1（$1.2×10^9$ t）等，崖城13–1气田储量（800~1 000）$×10^9$ m³。按照2008年公布的第三次全国石油资源评价结果，中国海洋石油资源量为$246×10^9$ t，约占全国石油资源总量的23%；海洋天然气资源量约为$16×10^{12}$ m³，占总量的30%左右。上述储量的估算只是基于我国当时海洋石油探明程度仅为12%和海洋天然气探明程度为11%的事实。在中国海洋油气资源中，约70%蕴藏于深水区（水深大于300 m）。

根据2008年的资料，中国海域主要勘探区达到$25.7×10^4$ km²，探明储量$21.02×10^8$桶油当量，其中包括原油$14×10^8$桶油当量。在$21.02×10^8$桶油总量中，渤海湾探明储有$10.65×10^8$桶油当量，占全部探明储量的50.67%；南海西部和南海东部分别储有$6.14×10^8$桶油当量和$3.48×10^8$桶油当量，共占全部探明储量的45.79%。东海探明储量约$0.75×10^8$桶油当量，仅占全部探明储量的3.57%。

我国近海油气盆地主要包括渤海油气盆地、南黄海油气盆地、东海油气盆地和南海油气盆地。

（1）渤海油气盆地。渤海油气盆地面积约80 000 m²，是辽河油田、大港油田和胜利油田向渤海的延伸,也是华北盆地新生代的沉积中心,沉积厚度达10 000 m以上。海域内有14个构造带和230多个局部构造,是我国油气资源比较丰富的海域之一。目前,在辽东湾发现了石油地质储量达$2×10^9$ t的绥中36–1油田、锦州20–2凝析油气田和锦州9–3等油气田。在渤海中部发现了渤中28–1油田和渤中34–2/4油田。据中国石油天然气集团公司最近宣布,在渤海湾滩海地区冀东南堡油田共发现4个含油构造,基本落实三级油气地质储量约$10.2×10^9$ t。

(2)南黄海油气盆地。南黄海油气盆地面积约为$10×10^4$ m^2,是中、新生代沉积盆地,以新生代沉积为主。它是陆地苏北含油气盆地向黄海的延伸,共同构成苏北—南黄海含油气盆地。盆地分南、北两个坳陷。北部坳陷面积约$3.9×10^4$ m^2,中新生代沉积厚度超过4 000 m,这里有8个坳陷、5个凸起、9个构造带,具有较好的储油条件。南部坳陷面积约$2.1×10^4$ m^2,坳陷内部的中新生代沉积厚度一般都超过5 000 m。初步调查勘探,这个盆地的石油地质储量为$(2~3)×10^9$ t。

(3)东海油气盆地。东海油气盆地面积约为$46×10^4$ m^2,是在白垩纪—第三纪形成的大型含油气盆地。其中,东海大陆架盆地面积最大,约$28.4×10^4$ m^2。盆地中、新生代沉积发育,凹陷面积达$15×10^4$ m^2。坳陷内沉积厚度达15 000 m,中新统地层厚约6 000 m,并可能存在上第三系和下第三系两套生油岩系。现已发现和固定的局部构造封闭100多个,并在西湖凹陷中发现了3个含油气构造。东海盆地是我国近海已发现的沉积盆地中面积最大、远景最好的盆地,该区的油气储量为$(40 ~60)×10^9$ t。

(4)南海油气盆地。南海又称南中国海(The South China Sea),总面积约356$×10^4$ km^2(朱伟林等,2007),约占中国周边海域总面积的3/4,平均水深1 212 m,最大水深5 567 m。南海的油气资源极为丰富,被外界称为"第二个波斯湾"。

在我国南海南部的传统疆域内,已发现的大中型油气田众多,年产量达5 000$×10^4$ m^{3}油当量(朱伟林等,2010)。据不完全统计,目前已发现油气田350个,其中120个处于我国传统海疆之内。目前中国海洋石油总公司对南海的油气勘探活动主要集中在南海北部。经过30余年的勘探,在珠江口、北部湾、琼东南和莺歌海4个盆地内共发现油气田51个,年产量约为2 000$×10^4$ m^{3}油当量,其中石油主要集中在一系列大中型油田中,这些油田成群成带分布,油质轻、采收率高,天然气主要分布在崖城13–1、东方1–1和荔湾3–1等大型气田中。

在南海北部大陆边缘,分布有一系列在中生代末至新生代早期形成的北东向地堑、半地堑,其内发育有湖相、海陆交互相和海相沉积,形成了分布广泛的古近系中深湖相烃源岩。在南海南部,大多盆地从形成之时就开始广泛接受封闭环境的海相沉积,始新统和渐新统以及下中新统皆发育有烃源岩。这些烃源岩地层不仅分布面积和厚度较大,而且有机质丰富,具备优良的油气源条件。南海地区的油气储层主要形成于前第三纪、渐新世和中新世,其岩性包括浅海相碳酸盐岩、滨海相、三角洲相砂岩等。在圈闭类型上,南海发育挤压背斜、同沉积背斜、滚动背斜、泥底辟、断鼻构造、生物礁、古潜山等类型多样的局部构造。在储盖组合及时间配置上,南海北部大陆边缘经历了陆相—海陆过渡相—海相的环境变化，反映了从陆到海以及海水逐渐变深的特征。根据形成储盖组合的沉积环境，可以划分为陆生陆储陆盖型、陆生海储海盖型和海生海储海盖型。

四、海底油气资源的成因

海洋油气资源的生成需要有几个条件：① 有机质来源，② 地下一定的生油条件（温压），③ 油气运移聚集通道，④ 储油（气）的圈闭构造，⑤ 保存的盖层。这就说明海洋油气只能形成于那些富含有机质、沉积物供应充足、沉积厚度大的河口与近岸的大陆边缘环境，最好是粗粒沉积和细粒沉积互层或海陆相交互沉积，巨厚的沉积形成后又经过构造变动（褶皱、形成圈闭），然后又被沉积层所覆盖（形成盖层）。

大陆边缘是大陆的自然延伸，在地质历史中一方面继承了毗邻大陆的构造特征，另一方面接受了大量的陆源沉积物。因此，海洋油气区一般都与沿岸年轻沉积盆地有关，有时和陆上大型油气藏是一个整体。陆缘海通常是巨厚（厚达10 000 m以上）沉积区，再加上海平面变化的影响，便形成了一套富含有机质、海陆相交互的碎屑沉积岩。此后，在一定的深度，经历变质作用、褶皱（拱曲、背斜、穹隆等）和断裂等构造运动，为油气的生成、运移和聚集提供有利的条件。盆地的继续沉降和盖层的形成为油气成藏提供了保障，便形成了具有重大经济价值的油气矿产资源。

第四节　天然气水合物资源

一、天然气水合物的分布及物理化学性质

（一）分布及储量

天然气水合物在世界范围内广泛存在。仅就地质背景而言，地球上大约有27%的陆地可以形成天然气水合物，而海洋中约有90%的面积也属于这样的潜在区域。但是，这些潜在区域还要有一定的条件才能形成天然气水合物资源。天然气水合物的形成必须要有充足的天然气来源和低温、高压条件，这些条件决定了它的特殊分布。从目前已有资料来看，天然气水合物主要分布在地球上两类地区：一类是水深为300~4 000 m的海洋（图7–8），在这里，天然气水合物基本是在高压条件下形成的，主要分布于泥质海底，赋存于海底以下0~1 500 m的松散沉积层中；另一类地区是高纬度大陆地区的永久冻土带及水深100 m以下的极地陆架海，在这里，天然气水合物

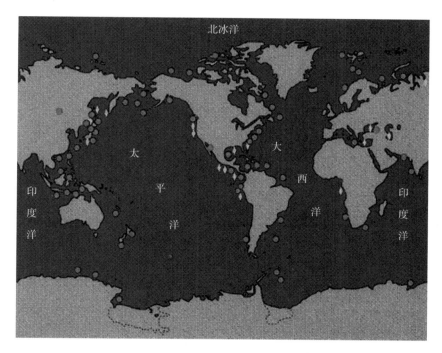

图7-8　天然气水合物的世界性分布（图片来自网络）

主要是在低海面时期低温条件下形成的。迄今在海底发现的天然气水合物主要集中在沉积物供应充足、且富含有机质的大陆边缘带，包括沟弧盆体系、陆坡体系，边缘海盆地等。如：美国北加利福尼亚—俄勒冈岸外海域及秘鲁海槽、大西洋西部美国东海大陆边缘的布莱克海台、墨西哥湾和加勒比海及南美东海岸外陆缘海、以及非洲西海岸岸外海域、印度洋的阿曼海湾、北极的巴伦支海和波弗特海、南极的罗斯海和威德尔海、内陆的黑海和里海、中国的东海陆架外缘及南海等。天然气水合物所赋存的沉积物多是新生代沉积。在沉积层中，水合物要么是以分散状胶结尚未固结的泥质沉积物颗粒，要么是以结核状、团块状和薄层状的集合体形式赋存于沉积物中，还可能以细脉状、网脉状充填于沉积物的裂隙之中。

　　关于天然气水合物的资源量到底有多少？目前世界还没有一个精确的计算方法，不同机构对全世界天然气水合物储量的估计值差别很大。据潜在气体联合会1981年估计永久冻土区天然气水合物资源量为$1.4 \times 10^{13} \sim 3.4 \times 10^{16}$ m³，包括海洋天然气水合物在内的资源总量为7.6×10^{18} m³左右。日本学者Yanazaki Akira在第20届世界天然气大会上对世界天然气水合物的储量预计：陆上约$n \times 10^{12}$ m³，海洋中为$n \times 10^{15}$ m³，二者之和是世界常规探明天然气储量（119×10^{12} m³）的几十倍。但是，大多数人认为储存在天然气水合物中的碳至少有1×10^{13} t，约是当前已探明的所有化石燃料（包括煤、石油和天然气）中碳含量总和的2倍。

（二）天然气水合物的物理化学性质

前已述及，天然气水合物的化学式可用$M \cdot nH_2O$来表示，其中M代表水合物中的气体（天然气）分子数。组成天然气的成分有CH_4、C_2H_6、C_3H_8、C_4H_{10}等同系物以及CO_2、N_2、H_2S等。形成天然气水合物的主要气体为甲烷，甲烷分子含量超过99%的天然气水合物又称为甲烷水合物（Methane Hydrate）。在自然界中发现的天然气水合物多呈白色、淡黄色、琥珀色、暗褐色，亚等轴状、层状、小针状结晶体或分散状。天然气水合物可以以多种方式存在：① 占据大的岩石粒间孔隙；② 以球粒状散布于细粒岩石中；③ 以固体形式填充在裂缝中；④ 大块固态水合物伴随少量沉积物。

天然气水合物与冰、含天然气水合物层与冰层之间有明显的相似性：① 都是由流体转化为固体；② 形成过程均为放热过程，融化时都需要很大的热量：0℃融冰时每克水需用0.335千焦耳的热量，0～20℃分解天然气水合物时每克水需要0.5～0.6千焦耳的热量；③ 结冰或形成水合物时体积均增大：前者增大9%，后者增大26%～32%；④ 水中溶有盐时，冰和天然气水合物相平衡温度都降低；⑤ 冰与天然气水合物的密度都小于水，含水合物层和冰冻层密度小于同类的水层；⑥ 含冰层与含水合物层的电导率都小于含水层；⑦ 含冰层和含水合物层弹性波的传播速度均大于含水层。

天然气水合物中，水分子（主体分子）形成一种空间点阵结构，气体分子（客体分子）则充填于点阵间的空穴中，气体和水之间没有化学计量关系。

到目前为止，已经发现的天然气水合物结构有三种，即结构Ⅰ型、Ⅱ型和H型。结构Ⅰ型天然气水合物为立方晶体结构，其在自然界中分布最为广泛，仅能容纳甲烷（C_1）、乙烷（C_2）这两种小分子的烃以及N_2、CO_2、H_2S等非烃分子；结构Ⅱ型天然气水合物为菱面体晶体结构，除包容C_1、C_2等小分子外，较大的"笼子"（水合物晶体中水分子间的空穴）还可容纳丙烷（C_3）及异丁烷（i-C_4）等烃类；结构H型天然气水合物为六方晶体结构，其大的"笼子"甚至可以容纳直径超过异丁烷（i-C_4）的分子，如i-C_5和其他直径在7.5～8.6Å之间的分子。

二、成藏类型及勘探开发技术

（一）主要圈闭类型

天然气水合物的成藏需具备三个基本条件：① 成矿物质基础，即足够丰富的天然气和水；② 足够低的温度和较高的压力；③ 足够的成藏孔隙。在自然界中，水合物常常作为其下伏地层中游离气体的盖层，二者共同成藏。水合物圈闭成藏类型可分为两种：简单圈闭和复合圈闭。

简单圈闭又称为单一型圈闭，指由水合物和某一种主要因素（如地形不平）结合而形成的圈闭，天然气水合物主要赋存在某一沉积地层内。这种类型主要出现在永久冻土区、被动大陆边缘的陆坡和陆隆、三角洲前缘等地区，那里巨厚的沉积物柱没有发生较大的构造变形或压实作用。在活动大陆边缘的海沟一侧也可以找到这种圈闭。

在简单圈闭环境中，断层不再是流体运移的主要通道。天然气可能是在水合物圈闭周围大范围区域甚至在深海平原上产生。水合物"盖层"可以在地下延伸数十千米甚至上千千米。流体可以在低角度覆盖层之下朝上运移。这种类型水合物可以在新生代晚期（晚第三纪到第四纪）的沉积物中找到。若地热梯度稳定，天然气水合物富集层可以在很大区域内相对于水深保持一致的厚度。天然气水合物富集层常常在海底地形上表现为低缓的穹窿（"穹隆"状圈闭），天然气水合物富集层之下往往封存有天然气藏。这种圈闭类似于厚的地层层序中油气资源中的平缓背斜圈闭。

复合圈闭是由水合物和地质构造或地层相结合形成的。在该类型圈闭中，除水合物层之外，局部构造和地层结构也都起着重要作用。当地层倾向和水合物层的倾向相反时，致密非渗透性的天然气水合物层可以作为天然气圈闭的盖层存在，类似于构造圈闭。在这种圈闭中，水合物盖层是主要的，天然气在横向上被非渗透的地层或不整合面下的断层下落基底所限制。此类圈闭类似于地层尖灭在非渗透性的不整合面下形成的圈闭。尽管这种复合圈闭最早见于被动大陆边缘，但活动大陆边缘（特别是汇聚板块边缘）是这种圈闭更合适的形成环境，天然气水合物主要发育于增生棱柱体中。

另外，也有一些特殊的圈闭，例如盐丘底劈形成的圈闭等。由于盐的导热性较大，在盐丘处可形成局部"热点"，引起天然气水合物层底界向上迁移而形成局部穹隆，同时在其下形成气藏圈闭。

（二）勘探开发技术

天然气水合物的勘探开发技术仍在快速发展之中，目前的勘探技术主要包括：① 似海底反射层（Bottom Simulating Reflector—BSR）勘探技术，② 钻孔探测技术，③ 测井技术，④ 物理与化学探测技术（方法）等。目前开发的天然气水合物开采技术主要有三类：热激发法、化学试剂法和减压法。

似海底反射层（BSR）：海洋沉积物中存在天然气水合物的最重要标志之一是具有异常地震反射层，位于海底之下数十米到几百米处，与海底地形近于平行，通常称之为似海底反射层（图7-9），BSR的发现可以追溯到20世纪60年代。由于海洋沉积物中天然气水合物的存在受控于一定的温压条件，所以天然气水合物存在于沉积物中的深度下限是上部海水和地层压力近似的等压面（主要取决于地温梯度），这就使得天然气水合物一是只能存在于海底近表层沉积物中，二是界面一般近似平行于海底。天然气水合物可以有效地粘结碎屑颗粒，降低沉积物的孔隙度，提高水合物沉积层的声速，使得含天然气水合物沉积层的声速（声波传播速度）大于含水或含气沉积层的声速。因此，在地震反射剖面上，天然气水合物的底界面常表现为和海底相似的形态，因此称作似海底反射层。

BSR的识别标志主要包括：① 一般与海底近于平行，并且与海底沉积层反射界面

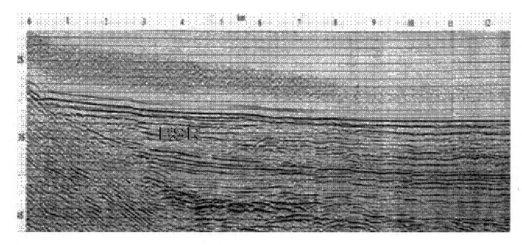

图7-9 似海底反射层（BSR）

相交；② BSR相对于海底具有较强的反射振幅和极性反转的特征，它是一个从高速降至较低速的反射界面；③ BSR在地震剖面上呈现一条亮点带，由于强反射界面影响，使得在其上下常出现反射空白区；④ BSR常分布于海底高地斜坡上；⑤ 地震剖面上BSR规模不等，小的有几千米，大的可延伸数百千米。

值得注意的是，BSR并非水合物存在的唯一标志，有BSR显示的地区往往有水合物，但是有水合物存在的地区未必一定有BSR，有BSR的地区也未必就一定有水合物。

钻孔探测技术：到目前为止，钻孔取芯及探测技术仍然是证明地下天然气水合物存在的最直观、最直接、也是最有效的方法。通常采用钻杆或活塞式取样器采取天然气水合物样品，若能保真（维持原位的温度和压力条件），取样更为理想。2007年5月，中国地质调查局在南海神狐海域钻采到海底天然气水合物样品，这是中国天然气水合物勘探上的一个重大突破。

测井技术：测井技术是天然气水合物勘探的又一有效手段。测井法鉴定含天然气水合物层标志包括：① 具有高的电阻率（大约是水电阻率的50倍以上）；② 声波传播时间（约比水低131μs/m）；③ 在钻探过程中有明显的气体排放（气体体积浓度为5%~10%）；④ 必须有两口或多口钻井加以确认。

物理与化学探测技术（方法）：物理与化学探测技术主要是通过调查分析海洋或海底沉积物中某些物理指标和地球化学指标的异常分布，判断天然气水合物存在的可能性。物理指标探测方法包括：海面增温异常分析——利用卫星热红外扫描技术监测海面低空大气温度的变化，定性分析由于水合物分解而导致的海底排气作用，寻找有利的找矿区带；放射性热释光分析——利用高灵敏度热释光测量仪分析海底沉积物样品接受的天然放射性所产生的热释光强度总和，该方法是基于烃类物质与U和Th等放射性元素之间存在有密切关系的事实。地球化学指标探测方法主要包括：多包烃分析——测量经酸处理后沉积物样品中次生包裹体所释放的烃类气体，借此判断海底沉积物中天然气含量、种类和水合物资源存在的可能性；海洋底层水地球化学分析——采取底层水样品，并分析其所含烃类气体的化学组成，用以发现和圈定海底烃气异常区带。

天然气水合物开发技术：天然气水合物的开采技术目前仍然属于探索阶段。迄今，要把海底固态的天然气水合物完整而又洁净无污染地大规模开采还难以实现，现行的技术主要是先把固态的天然气水合物转变成液态或气态，再使用类似于油气资源的开采技术加以开采，主要包括：

① 热激发法——将蒸气、热水、热盐水或其他热流体从地面泵入水合物地层，也可采用火驱法或利用钻柱加热器，促使温度上升达到水合物分解的方法称为热激发法。为了提高热激发法的效率，目前常采用井下装置加热技术，即在垂直（或水平）井中沿紧邻水合物带的上下（或水合物层内）放入不同的电极，再通以交变电流直接对储层进行加热。

② 化学试剂法——某些化学试剂，诸如盐水、甲醇、乙醇、乙二醇、丙三醇等可以改变水合物形成的相平衡条件，降低水合物稳定温度。当将上述化学试剂从井孔泵入后，就会引起水合物的分解。化学试剂法较热激发法作用缓慢，并且费用昂贵。

③ 减压法——通过降低压力而引起天然气水合物失稳分解，从而达到开采回收的目的。一般是通过在水合物层之下的游离气聚集层中"降低"天然气压力或形成一个天然气"囊"（有热激发和化学试剂注入法），导致天然气水合物不稳定并且分解为天然气和水。其实，开采水合物层之下的游离气是降低储层压力的一种有效方法。

三、中国近海天然气水合物的分布

中国自20世纪90年代初开始天然气水合物的实验室合成、海上调查和理论探索研究，迄今已有20余年。在2007年5月，中国地质调查局在南海北部神狐海域首次成功钻获天然气水合物实物样品，这标志着中国成为系统开展天然气水合物资源调查并获取实物样品的国家之一。

我国东海大陆架外缘直至冲绳海槽具备形成天然气水合物资源的良好条件，近几年的地球物理勘探已经在该海区发现了反映天然气水合物存在的BSR反射层，是天然气水合物资源最有远景的地区之一。从水深、沉积物厚度、沉积速率、有机质含量、地形和地貌等特征分析，冲绳海槽具有较好的天然气水合物形成的区域地质条件。世界上已发现的海底天然气水合物大多出现在水深500 m以深的海域。冲绳海槽北段坡脚水深约700 m，中段坡脚水深约1 000 m，南段坡脚水深约1 800 m，从水深条件分析冲绳海槽西沿陆坡有利于水合物的形成。

冲绳海槽是中新世中晚期发育起来的弧后扩张盆地，在其主体部位（东海陆架前缘坳陷）普遍发育有3 000~7 000 m（最厚可达12 000 m）的上第三系和第四系海相沉积。另外，冲绳海槽较大的沉积速率有利于有机质的保存和转化。沉积厚度大和沉积速率较高是该区具有充足水合物气源的基础。对冲绳海槽所做的温压场分析、获取的地震资料所识别的BSR、地化及卫星热红外分析等资料都表明冲绳海槽具有天然气水合物形成和聚集的良好地质条件。尽管冲绳海槽从北到南都具有水合物存在的地质条件，但根据在冲绳海槽中段已发现有二氧化碳型水合物（侯增谦，张绮玲，1998）的事实，冲绳海槽中、南部海域可能更适宜水合物的聚集或者说稳定带厚度更大，应是重要的勘探靶区。

中国南海深水陆坡区被普遍认为是天然气水合物最为丰富的资源宝地之一。1998年我国学者在南海北部就发现了BSR证据（姚伯初，1998），随后许多学者对其分布区域、成矿条件和远景以及地球物理识别方法等作了分析。南海已有的油气资源勘探表明，南海周边赋存有巨大的天然气资源，为天然气水合物的形成提供了充足的物源条件。

王淑红等（2005）分析了中外科学家的研究成果，认为南海南部具有天然气水合物形成、发育的有利条件：发育的沉积盆地、有利的水深和充足的物源供应、地震剖面揭示的BSR、泥底辟和断裂构造等。与此同时，对南海南部4个重点区域的水合物稳定带厚度进行了计算，并在此基础上对南海南部的水合物资源前景进行了预测。研究结果表明，4个研究区域内的绝大部分海域具有天然气水合物形成的温度和压力条件，水合物稳定带厚度在67~833 m之间。南海南部水合物体积及甲烷资源量分别为 $2.32 \times 10^{13} \, \text{m}^3$ 和 $4.78 \times 10^{15} \, \text{m}^3$。

吴能友等（2013）综合分析了南海北部陆坡区的地质、地球物理和地球化学指标条件，指出两类天然气水合物系统，即低通量扩散型水合物和高通量渗漏型水合物共存于南海北部陆坡区，特别是东沙海域和神狐海域。钻探结果证明强似海底反射往往与低饱和度的含天然气水合物沉积物薄层联系在一起，高饱和度的天然气水合物一般不需要与地震剖面上识别的似海底反射对应，而与气体渗漏和断裂构造等特征相关。地球化学资料显示神狐海域和东沙海域的天然气水合物气源主要为微生物成因气。神狐海域钻探证实的天然气水合物分布区具有 $160 \times 10^9 \, \text{m}^3$ 的甲烷地质储量。随钻测井资料显示东沙海域浅部存在中~高饱和度的水合物，而深部水合物稳定带底界上方存在低饱和度天然气水合物。

四、天然气水合物的成因解释

天然气水合物是天然气分子（烷类）被包进水分子中，在海底低温与压力下结晶形成的。因此，形成天然气水合物必须要满足三个基本条件：温度、压力和天然气物源。首先，天然气水合物可在0℃以上生成，但超过20℃便会分解。海底温度一般保持在2~4℃，满足天然气水合物生成的温度要求。实验表明，天然气水合物在0℃时只需30个大气压即可生成，而这一要求只需水深达到300 m即可保证，并且水深越大天然气水合物就越不易分解。最后，天然气水合物生成所要求的天然气物源是由沉积在海底的有机质经过生物作用和变质作用转化而来。另外，海底地层多是具有孔隙的砂质沉积，为天然气的运移和聚集起到了通道的作用。因此，在温度、压力、气源三者都具备的条件下，经过一定的地质时期便形成了具有重要资源价值的天然气水合物资源。

可以把上述分析归结为天然气水合物的成矿作用模式：在地质历史中，河流把大量的陆源有机质输运到大陆边缘带（陆架、陆坡和陆隆区）沉积并被埋藏，生物过程及变质作用将原来的有机质纤维转化生成天然气，深部的天然气由于温度较高而呈气相向上运移。随着上升温度逐渐降低，当到达一定的深度，温度和压力正好满足天然气水合物凝结成固体的要求时便在沉积物空隙中积聚起来形成固相的天然气水合物层。

第五节　大洋多金属结核

早在"挑战者"号进行环球考察（1872~1876）时就在大西洋海域采到了多金属结核样品，这应是人类最早发现的深海海底矿产资源，但并未引起重视。经过100多年的调查和研究，有关多金属结核的形态、物理化学性质、金属元素含量、矿物组成、区域分布和潜在资源量等都已基本清楚。对大洋多金属结核资源，现已进入详细探查、圈定矿区、试采和商业性开发的阶段。联合国有关海底管理机构已批准中国、日本、法国、俄罗斯、印度等国家的海底矿区申请（图7-10）。

多金属结核主要由Fe和Mn的氧化物和氢氧化物组成，大小从微型颗粒到土豆状块体，富含Cu、Ni、Co、Mo和多种微量金属元素。一般产于低沉积速率和水深大于4 000 m大洋盆地中，常围绕核心在沉积物和水界面上生长，以红黏土和硅质软泥沉积区最为富集。

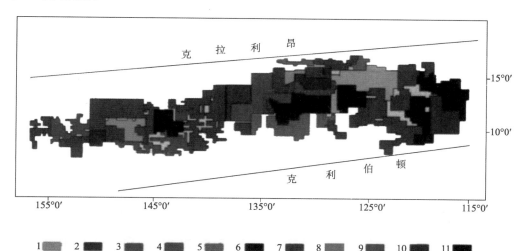

图7-10　太平洋C—C区多金属结核先驱投资区（Depowski，s.，2001）

1—日本；2—法国；3—俄罗斯；4—中国；5—韩国；6—国际海金联；7—国际海底管理局；8—海洋采矿协
　会；9—海洋采矿公司1；10—海洋采矿公司2；11—洛克希得马尔丁公司

（一）多金属结核的物理化学性质

多金属结核一般呈黑色、绿黑色到褐色，由多孔的细粒结晶集合体、胶状颗粒和隐晶质物质组成，常为球状、菜花状、杨梅状、椭球状、盘状、板状、葡萄状和肾状，直径多为3~6 cm大小（图7-11 a, b）。多金属结核的生长速率非常缓慢，多数为1~50 mm/Ma，平均生长速率只有5 mm/Ma。多数多金属结核都有一个或多个核心，核心的成分可以是岩石矿物碎屑或生物骨骼，围绕核心形成同心状金属层壳构造是多金属结核的重要特征（图7-11c）。

图7-11　多金属结核的形貌（a）、海底分布（b）和剖面结构（c）

多金属结核主要由隐晶质和极细粒的水合铁锰氧化物矿物组成，并含不等量的二氧化硅、碳酸盐、碎屑矿物和生源物质。结核中的微量元素，如Ni、Co、Mo和稀有、稀土元素主要受铁锰氧化物控制。已知的锰矿物主要有钙锰矿、水钠锰矿、水羟锰矿（δ-MnO_2）和拉锰矿（MnO_2）等。

结核的化学组成十分复杂（表7-1），含有几十种有色金属和稀有、稀土元素，其中Cu、Ni、Co、Mn和Mo的含量达到工业利用品位。

（二）多金属结核的资源量及其分布

海底多金属结核的资源储量估计在30×10^{12} t以上，其中北太平洋分布面积最广，约占储量的一半以上，约为17×10^{12} t。多金属结核密集的地方可以达到100 kg/m^2以上。结核中50%以上是Fe和Mn的氧化物，其次是含有Ni、Cu、Co、Mo和Ti等20多种金属元素。仅就太平洋底的储量而论，结核中约含Mn 4×10^{12} t、Ni 164×10^9 t、Cu 88×10^9 t、Co 58×10^9 t，其金属资源相当于陆地上总储量的几百倍甚至上千倍。如果按照目前世界金属消耗水平计算，Cu可供用600年，Ni 15 000年，Mn 24 000年，Co可满足人类130 000年的需要。由于海底结核仍在生长（成），每年大约可以新增1 000万吨资源量，因此，多金属结核将成为一种人类取之不尽的海底资源。

尽管多金属结核几乎在所有洋盆和某些海盆中都有发现，但主要分布于太平洋（总储量为90×10^9~$1\ 700 \times 10^9$ t, Morgan 1999），其次是印度洋和大西洋。近赤道带和南半球的三条纬度带（15°~20°、30°~0°和50°~60° S）内的多金属结核最富集。

太平洋中的多金属结核分布有五个富集区：即赤道北太平洋克拉里昂—克里伯顿

表7-1　世界大洋多金属结核的平均金属含量（%，据Baturine 1983）

元素	含量范围	太平洋					印度洋			大西洋			南洋盆			
	(1)	(2)	(3)	(4)	(5)	(6)	(3)	(4)	(5)	(3)	(4)	(5)	(4)	(4)	(5)	(6)
Mn	0.04~50.3	24.2	17.94	19.78	20.1	18.3	14.74	15.10	15.25	14.93	15.78	13.25	14.69	16.02	18.60	17.4
Fe	0.3~50.0	14.0	11.72	11.96	11.4	12.77	13.05	14.74	14.23	13.08	20.78	16.97	15.78	15.55	12.40	13.6
Ni	0.08~2.48	0.99	0.59	0.634	0.76	0.63	0.441	0.484	0.43	0.484	0.328	0.32	0.450	0.480	0.66	0.55
Cu	0.003~1.90	0.53	0.39	0.392	0.54	0.41	0.173	0.294	0.25	0.155	0.116	0.13	0.210	0.259	0.45	0.34
Co	0.001~2.53	0.35	0.33	0.335	0.27	0.29	0.254	0.230	0.21	0.323	0.318	0.27	0.240	0.284	0.27	0.27
Zn	0.01~9.00	0.047	0.084	0.068	0.16	—	0.061	0.069	0.149	0.066	0.084	0.123	0.060	0.078	0.12	—
Pb	0.01~0.75	0.090	0.11	0.085	0.083	—	0.070	0.093	0.101	0.134	0.127	0.14	—	0.090	0.093	—

（1）Volkov 1979；Mckelvey等1983；（2）Mero 1985；（3）Volkov 1979；（4）Cronan 1980；（5、6）Mckelvey 等1983；（6）克拉里昂-克里帕顿带

断裂区（C—C 断裂带），并向西延入中太平洋海盆北部；东北太平洋海盆Musicians海山周围的深海平原区；西南太平洋海盆中部；南大洋的东西延伸带和秘鲁海盆的北部（Glasby 2 000）。太平洋中结核的最大丰度区位于6°~20° N，120° W~160° E的赤道北太平洋，这里是沉积速率低的洋盆中心部位。在南太平洋，由于海底地形复杂，结核分布相对不规则。在东太平洋，C—C断裂带、中太平洋海盆和Musician海山附近的多金属结核覆盖率超过50%（图7-12）。洋底多金属结核的覆盖率与沉积速率关系明显，高覆盖率大多出现在沉积速率极低的海底区域。

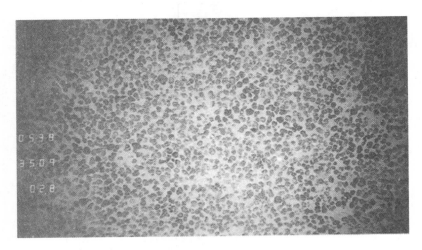

图7-12　洋底多金属结核分布照片（覆盖率约61%）

西南太平洋海盆面积约$10×10^6$ km²，最大水深5 800 m。结核主要为中小型（<6 cm），最大丰度超过20 kg/m²，但品位低，平均Ni+Cu+Co含量1%。估计储量$10×10^9$ t左右。海盆东部的结核覆盖率达50%以上。在西北太平洋Jane海山附近、中南太平洋、秘鲁海盆和太平洋海盆东南部结核覆盖率约为25%。海盆的水深变化于4 350~5 200 m之间，接近碳酸盐补偿深度。秘鲁海盆水深3 900~4 300 m，多金属结核平均丰度大于10 kg/m²，多金属结核最大直径达19 cm，结核中平均Cu+Ni含量约2.1%。

南太平洋多金属结核区包括土阿莫土群岛、社会群岛、莱恩群岛和库克群岛周围海域，海底地形起伏变化较大，沉积物以红黏土分布最广。多金属结核最大丰度可达40~70 kg/m²，但金属品位低，结核丰度与金属品位呈负相关。中部区结核直径多在3~4 cm之间，边缘区则增大到6~8 cm。北部区的马希尼基与莱恩海隆之间的彭林海盆是一富集区，以北部富Cu和Ni、南部富Co为特征。

整个太平洋储藏有$(1.5~3)×10^{12}$ t多金属结核，其中按丰度10 kg/m²，Cu+Co+Ni>1.76%圈定的矿区资源量为$(1.4~9.9)×10^{10}$ t（Gross 和 Mcleod 1987）。位于东北太平洋克拉里昂断裂带和克里帕顿断裂带之间的C—C区（7°~15° N，114°~158° W）是最有开采价值的海区（表7-2）。

表7-2　西南太平洋海盆、C-C区和秘鲁海盆多金属结核平均成分比较

（引自 Glaspy 2000）

成分＼海盆	西南太平洋海盆	C—C区	秘鲁海盆
Mn（%）	16.6	29.1	33.1
Fe（%）	22.8	5.4	7.1
Co（%）	0.44	0.23	0.09
Ni（%）	0.35	1.29	1，4
Cu（%）	0.21	1.19	0.69

中印度洋海盆结核分布于盆地中部（5°~10° S），水深在4 500~5 600 m的硅质沉积物和红黏土中，平均丰度4.51 kg/m²，变化范围2.72~6.94 kg/m²。已圈定矿区面积0.3×10⁶ km²，结核储量1.335×10⁹ t，Cu+Ni+Co金属资源量约21.84×10⁶ t（Jauhari和Pattan 1999）。

大西洋中的多金属结核主要分布在南美洲和非洲之间的深水（5 000 m~5 500 m）大洋区，尤其是在巴巴多斯岛（Barbados）以东数百千米洋底采集到的多金属结核圆得如同金属球，其大小如垒球一般（图7-13）。据科学家推测最大的多金属结核可能已经有10 Ma的历史。

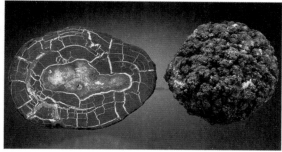

图7-13　采自北大西洋的多金属结核

（三）多金属结核的成因解释

对于多金属结核的成因，至今仍是一个争论未决的重要科学问题，主要是难以回答或解释的问题包括：① 大量Mn和Fe沉淀的化学机制不十分清楚；② 多金属结核的纹层状结构的成因机制；③ 多金属结核为何只存在于洋底沉积物的表面而不被埋藏？目前较为普遍的认识一是纯化学沉淀成因说，二是微生物成因说。

从物源上看，Fe和Mn等金属元素一是来自被海流带到大洋中的陆地或岛屿岩石风化所释放出的元素，二是来自火山或岩浆喷发产生的熔岩和大量气体与海水相互作用被海水所萃取出的元素，三是来自海洋生物死亡后分解所释放出的元素，四是来自尘埃带入海洋中的金属元素。

纯化学成因说认为：上述物源使得海水中Mn和Fe的浓度逐渐增加，尤其是原来存在于矿物、有机质和生物体内处于还原态的Mn^{2+}和Fe^{2+}（易迁移）在海底富氧环境中发生氧化还原反应：

$$2Fe^{2+}+2O_2+2OH^-\!=\!=\!Fe_2O_3+H_2O \qquad 4OH^-+2Mn^{2+}+O_2\!=\!=\!2MnO_2+2H_2O$$

从而产生不易迁移的Mn和Fe的高价态氧化物沉淀。最初的沉淀发生在碎屑颗粒物（结核的核）的表面，可能是以胶体态含水氧化物的形式沉淀出来。在沉淀过程中，胶体可以吸附Cu和Co等元素，并与岩石碎屑、海洋生物遗骨等胶结而形成结核体。沉到海底的结核体在底流作用下发生滚动（不被沉积物掩埋），类似于滚雪球一样，越滚越大，最后形成了大小不等的多金属结核。

多金属结核的微生物成因说强调的是生物在多金属结核形成过程中的作用，但并不完全否定化学过程。首先，强调生物细菌对海水中的Fe和Mn等金属离子起到了富集作用，其次是认为生物活动使得多金属结核处于滚动状态，从而不至于被沉积物所掩埋。多金属结核中大量生物构造的存在似乎无法否定生物在结核生长过程中的作用，但是，到底是微生物的生命过程是Mn和Fe的富集动力还是生物活动造就了Mn和Fe等金属元素的富集、乃至沉淀的环境，至今还不清楚。

第六节　富钴结壳

自20世纪80年代开始，国际上开始重视对富钴结壳的系统调查，获得了结壳形态、厚度、产状、成分、矿物学和成因等方面的资料，并圈出了主要的富集区。其后，美国、俄罗斯、德国、日本、英国等相继对中太平洋、西南太平洋和印度洋海山区进行了调查，先后在夏威夷海岭、布莱克海岭、莱恩群岛和土阿莫土群岛周围的海山区发现了富钴结壳的富集区。其中约翰斯顿岛环礁南约60海里的海山斜坡上，结壳覆盖率高达80%~90%，厚度超过4 cm，富含Co、Ni、Mo、Ce和V等金属元素。

构成富钴结壳的铁锰矿物主要为δMnO_2和针铁矿。其中，含Mn 2.47%、Co 0.90%、Ni 0.5%、Cu 0.06%（平均值）、铂$(0.14\sim0.88)\times10^{-6}$、稀土元素总量很高，是海洋中重要的Co、Ni、Pt和REE（稀土元素）等金属的潜在资源。

一、富钴结壳的分布及资源量

富钴结壳几乎遍布于全球海洋中，但主要集中在海山、海脊和海台的斜坡和顶部。仅太平洋就有约50 000座海山，其富钴结壳分布最多。在印度洋和大西洋局部海区的海山上也已发现有富钴结壳的分布。太平洋海山区包括麦哲伦海山、天皇海岭、夏威夷海岭和莱恩海岭区，马绍尔群岛、土阿莫土—马克萨斯群岛、波利尼亚岛和新西兰—查塔姆周围以及威克岛，萨摩亚群岛、豪兰岛、贝克岛、关岛和北马里亚纳群岛海域，其中以中太平洋海山区为最重要。从地理纬度分布看，仅限于赤道附近的低纬度区，即在南、北纬度5°~15°之间，一般不超过20°。富钴结壳产于海山、海岭、海丘、海底台地顶部和上部、坡度不大（一般10°~20°，平均14°）的斜坡区，基岩长期裸露，缺乏沉积物或沉积层很薄的部位最富集。在水深1 000~3 000 m、沉积速率很低、远距环礁、块体运动和重力流不发育的海区有利于结壳的形成。结壳覆盖率一般超过50%，平均可达20 kg/m²。麦哲伦海山结壳产于1 600~3 000 m水深，结壳厚度最大可达24 cm，平均5 cm，平均丰度为64.5 kg/m²，最高可达185.4 kg/m²，Co的平均含量0.5%（何高文等，2001）。我国海洋地质学家早在20世纪80年代就在南海海盆的宪北海山和陆坡区水深1 500 m的尖峰海山多次采得富钴结壳，结壳的最大厚度达25 cm。

总之，富钴结壳主要分布在赤道两侧纬度20°范围、缺乏沉积层、基岩年龄大于20 Ma（新、老结壳）或大于10 Ma（新结壳）、无环礁和珊瑚礁、水深在800~2 400 m、没有现代火山活动、海山斜坡稳定的海山区，同时还要发育有浅而良好的最低含氧层和不受陆源碎屑供给影响的海区。

尽管业已知道富钴结壳广泛分布于海山之上，但经过详细勘测及取样的海山却寥寥无几。因此，要想准确地给出富钴结壳的资源量仍很困难。据粗略估计，海底富钴结壳中Co的总量为(1 000~3 000)×10⁶ t。相对于大西洋和印度洋的海山，太平洋海山上要丰富得多，仅莱恩—库克群岛区(170°~155° W, 5° N~20° S)，估计结壳资源量215×10⁶ t，其中含Co 1.47×10⁶ t, Pt 97 t。据已有调查资料估计，在美国太平洋专属经济区的富钴结壳资源中蕴藏有：Co 39.3 ×10⁶ t, Ni 20.41 ×10⁶ t, Mn 1 060.9×10⁶ t和Pt 2 291 t。

二、富钴结壳的基本特性

富钴结壳大多呈层壳状，生长于各种硬质基岩上。基质岩石各种各样，其中以碱性玄武岩及其蚀变岩石和火山角砾岩（夏威夷岩）最常见，其次是蒙皂石岩和磷块岩。生物石灰岩、玻屑岩、黏土岩和磷酸盐质砂岩、凝灰岩比较少见。少数结壳包裹岩块、砾石，成不规则球状、块状、盘状、板状和瘤壳状，直径几厘米到几十厘米。根据测年资料，富钴结壳的生长速率为2.5~5 mm/Ma，与大洋多金属结核的生长速率（1~10 mm/Ma）相近似，但比热液成因铁锰结核的生长速率（1 000~2 000 mm/Ma）小得多。一般来说，富钴结壳的新层壳生长速率为1~3 mm/Ma，比老层壳的生长

（5 mm/Ma）更加缓慢。由于结壳生长十分缓慢，所以只能在年龄超过25 Ma的基岩面上才有可能发育生成。

结壳颜色为黑色或暗褐色，干样平均相对密度1.3 g/cm³，孔隙度约60%，层状表面呈瘤状或葡萄状（图7-14），也有光滑和松散土状。结壳内部有平行纹层构造、柱状和斑纹状结构，反映结壳生长过程中的环境变化。金属层壳往往可以见有两个生成期，老生长层的内壳形成于中始新世~早渐新世初期；新生成的外壳形成于中、晚中新世以来。新、老层壳之间被磷酸盐物质分隔，有人认为这种磷酸钙的形成与海洋的最低含氧层有关，是同生的。但也有人主张是次生成因，可能是磷酸盐交代结壳中钙质组分的结果（Halbach 1980）。

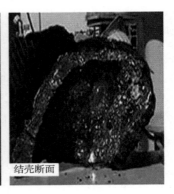

图7-14　富钴结壳的表面及断面特征

富钴结壳的组成矿物有细粒锰、铁氧化物和氢氧化物、非晶质铝硅酸盐、碳酸盐、磷酸盐和碎屑矿物，其中最主要的矿物是水羟锰矿（δMnO_2）和隐晶质针铁矿（$FeOOH \cdot nH_2O$）。自生矿物有沸石、蒙皂石、方解石和磷灰石，以及少量的石英、重晶石、斜长石、钾长石、辉石和黏土矿物等。石英来自风尘，辉石、钾长石和沸石来自海底岩石的风化，部分斜长石可能来源于火山悬浮体。

富钴结壳含有Mn、Fe、Co、Ni、Pb、Ti、Cu、Pt、Mo、Zn、Cd、Be、Ba、W、Sn、Bi、As、Sb、V、Ag、Sr、Ce、Y、La、Se、Yb、Ta、U、Zr、Ge、、Ga、Li、In、Tl等多种元素。其中钴含量高达2.3%，比大洋多金属结核中的钴含量高3~5倍。铂的含量（0.2~1.2）×10⁻⁶，比海水中Pt的浓度（约0.002×10⁻⁹）富集106倍，最高含量可达0.8 mg/t。结壳Pt和Rh的含量分别相当于地壳中Pt和Rh克拉克值的80倍和15~40倍。

结壳中的金属含量变化与水深有关，Mn、Co和Ni随水深变浅而增加，而Fe和Cu则相反。Co和Pt的含量分布则与层壳的生长年龄有关，Co富集于结壳外层或年轻结壳，而Pt则富集于结壳内层或较老的结壳中。Pt含量与Ni含量以及Mn/Fe比值呈明显的正相关，说明Pt和Ni是和MnO_2相结合而沉淀的。

三、富钴结壳的成因解释

有关富钴结壳的形成过程和机制目前还不十分清楚,大多数学者承认是水成成因,金属元素来源于海水,是纯粹的胶体化学沉积过程。在海水中,多数金属元素是以无机络合物的形式存在。Co、Ni、Zn、Pb、Cd和Tl等元素的水合离子被吸附在氢氧化锰表面,其中的Co^{2+}被氧化而形成难溶的稳定态Co^{3+},从而更为富集。低价态的大络合物元素V、As、P、Zr和Hf等则被吸附在氢氧化铁表面。吸附金属的铁锰混合胶体可能通过细菌的催化作用在硬质岩石表面沉淀形成隐晶质氧化物或氢氧化物。金属通过共沉淀或吸附离子的扩散作用进入铁锰氧化物或氢氧化物的晶格中。Co由Co^{2+}氧化为Co^{3+}在结壳表面大量富集,同时也富集了Pb、Ti、Tl和Ce等元素(Hein等,1999)。

海洋不同深度水层中溶解氧和溶解锰的浓度是不同的。在通常情况下,含氧量的高低或低含氧层深浅与生物生产力有关。在高生物生产力或生物繁盛的海区,由于在生物死亡后的沉降和溶解过程中要耗去大量氧气,导致最低含氧层的深度较浅。相反,在生物生产力低的海区,最低含氧层的深度则相对增大。

铁主要来自低含氧层之下的水柱中。生物碳酸盐骨骼首先在低氧层中被溶解,并释放出低价态的Fe^{2+},在下沉进入相对高含氧层之后被氧化并以Fe^{3+}的形式存在于氢氧化物胶粒中。随着水深的增加,氧含量亦逐渐增加,引起Mn^{2+}最大浓度带向深水扩散,同时加速Mn^{2+}的氧化,形成Mn和Fe的水合氧化物和硅酸盐混合胶体溶液,最后聚合胶体微粒在基岩表面凝聚沉积下来。

海水中的Mn和Pt分别以Mn^{2+}和$[PtCl_4]^{2-}$的形式存在。在溶解氧含量高的条件下,锰不与铂的络合物发生反应,只有在低含氧层之下不深的氧含量较低的水层,Mn^{2+}才可能和$[PtCl_4]^{2-}$反应,在氧化还原过程中使氧化锰和铂共同沉淀,形成富含铂的富钴结壳,其可能的反应式:

$$Mn^{2+} \rightarrow Mn^{4+} + 2e\,(氧化) \qquad Pt^{2+} + 2e \rightarrow Pt^0\,(还原)$$

$$Mn^{2+} + PtCl_4^{2-} + 2H_2O \rightarrow Pt^0 + MnO_2 + 4Cl + 4H$$

富钴结壳的生长速率为1~6 mm/Ma,是地球上最缓慢的自然过程之一。因此,形成一个厚约10 cm的结壳层大体需要6 000万年的时间。一些富钴结壳的壳层结构及测年资料表明,在过去的2 000万年中富钴结壳的生长可以分为两个主要形成期,Fe和Mn的增生过程被一形成于距今800万~900万年的中新世的磷钙土层所间开。这一磷钙土薄层的存在很可能是全球海洋中溶解氧含量变化事件的体现,同时也为寻找更老、更丰富的富钴多金属矿床提供了线索。

第七节　海底热液活动成因的多金属矿产资源

图7-15　热液活动形成的烟囱体

在全球性大洋中脊和弧后扩张中心的板块增生带，以及热点海底火山活动区普遍存在有热液（水）的喷溢作用（Hydrothermal Venting），这种热液流体呈酸性（pH≈3），温度从摄氏几十度到365℃以上，喷出海底形成海底热泉（Submarine Hot Spring）。高温热泉喷出海底后常呈黑色，形如滚滚黑烟，故又称"黑烟囱"（Black Smoker, 图1-21），低温热泉常喷出乳白色的热水流体，又称"白烟囱"（White Smoker）。

海底热液多金属矿床是以多金属硫化物为主，伴生（或硫化物经氧化作用改造而产生）有Fe和Mn的氧化物、重晶石、二氧化硅和硬石膏等矿物的海底矿床资源类型，它们是在海底热液喷溢过程中所形成的，部分矿体呈脉状存在于洋壳内近海底表层的岩浆岩岩体中，部分成烟囱体或丘状体存在于热液喷口附近的海底之上（图7-15）。

海底热液多金属矿体的形成与喷溢热液流体的烟囱有着密切的联系。大多数烟囱的生长可以非常迅速。深潜观测发现烟囱的生长速率在烟囱生长初期阶段可达30 cm/d（Goldfarb等, 1983），老烟囱达8 cm/d（Hekinian等, 1983）。烟囱体可高达20 m以上。随着烟囱体的不断生长，会发生塌落，塌落的烟囱碎块堆积或者相邻烟囱的交互生长形成丘状硫化物矿体。据Rona（1984）的估计，一个典型的热液沉积丘状矿体含有约1 000 t的金属物质。

一、海底热液活动及其矿床资源的分布

（一）海底热液活动区的分布

迄今，已发现的海底热液活动区或热液沉积物堆积区已达600余处（图7-16），其中具有赋存多金属硫化物资源远景的热液沉积区超过300处。随着针对海底热液活动的调查逐渐展开，新的海底热液活动和热液沉积区正在以每年3~10个的速率被发现，商业性的调查勘探极大地促进了国际海底区域内新的热液多金属硫化物资源的发现。

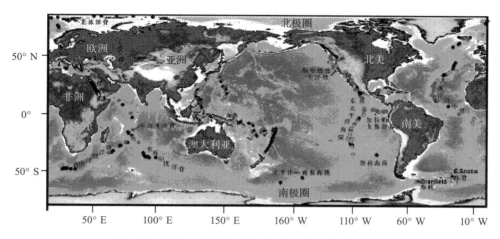

图7-16　海底热液活动区及热液沉积硫化物的分布

（据Interridge资料和底图，有修改）

现代海底热液活动广泛存在于张性构造环境，通常与岩浆作用或火山活动相伴生。大洋中脊裂谷带是地球上岩浆作用最为强烈的构造带，也是新洋壳生成、海底热液活动、热液成因多金属硫化物矿床最为发育的地带。在弧后扩张性盆地和热点及岛弧等岩浆作用活跃地带也是有利于热液活动发育的地带（图7-17）。

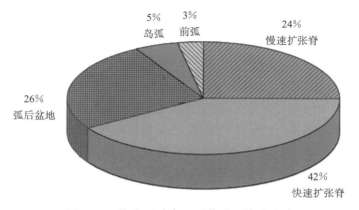

图7-17　热液活动在不同构造环境的分布

先前人们普遍认为海底热液活动主要发育在快速扩张脊，最近几年人们才逐渐认识到，慢速-超慢速扩张脊相对稳定的构造环境（中脊裂谷更为发育、构造事件频率低、幕式活动周期长、岩浆房规模大等）可以相对延长热液与岩石反应和热液上升的时间，更有利于大型热液多金属矿床的形成，从而使得对慢速和超慢速扩张脊热液活动及其成矿作用的调查研究成为最近几年的热点，已经先后在慢速-超慢速扩张的西南印度洋中脊和中印度洋洋脊发现数十处海底热液活动区。

（二）多金属硫化物矿体的分布

海底热液活动并不一定都会形成具有一定规模和潜在经济价值的多金属硫化物矿体。根据现在所掌握的资料，全球大洋海底（包括弧后盆地）有20余个具有潜在经济与开采价值的大型热液沉积矿体，这些矿体若是在陆地上，已经达到了矿藏的规模，其规模大小和有用金属的品位都与陆上现已开采的古硫化物矿床相近。这些矿体主要产于快速扩张脊（如东太平洋海隆）、慢速扩张洋脊（如大西洋中脊）、超慢速扩张脊（如西南印度洋中脊）、有沉积物盖层的洋脊、年轻和成熟的弧后盆地（如位于中国东海外缘的冲绳海槽）、热点及火山弧等构造环境。

（三）控制海底大型硫化物矿体形成的主要因素

控制海底大型硫化物矿体形成的主要因素很多。大的构造环境是控制大型硫化物矿体发育最重要的因素。在慢速扩张脊，相对稳定的构造环境，更有利于大型热液多金属矿床的形成。热液多金属矿体主要产于火山地形高地和地堑构造壁上。在快速扩张脊，矿体主要产于离轴海山上。弧后盆地多有一定厚度的沉积物覆盖，已有的资料证明这里是最有利于大型矿体形成的构造环境，而且一些贵金属（如Pt、Au和Ag等）的品位相当高，该环境下所形成的矿体与陆上的大型块状硫化物矿床相当类同。

除了考虑利于热液活动发育的构造环境外，还必须考虑热液系统的稳定性与岩—水反应时间、热液区水深、基底岩石的渗透率、热液与海水的混合作用、沉积盖层、喷出热液的扩散等因素。

热液系统的稳定性：热源的深度与大小及其结构的稳定性决定着热液喷溢的寿命，从而控制着矿体规模的大小。大型硫化物矿体的形成需要有大型而且稳定的热液循环系统。迄今已经发现在快速扩张脊上，热液活动通常只有几年的生存期，热液喷溢地点往往会沿中脊轴向变动，这不利于大型硫化物矿体的形成。大型硫化物矿体的形成往往需要持续时间很长或同一地点发生多次的热液喷溢活动。例如，在TAG热液活动区，在长达26 000多年的时期里，在同一位置至少发生过5次热液活动事件。在对流系统较稳定的慢速—超慢速扩张脊，相对稳定的构造环境延长了岩—水反应和热液活动持续的时间，更有利于大型矿体的形成。但是，也有证据表明，在靠近快速扩张脊的离轴海山上，破火山口是高热流和强破碎区，提供了类似于慢速扩张脊的相对稳定的环境，在破火山口壁上可以形成大的硫化物矿体，这些矿体大多呈透镜状。

水深：尽管还没有证据表明热液活动的存在与水深有直接的关系，但是热液活动区的水深却是影响大型硫化物矿体发育的重要因素。典型的高温热液流体温度为350℃左右，在3 000 m水深的压力下，该温度远低于热液流体的沸点，所以热液喷出海底后会冷却沉淀形成硫化物。在浅水区，由于压力较小，热液在喷出海底甚至在海底之下就会发生沸腾作用。热液在低压环境中由于沸腾所发生的相分离将形成两种热液流体：一种为低盐度高含气量的流体，金属含量很低，热液沉积物以重晶石与硬石膏为主，只能在海底表面形成低温的贫金属矿化带；另一种是早期相分离时期所形成的高密度卤水，亏损H_2S（H_2S进入气相），盐度高且富含金属元素，往往在洋壳内部形成大规模的网状矿脉。

渗透性：海底岩石的渗透性决定着海底热液循环系统的存在与否。在非渗透性的火山岩层中，例如块状熔岩流，大部分流体是沿着大型断层流动，这种情况主要发生在洋脊的轴部。在构造活动末期，洋壳严重破裂，具有高渗透性，这种结构为高温上升热液流和低温下降海水提供了良好的通道，在热液对流系统稳定的慢速扩张脊上极有可能形成大型的硫化物矿体。若混合作用发生在洋壳内部，则会沿断层裂隙形成高品位的矿脉。在快速扩张脊，由于构造断裂往往被后期岩脉所充填，热液的上升通道相对狭窄，所形成的沉积矿体数量多，但规模较小，其典型实例是东太平洋海隆13° N热液活动区。

在渗透性较好的火山岩层（如火山碎屑物质或高孔隙度的火山岩）中，热液流体难以集中，混合作用主要发生在多孔火山岩中，导致了洋底低温Fe/Mn质或Si质壳层的形成。若这一壳层得以形成，则在热液循环系统中充当了盖层的作用，后续的热液流体可以在洋壳内部发生与火山岩的交代作用，形成块状硫化物矿体，只是这种沉积矿体并不是矗立在海底的丘状硫化物，而是以块状硫化物和浸染状矿化体存在于洋壳中。

混合作用：热的热液流体与冷的海水的混合作用将导致混合流体温度快速降低和氧化还原条件改变，从而使得金属硫化物与Ca和Ba的硫酸盐（硫酸根来自于海水）的快速沉淀。但是，如果这种混合作用发生在开放的海底或动荡的环境（例如有底流存在）则会使得热液中的矿物微粒快速地弥散在海水之中，将有90%以上金属元素扩散到海水中去，不利于大型硫化物矿体的发育。因此，如果混合作用发生在热液流体喷出海底之前，通过热传导降温冷却，则矿物沉淀将形成相当规模的硫化物矿体。热液烟囱体和热液丘的形成会使其内部的混合作用和热液的扩散受到限制，也会导致大型硫化物矿体的发育。热液活动区非渗透性岩盖的存在是阻止热液流体被海水快速混合并稀释的关键因素，这些岩盖起到了地球化学屏障的作用，Lucky Strike海盆、Lau海盆、冲绳海槽等是典型实例。

沉积物盖层：在部分洋脊段，特别是在弧后盆地，往往存在有一定厚度的沉积物盖层。已有的证据表明，有沉积物覆盖的热液区流体中金属含量较低，其可能的原因是在热液流体上升期间，热液流体端元与沉积物相互作用，损失了大部分金属。这就使得海水的混合作用及快速稀释作用在流体冷却过程中受到了限制,导致金属沉淀出来。不过,在这种环境下,大型的硫化物矿体很可能存在于沉积物之下的基岩中。据Clark(1989)的研究,有沉积覆盖的洋中脊和弧后盆地热液活动区最有可能形成大的多金属硫化物矿体,这是因为热液同含有机质的沉积物进行反应,导致热液硫化物最大限度沉积在沉积物中,同时由于有沉积盖层的隔离效应,热液有充足的沉积时间。沉积盖层还为热液在喷出海底之前沉积形成网脉状矿体提供了理想的环境。上述推测已经被大洋钻探计划在Middle Valley热液区的钻探所证明,其硫化物矿体的厚度至少有90 m。

热液扩散:热液喷出海底之后形成热液羽状体(Hydrothermal Plume),又叫热液柱(图7-18)。如果热液区处于高能海区(例如较强的海流区),热液会携带溶解的金属元素和早先沉淀生成的矿物颗粒被海流带离热液喷口。热液羽状体有时会形成方圆数千米的水团并随海水流动,"漂移"离热液喷口很远的地方,形成在深海漂移不定的"深海幽灵"。随着热液流体的扩散,早期形成的金属硫化物矿物颗粒会逐渐被氧化,形成Fe和Mn等元素的氧化物或氢氧化物散布在大洋盆地中,这不利于大型硫化物矿体的形成。

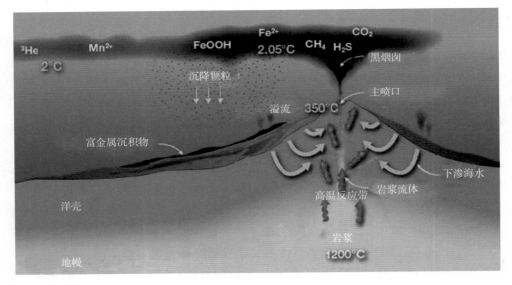

图7-18 热液羽状体(Hydrothermal Plume)

二、热液多金属硫化物的资源量

现在还无法准确地给出海底热液矿产潜在资源量的估算值,其原因主要有:一是受调查勘探工作的限制,海底热液活动和热液沉积区的分布还不清楚,新的热液活动或热液沉积区仍在不断被发现;二是对业已发现的热液沉积物矿体大多都没有做过详细的研究,更没有对矿体的深度规模做过钻探调查,故无法给出准确的矿体规模的几何数据和有用元素的品位数据。迄今只有在红海和东太平洋海隆局部热液沉积区做过钻探，其中也只有红海有足够的资料可供做有意义的资源评价。红海Atlantis Ⅱ海凹是一个潜在的Zn、Cu、Ag，其次是Au和Co的潜在矿产资源，其多金属硫化物面积约62 km^2，矿层最大厚度约25 m，一般厚度7~11 m，沉积时间在1万年左右。表7-3给出了Atlantis Ⅱ海凹多金属硫化物中金属元素的品位和吨数。从总吨位来说，红海中的热液矿床与陆上最大的火山成因的块状硫化物矿床相当。按现在的金属价格估算，其价值超过100亿美元。

在全球海洋中多金属硫化物的总量可能超过1×10^9 t，其中Cu和Zn的资源量约3×10^8 t。

表7-3　红海Atlantis Ⅱ海凹中金属的品位和吨位

	品位	含量[a]	吨位
Zn	3.41 kg/m^3	2.06%	1 890 000
Cu	0.77 kg/m^3	0.46%	425 000
Ag	6.77 g/m^3	41×10^{-6}	3 750
Au	—	0.5×10^{-6}	47
Co	—	59×10^{-6}	5 368
无盐干物质	—	—	92×10^6
含金属沉积物	—	—	696×10^6

注：a基于无盐干物质计算（自Lange，1985）

三、热液多金属硫化物的成因解释

海底热液多金属矿床大多是海水通过裂隙进入海底岩石并淋滤其中的金属元素，从而变成成矿溶液，并最终回到海底，沉淀其中淋滤的金属元素而形成的。这种反应的驱动力是侵入地壳的岩浆所提供的热。如果热液在上行的过程中遇到相当数量的冷的下行海水，其中大部分的金属物就会沉积下来，在洋壳的上部形成网状矿脉；如果上行通道中没有海水注入，则会在海底形成喷溢未经稀释的热液的烟囱，分选良好的热液沉积悬浮物发生沉淀而形成热液矿床。并不是所有海底热液矿床都是通过简单的海水—玄武岩反应所形成的热液沉淀而成的产物。如果热液在到达海底前要通过沉积物通道，热液和沉积物之间的反应所导致的热液组分和只通过大洋玄武岩基底的热液组分有所不同。例如,在Galapagos断裂带的热液丘,热液和深海沉积物之间的反应形成了富铁蒙脱石,而非热液硫化物沉积,其上为与海水接触的氧化锰沉积(Moorby和Cronan,1983)。在加利福尼亚湾的Guaymas海盆,高温的热水溶液和沉积物发生反应,导致碳酸钙和硅质生物的溶解,并沉积形成各种新的热液矿物相。

小 结

随着工业和社会经济的发展,世界对矿产资源的需求量快速增长,陆地资源被大量消耗,而海洋中却储存有丰富的金属、非金属和可燃性矿产资源,并涉及所有沿海国家的权益。自20世纪60年代以来,海底矿产研究取得了长足进展,已成为当今海洋地质研究的热点领域,备受国内外海洋学家和矿业家的关注。

海底矿产资源,包括地质历史时期各种成矿作用和现代海洋沉积成矿作用形成的Fe、Mn、Ti、Sn、Pt、Zr、Cu、Co、Ni、Zn、Au、Ag、P、油气、膏盐和煤等。从经济产值来看,油气和砂矿资源居首位。21世纪最具潜力的新型矿产是天然气水合物、富钴结壳和热液多金属硫化物。海洋油气资源的勘探开发正在由浅海向深海转移;大洋多金属结核以其巨大的Mn、Cu、Co、Ni金属储量将进入环境评价和开采时期;富钴结壳和热液金属硫化物的分布、成矿环境、控制因素和富集机制将是近几年调查研究的重点;天然气水合物的地质—地球物理—地球化学综合探测技术、矿床地质特征、资源量和采矿系统研究会取得新的进展。

海底矿产资源探测和开发有赖于包括定位、测深、取样、钻探、地质—地球物理—地球化学综合探测和高精度岩矿组分测试以及海洋采矿系统高新技术的发展和应用。

思考题

1. 世界海洋油气资源分布的主要地理和地质特点有哪些?

2. 海洋砂矿包括哪些主要类型? 它们的经济意义如何?

3. 天然气水合物赋存的沉积环境条件及探查方法有哪些?

4. 简述大洋多金属结核和富钴结壳资源的地质特征及它们的异同点。

5. 简述海底热液硫化物的形成条件、过程、主要类型及其特征。

6. 简述天然气水合物的普查勘探方法和技术。

参考文献

[1] Baturine G N. The geochemistry of manganese and manganese nodules in

the ocean [M]. D. Reidel Publishing Company, 1988.

[2] Cronan D S. Handbook of marine mineral deposits [M]. London: CRC press, Newyork, 1999.

[3] Helgerud M B. Wave speeds in gas hydrate and sediments containing gas hydrate: a laboratory and modeling study [D]. USA: Stanford University of PhD, 2001.

[4] Kudrass H D. Marine placer deposits and Sealevel changes [J]. In Cronan D.S (ed) Handbook of Marine Mineral Deposit, 2000, 3-8.

[5] Lee M W, Hutchinson D R, Collett T S, et al. Seismic velocities for hydrate-bearing sediments using weighted equation [J]. J Geophy, Res, 1996, 101: 20347-20358.

[6] Max M D. Natural gas hydrate, in oceanic and permafrost environments [M]. Netherlangs: Kluwer Academic Publishers, 2000.

[7] Riedel M, Spence G D, Chapman N R et al. Seismic investigations of a vent field associated with gas hydrate, offshore Vancouver Island [J]. JGR, 2002, 107 (B9): EMP5: 1-16.

[8] Yim W W S. Tin placer deposits on continental shelves [J]. In Cronan D. S (ed), Handbook of marine mineral deposits, 2000, 27, 43-57.

[9] Depowski S, 等.海洋矿物资源 [M].北京: 海洋出版社, 2001.

[10] 顾宗平. 东海油气勘探开发现状和展望 [J]. 海洋地质与第四纪地质, 1996, 16 (4): 113-117.

[11] 侯增谦, 张绮玲. 冲绳海槽现代活动区热水CO_2—烃类流体: 流体包裹体证据 [J]. 中国科学: D 辑, 1998, 28 (2): 143-148.

[12] 刘怀山, 周正云. 用于研究东海天然气水合物的地震资料处理方法 [J]. 青岛海洋大学学报, 2002, 32 (3): 441-448.

[13] 宋海斌, 耿建华, Wang H K, 等. 南海北部东沙海域天然气水合物的初步研究 [J]. 地球物理学报, 2001, 44 (5): 687-695.

[14] 吴能友, 张光学, 梁金强, 等. 南海北部陆坡天然气水合物研究进展 [J]. 新能源进展, 2013, 1 (1): 80-94.

[15] 杨子赓. 海洋地质学 [M]. 青岛: 青岛出版社, 2000.

[16] 朱伟林, 张功成, 钟锴, 刘宝明. 中国南海油气资源前景 [J]. 中国工程科学, 2010, 12 (5): 46-50.

第八章　海洋与气候

地球表面有四大圈层：大气圈、水圈、岩石圈、生物圈，大气圈是地球的重要圈层之一。气候是低层大气的重要状态，是与人类生存密切相关的环境。气候虽然是大气现象，但海洋在气候的形成过程中发挥了决定性作用。这一章主要介绍海洋是如何影响气候的，从海洋的角度认识海洋对全球气候的重要作用。

第一节　气候和气候变化

什么是气候呢？气候就是气象要素和天气现象的长时间平均或统计的特征。气候的主要参数有三个：第一是温度，是冷还是暖；第二是降雨，是旱还是涝；第三是风，是强还是弱。气候是人的生存环境，适宜的冷热条件才适合人类生存。农业是人类的主要食物来源，气候对农业有重大影响，旱涝和冷热都会严重影响农业收获量。例如，2011年山东省冬春季节121天没下雨，冬小麦大部绝产。因而气候是与人类生存和社会发展密切相关的自然过程。

影响气候的因素很多，包括大气、陆地、海洋和人类活动等方面的因素。图8-1给出了影响气候的主要因素：来自大气的因素主要与辐射、水汽、云雾、火山物质等有关。来自陆地的因素主要与地表过程、径流、冰雪等有关，来自海洋的因素主要与海气相互作用有关，来自人类活动的因素主要与温室气体和污染物质排放有关。

前面介绍的这些气候要素相对其平均状态发生了巨大的变化就是气候变化。气候和气候变化既有联系，又有很大的差异。影响气候的各种要素可以分为两大类，一类是基本不变的，或者仅有季节性变化的，比如说植被、沙漠、冰盖等因素。这些因素是决定气候的关键因素, 但是它对气候变化贡献不是很大。另一类是变化的因素, 如: 云雾、水汽、温室气体、火山、海洋等。这些因素不仅影响气候, 而且贡献于气候变化。

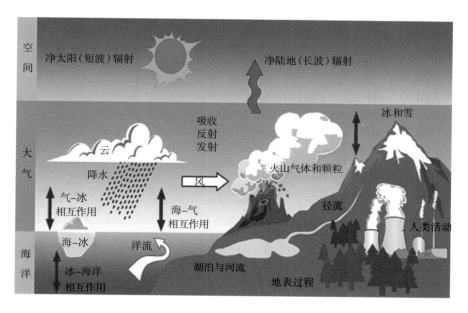

图8-1 影响全球气候的主要因素

（http://www.soweather.com/upload/%CE%B4%B1%EA%CC%E2-1%2867%29.jpg）

海洋是决定气候和气候变化的核心因素。海洋之所以会影响气候, 主要有三个原因: 第一, 海水热容量是大气热容量的3 100倍, 海洋表层3 m水温降低1℃所释放的热量可以使整个对流层大气温度升高1℃。海洋可以储存或释放大量热量影响气候。第二, 海洋占地球表面积的70%以上, 海洋对大气的作用范围广, 气候要素中不可避免地包含海洋的信息。第三, 在全球气候系统中, 海洋是非常独特的。而从本书第2章的介绍可见, 海洋是运动的, 海洋环流会将海洋的热量长距离输送, 海洋的热量在运动过程中发生各种变化, 改变地球上的气候条件, 成为直接影响气候系统变化的因素。

图8-2是世界陆地气候带的分布图。陆地上的气候带, 大体与纬度变化一致, 主要是受到太阳辐射随纬度分布的影响。然而, 我们可以看到, 在很多地方, 气候带并不完全平行于纬度, 而是有区域性的气候特点。比如欧洲, 平均温度很高, 是一个很温暖的地方, 而与它同样纬度的加拿大就很冷, 这主要与海洋环流密切相关。来自大西洋低纬度的暖流形成了欧洲温暖的气候, 而加拿大沿岸是来自极地的寒流。由此可见, 海洋对气候的影响是不可忽视的。

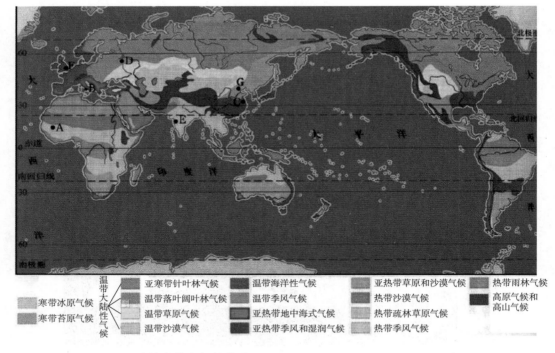

温带大陆性气候

寒带冰原气候	亚寒带针叶林气候	温带海洋性气候	亚热带草原和沙漠气候	热带雨林气候
寒带苔原气候	温带落叶阔叶林气候	温带季风气候	热带沙漠气候	高原气候和高山气候
	温带草原气候	亚热带地中海式气候	热带疏林草原气候	
	温带沙漠气候	亚热带季风和湿润气候	热带季风气候	

图8-2　世界陆地的气候带（http://baike.baidu.com/view/42662.htm）

第二节　海洋对气候变化的作用

　　海洋对气候有两大作用：第一个，我们每天感受到很强的太阳辐射，说明大气对太阳辐射是高度透明的，大气对太阳短波辐射能的直接吸收很少，绝大部分被海洋吸收。海洋吸收了太阳短波辐射能之后，再把这些热量以其他的形式释放给大气，形成了大气热量的来源。因此海洋是太阳能的一个转换器。第二个作用，海洋是能量的输送者，海洋环流把海洋吸收的热量带向其他的地方，会对气候产生很大的影响。陆地上绝大多数因素都是不运动的，只有少数物质会随河流运动，最终进入大海。因而，海洋的运动是影响气候的最关键因素。

一、进入海洋的太阳辐射能

　　太阳的热辐射为地球上大气与海洋的运动提供能量。太阳的温度高达6 000K，发出的热辐射主要发生在可见光和红外谱段。太阳的辐射通过真空传播到地球大气层顶时几乎没有光谱变化，如图8-3的黄色区域所示。从辐射能的角度看，可见光谱段的能量大约占太阳辐射能的一半，其余为紫外、红外和微波谱段的能量。到达大气层顶的太阳辐射能用太阳常数来表示，太阳常数会由于太阳内部的活动而有所变化，但变化范围不大。由于太阳相对于地球的位置可以精确地确定，在太阳常数已知的情况下，可以通过地理纬度、太阳赤纬和时角3个参数精确计算任一时刻到达大气层顶的太阳辐射量。

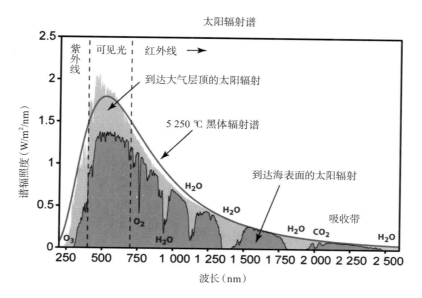

图8-3　太阳辐射的光谱分布

（http://photo.renwen.com/11/689/1168915_1402623261825474.jpg）

穿过大气层到达地球表面的太阳辐射如图8-3的红色区域所示，与进入大气上界的太阳辐射相比光谱发生了很大的变化，是大气对太阳辐射的反射和吸收引起的。大气对太阳辐射的反射主要是大气中云引起的（包括后向散射），不同谱段的光反射率不同，反射的太阳辐射能约占总辐射能的23%。光谱曲线中有一些低谷，表征了这些频段的光被大气中的物质所吸收，称为吸收带。大气对太阳辐射的可见光部分几乎是透明的，只有在红外频段有一些吸收带。氧气、水汽和臭氧是大气中对太阳辐射的主要吸收物质。大气物质对太阳辐射的总吸收大约为18%。因此，实际到达地球表面的太阳辐射能大约占到达大气层顶太阳总辐射能的59%。

到达地表的太阳辐射能在海面发生反射，反射率为5%~9%。全球平均进入海洋的太阳辐射能大约占到达地球太阳总辐射能的51%。如果海面有冰的话，冰雪的反照率达到60%~80%，另外20%~40%的太阳能被冰雪吸收，实际进入海洋的热量很少。在冰雪覆盖的海洋中，一旦海冰融化，就会导致海洋吸收的热量骤增。

进入海水中的太阳辐射能被不同深度的海水和海水中的物质全部吸收，转化为海水的热能。海水分子对红外和微波频段的辐射有很强的吸收能力，这些频段的太阳辐射能在海表面几十厘米范围内全部被吸收。可见光在海水中衰减较少，绝大部分会在100多米的范围内被海水全部吸收。海水透光的部分形成海洋中的真光层（亦称透光带），是海洋中浮游植物进行光合作用的水层。海水中的浮游植物、岩屑物质和黄色物质对可见光频段的太阳辐射有较强的吸收，改变海洋的光场分布和透光带的厚度。这些物质的吸收特性是海洋光学的研究范畴，详见本书第9章。

由于海水及海水中的物质对不同频段的太阳辐射有不同的吸收特性，海洋中不同水层对太阳辐射能的吸收量也是不同的。海洋中的混合过程、扩散过程和输运过程会改变能量吸收的不均匀性，影响海洋热量释放的过程。

二、海洋热量的释放

进入地球大气层的太阳辐射能有将近一半被海洋吸收。但是，海洋却没有持续升温，而是达到一种热平衡，因为海洋吸收的热量被转化为其他形式的热量离开海洋进入大气。海洋与大气交换的热量主要有三种形式：辐射热、传导热和相变热。

第一种辐射热。所有物体都可以通过热辐射发射热量，发射光谱与物体的温度有关。太阳的温度达6 000℃，可以发射波长很短的辐射，产生可见的光线。而海洋温度低，发射的辐射为长波辐射。长波辐射的波长很长，肉眼看不到。长波辐射就像暖气片散热一样，虽然不可见，但人会在不接触的状态下感知到这种热量。

大气对长波辐射是不透明的，海洋发射的辐射热几乎全部被大气吸收。同理，大气也要发射长波辐射，一部分向上发射进入上方的大气，一部分向下发射回到海洋，称为回辐射。在靠近海面处，海洋向上发射的辐射热总是大于大气向下发射的辐射热。因此，海洋一年四季都在以长波辐射的形式失去热量。如果没有其他的热量补充，处于失热状态的海洋就会越来越冷，比如：两极的冬季处于极夜期，没有太阳辐射能进入，可它每天都要发射长波辐射，水温会越来越低，最终会结成厚厚的海冰，阻止海洋热量的进一步散失。海洋的长波辐射是每时每刻都在进行的传热形式，不论能量收支状态如何都会发生。

第二种是传导热，也称感热，是在直接接触情况下产生的热传导现象。两个相互接触的物体之间有温度差，热量就会从高温物体向低温物体传输。由于海洋和大气总是密切接触的，它们之间就有传导热的热交换。如果海洋温度高于气温，海洋的热量就会进入大气；反之，如果海洋的温度低于气温，大气的热量就会进入海洋。所以，对于感热而言，海洋有时候接收热量，有时候释放热量。

在温差已知的前提下，固体之间的接触面积确定了以后，传热量就确定下来，因为固体间的热传导系数是可以预知的常数。海洋和大气都是流体，流体中存在湍流运动，湍流运动强弱不同可以使湍流热传导系数相差几百倍，极大地影响传热过程。如果湍流运动很强，传热就很快；湍流运动很弱时，传热就比较慢。所以流体之间的传热不仅仅取决于温度差，还要取决于湍流运动状态。

第三种是相变热，也叫潜热。当海水蒸发时，海水由液态转为气态，这时候需要从海洋吸收热量实现相变，蒸发后海水的热量会减少。蒸发后的水汽进入大气，会在大气中凝结，重新变成液态水，通过降雨回到海面，水汽在凝结过程中会向大气释放热量。潜热传输过程就是通过蒸发从海洋获取热量，在大气中凝结以后又释放出热量的过程。蒸发的水体最终又回到海洋里，但是热量却进入到大气，形成了相变热的热通量。通过台风的示意图（图8-4）可以看到台风是如何加强的。海面很热会发生蒸发，在台风内部形成上升气流，将水汽带到高处，致使海面发生更强的蒸发；蒸发的水汽携带海洋的热量进入大气，到了大气高层发生凝结，重新变成液态水，形成强降雨。蒸发的水汽凝结过程中释放了热量，导致大量热量从海洋进入大气，发展和维持台风的强大动能。一旦台风登陆，下垫面的蒸发停止，潜热通量消失，台风就会很快减弱。

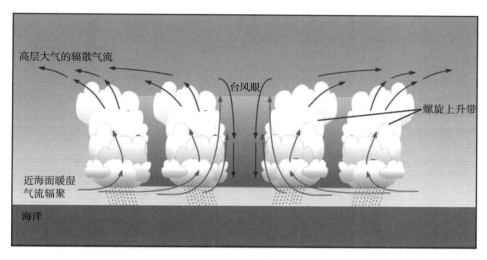

图8-4　台风大气运动和热量传递示意图

（https://sp.yimg.com/xj/th?id=OIP.M2afb2e2ef7ab0435f6d660b8a82b75abH0&pid=15.1&P=0

&w=286&h=160）

用一个暖气片的散热为例可以形象地认识这三种热量形式（图8-5）。如果我们站在暖气片旁边，感受到的热就是辐射热。如果我们把手放在暖气上摸一摸的话，感受到的热就是传导热。如果我们把一件洗过的衣服晾到暖气上，衣服很快就干了，衣服里水分蒸发吸收的热就是相变热。

我们将这三种热量进行一下比较。辐射热是不间断的，是海洋向大气传热的主要形式，是向大气单向传输的热量。传导热需要有温度差，是可以双向传输的热量形式，如果没有温度差就不会传热。相变热需要蒸发，也是单向向大气传输热量的形式；大气有时候会水汽饱和，饱和大气覆盖的海面就不能发生蒸发，也就不会有相变热。海洋能够向大气输送的热量首先是辐射

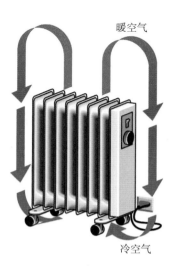

图8-5　暖气片的散热形式

热,在有温差的情况下有传导热,在水汽不饱和的时候会有相变热。这三种形式的热量进入大气后几乎全部被大气吸收,引起大气的各种运动,也调控着气候变化过程。由此可见,所有大气运动的能量来自太阳,但是太阳的能量主要是通过海洋转换成以上三种形式的热量为大气所吸收。

如果到达大气上界的太阳辐射是100的话,通过云的反射、大气物质的吸收、海面的反射,最后进入海洋的热量是51%。然后这些热量又通过上述3种热传输形式重新进入大气。其中辐射热占21%,传导热占7%,蒸发热占23%。辐射热可以通过大气中的辐射传输过程传送到高层大气,是对整个对流层大气最有效率的传热形式。传导热只是发生在很薄的边界层中,传送热量的垂直范围不大。相变热传热量最高,一般也是发生在大气的边界层范围内,只有发生上升气流时,传导热和相变热才可以上升到高层大气中。

如上所述,海洋吸收的热量和释放的热量几乎相等,全球海洋输出的平均热量加在一起也是51%,地球上的热量保持了收支平衡。然而,区域性热量收支是不平衡的,有些海区净吸热,有些海区净放热。图8-6表达了地球上区域性的热收支不平衡。从全球全年的平均情况来看,赤道吸收热量最多,两极非常少,冬天就没有任何热量可吸收。蓝色的线是海洋释放的热量,赤道海洋释放的热量最多,两极比较少。吸热与放热之差决定了海洋净获得的热量(图8-6黑线),在赤道海域,海洋是净获得热量的,

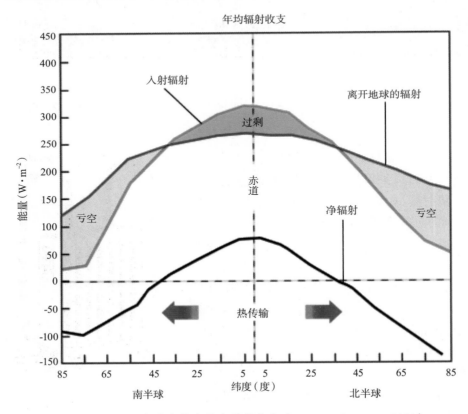

图8-6　全球各纬度的海洋热收支(Laing and Evans,2011)

212

大量太阳辐射和感热热量从大气进入海洋，超出了海洋释放的热量；而两极海域获得的热量远小于失去的热量，处于净失热状态，所以两极会寒冷，会有冰雪。赤道海域大量吸收热量而海水温度很高，但温度却并未越来越高，两极净失热很冷也并未持续变冷，其原因是大气和海洋中有南北方向的热传输，把热量从赤道海域向两极海域输送，从而实现全球意义上的热量平衡。

现在世界上对气候影响最显著的是北极海冰大范围减退引起的效应。以往夏季北极海冰只融化10%~15%，而从20世纪80年代开始，海冰的最小覆盖范围开始持续减少（图8-7）。2007年海冰突然急剧减退，最小覆盖率不到70%。2012年的海冰覆盖范围达到新低，将近34%的海冰消失。海冰减少导致海洋开阔水域面积增加，海洋吸收更多热量。吸热增加后，海洋的温度没有明显增加，表明海洋并没有将这些热量储存起来，而是将其释放给大气，导致北极气温持续升高，被称为"北极放大"现象。北极是地球的寒极，北极变暖以后，影响了全球的大气运动，产生了一系列极端气候和天气现象，诸如：暖冬、酷暑、严寒、暴雨、风暴加强等。

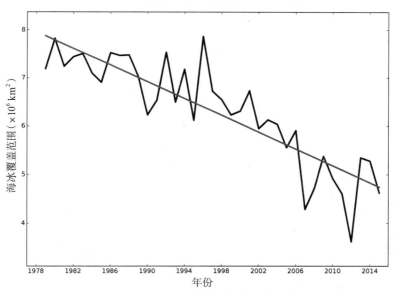

9月月平均海冰覆盖范围（1979~2015年）

图8-7　北极海冰覆盖范围的持续减小

（http://nsidc.org/arcticseaicenews/files/2015/10/monthly_ice_09_NH.png）

三、海洋的热输送

海洋作为一个能量的转换器，可以将太阳的短波辐射能转换为海洋的热能，并且以辐射热、传导热和相变热三种方式传送到大气。海洋还有另一个作用，它是能量的输送者。

海洋环流和大气环流有很大的不同,大气环流大多是环绕地球旋转轴的运动,以东西方向的运动为主。陆地对大气边界层影响很大,但高空大气环流可以在陆地上方运动。有些时候会发生波状的南北起伏,产生较强的经向分量,但总体上还是以东西方向的流动为主。海洋环流的主体也是东西方向的运动,一旦抵近陆地就会向南北方向转向,在陆地边界的约束下形成一个个近似闭合的流环。因此,海洋环流有很强的南北方向流动,空间跨度可达数千千米。海洋环流的南北方向运动是非常重要的,可以将暖水输送到比较冷的地方,把冷水输送到比较暖的地方,从而影响气候过程。

海洋蕴含有很多热量,有些热量在当地释放不出去。比如说,在赤道海区温差较小,热量无法通过感热释放出去;上覆空气中水汽一旦饱和,也就无法通过蒸发释放潜热;长波辐射的量虽然很大,它是与温度相联系的量。海洋中的热量不能释放就无法产生气候效应。但是,一旦海水加入南北方向的流动,暖水被输送到寒冷地区,就大大增加了海洋向大气的热量释放。同理,冷水进入温暖的海域会大量吸收大气的热量,形成相对凉爽的大气条件。通过第二章中介绍的全球海洋环流可知,海流把很多热量从低纬度输送到高纬度地区。例如:大西洋热带暖水从25° N流出墨西哥湾,向东北流动5 000多千米进入北欧海;北欧海气温低,海洋把热量释放给大气。海水进入北欧海时温度高于20 ℃,释放了热量以后只有7 ℃~8 ℃,海洋输送给大气的热量相当于400万个发电厂产生的热量,产生了一个温暖的欧洲,而同纬度的加拿大就非常寒冷。

上述的北大西洋暖流是全球海洋输送带的重要组成部分,在决定气候过程中发挥了非常重要的作用。欧洲的科学家最担心的是海洋输送带停止,一旦停止了,海洋将无法向大气大量供热,欧洲就会和加拿大一样寒冷。这种可能性是存在的,海洋输送带主要是靠下沉运动所驱动,世界上只有为数不多的几个海域有大深度的下沉运动;

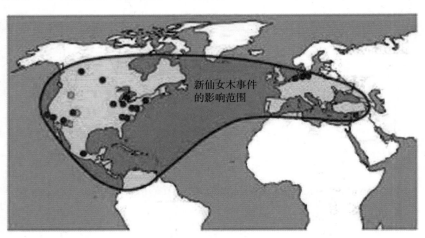

图8-8　全球海洋输送带停止所影响的区域

（http://thenaturalhistorian.com/2013/05/24/ydb-younger-dryas-meteor-explosion-human-

history/，有修改）

全球变暖以后, 气温升高导致水温升高, 冰川融化导致表层盐度降低, 这两个因素都会导致表层海水密度减小, 下沉水量减少, 下沉深度减小, 甚至会使下沉运动停止, 导致海洋输送带停止。根据古海洋学研究, 历史上曾经发生过海洋输送带停止的事件, 大约在12 000年前出现了新仙女木事件, 热盐环流停止, 50° N以北的土地全部结冰, 气候变化影响到整个欧洲和北美 (图8-8)。那时候地球上已经有了人类, 在寒冷的气候条件下很多植物不能生长, 人类生存条件也会根本改变, 人类不得不向更温暖的地方迁徙。海洋过程的改变会使地球上的气候发生沧桑巨变, 进而改变人类的生存环境, 对社会发展产生不可低估的影响。

第三节　海气耦合

前面介绍了海洋是太阳能量的转换器, 海水吸收了太阳能以后, 以三种形式的热量传输给大气; 海洋还是能量的输送者, 靠海洋环流输送能量。其实海洋对大气的作用还不止于此。从热力学角度看, 海洋向大气输送热量会引起大气运动的改变, 海洋失去热量以后海洋的运动也将发生变化。从动力学角度看, 海洋的热力作用会影响大气运动, 大气运动的变化会通过风场影响海洋。因此, 大气和海洋之间存在相互作用关系。海气相互作用是普遍存在的, 一般情况下相互影响的强度不大。但在发生很强海气相互作用的海域通常会发生大规模海气热量或动量交换, 引起海洋和大气的耦合变化。

海气耦合意味着大气和海洋的变化是相互联系的。台风是最典型的海气耦合的例子, 海洋的热量通过蒸发输送给大气, 再通过对流输送到高空, 形成逐渐加强的台风。与此同时, 台风会使海面产生很强的辐散, 把深层的冷水带上来, 导致海面温度降低。在这个例子中, 海洋引起了大气的台风运动, 而台风又降低了海水的温度, 形成了大气与海洋的耦合变化。在海气耦合的过程中, 海洋环流和大气环流不再是相互独立的现象, 也不是因果关系, 而是通过相互影响形成密切的耦合变化。

大尺度海气耦合不像台风那样强烈, 但海气之间存在着紧密的相互作用, 将海洋和大气中的运动联系在一起。例如: 海洋的蒸发加强, 就有更多的热量输送到大气, 并向高空输送, 导致大气环流加强; 加强的风场会反作用于海洋, 加强或减弱海洋的蒸发。海气耦合是一个非常奇妙的过程, 将海洋和大气的运动密切联系在一起, 不能用简单的因果关系来表达。

在大气科学领域, 海气耦合主要由大气的参数变化来表征, 与海洋有关的只涉及海表温度; 只要知道了海表温度, 就知道了海洋与大气的耦合关系。图8-9是简单的示意图, 大气环流改变以后会影响海表温度, 海表温度改变后会影响海面的热传输, 海面热传输又会影响大气环流。然而, 海表温度的变化涉及海面以下的各种过程, 这些

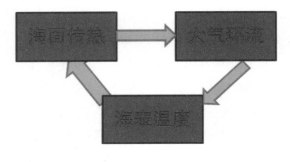

图8-9 海气耦合示意图

过程是海气耦合的重要能量来源和响应方式。所以从海洋角度来讲,海气之间的耦合有各种形式,包括风和流的耦合,蒸发和降水的耦合,冷却和对流的耦合,蒸发和对流的耦合,还有生态和化学的耦合等。所以,海洋面对的是各种复杂的耦合现象,且大多数耦合现象在海洋科学中还没有搞清楚。

海气耦合是一种相互联系密切且很稳定的关系,通常用耦合度来表征海气耦合的程度。如果耦合度比较高,说明海洋和大气之间的相互联系密不可分;如果耦合度很低就说明它们之间没有很强的耦合,只是一般的海气相互作用。耦合度至今只是一个定性的概念,还没有准确计算耦合度的方法。大气科学中经常提到去耦合,表明海气耦合在一定时间内存在,在另外一些时间内就消失了。以台风为例,台风存在的时候发生强烈的海气耦合,而台风消失以后这种耦合就不存在了。所以去耦合在海洋和大气中是很普遍的。由于海气耦合是很密切的关系,如果耦合消失,一定有什么因素破坏了原有的耦合。因此,研究海洋与大气之间去耦合的原因是涉及气候变化的一个很重要的方面。

还有一个重要的关系是不耦合。尽管海气之间存在着很多耦合现象,但是很多时候不发生海气耦合。例如:风的扰动在海洋里引起内波,而内波对风没有什么反作用。这个例子表明,不耦合并不是说海气之间没有相互作用,只是一方对另一方的作用明显,而反作用微不足道。同时也表明,海气耦合要用合适的参数来表达,有些参数不能表达海气耦合。

在特定的时间范围内,气候变化可以分为两种,一种是趋势性的,一种是振荡性的。趋势性的变化体现为持续的增加或减少;而振荡性的变化会周期性或非周期性的恢复。现在全球气候典型的趋势性变化就是全球变暖,而典型的振荡性变化就是本章第四节所谈到的海气耦合振荡。

在全球变化过程中,气候的趋势性变化被归因于大气中二氧化碳等温室气体含量增高。从图8-10可以看到,1958年大气中的二氧化碳含量只有

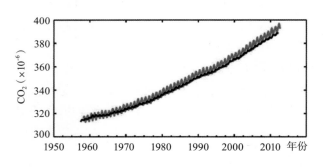

图8-10 1958年起地球大气二氧化碳浓度的变化
（IPCC, 2013）

红色曲线在莫纳罗亚（19° 32′ N, 155° 34′ W）观测,黑色曲线在南极（89° 59′ S, 24° 48′ W）观测

315×10^{-6}，而现在的二氧化碳含量已经达到400×10^{-6}以上。二氧化碳是一种温室气体，可以吸收更多地表发射的长波辐射，释放更多的回辐射，使近地表的气温升高，导致全球变暖。海洋中由于存在浮游植物的光合作用吸收二氧化碳，引起大气二氧化碳含量降低，图8-10中曲线的年周期波动就是海洋对二氧化碳的吸收引起的。研究表明，人类活动大规模地排放二氧化碳，如果没有海洋，地球会比现在暖得多，海洋的作用减缓了气候增暖的进程。

如果说气候的趋势性变化主要是由大气中温室气体造成的，而气候的振荡性变化却几乎是完全和海洋联系在一起的。大家知道，大气的热容量很小，陆地表面的热容量也不高，一旦接收的热量发生变化就会很快地升温或降温，以高频的变化为主。而海洋热容量大，热量的短期改变不会在海洋中引起显著响应，只有长时间积累的作用才可以在海洋中反映出来。因此，大气与海洋中的很多长期变化信息都记录在海洋中，换言之，时间尺度很大的运动大都与海洋有密切联系。

第四节 主要海气耦合振荡

振荡在大气科学中称作涛动，是指某些参数像跷跷板一样的高低反向变化。所有的振荡都分为正位相和负位相，正负位相区域的参数呈相反方向变化。海洋中的振荡有三种：自由振荡，强迫振荡和海气耦合振荡。自由振荡主要是动力因素引起的，如海湾静振就属于这种振荡，通常周期都很短。强迫振荡是在大气或其他外界强迫下海洋的响应，通常与外界的作用相联系。海气耦合振荡是由海气耦合过程产生的振荡。

海气耦合振荡并不是大气在驱动海洋，也不是海洋在驱动大气，而是它们由于相互耦合而发生的振荡。大气中有多种大尺度的振荡现象，有些振荡与海洋无关；而海洋中有6种主要的大尺度振荡，都属于海气耦合振荡。这些耦合振荡时空尺度大，在大气中引起的变化体现为气候变化过程。以下简要介绍这6种海气耦合振荡。

一、厄尔尼诺与南方涛动

发生在赤道太平洋的厄尔尼诺现象是最重要的海气耦合现象。在正常情况下，赤道西太平洋表层是暖水，称为暖池，赤道东太平洋表层是冷水。赤道附近的海水在赤道东风的作用下向西运动。在赤道太平洋西部，暖池水引起大气中的上升运动和降雨，诱发高层大气的西风，形成一个海洋和大气之间的对流循环（图8-11左图）。在厄尔尼诺发生的时候，赤道东风减弱或消失，暖水区向东移动，大气中的上升气流和降雨带也都移到大洋中部，形成了厄尔尼诺现象（图8-11右图）。与此同时，海洋也在发生变化。厄尔尼诺发生后，西太平洋的暖水东移，东太平洋海温大幅升高。厄尔尼诺是一个非常强烈的海气耦合现象，在历史上是海洋和大气分别研究得出的，海洋的振荡称为厄尔尼诺，大气的振荡称为南方涛动。考虑到海洋和大气中过程的高度一致性，后来将这个海气耦合现象统称为厄尔尼诺和南方涛动（ENSO）。厄尔尼诺现象结束后，海洋和大气会发生反向变化回复到正常状态，有时会发生过冲偏离正常状态，导致东太平洋海温持续偏冷，称为拉尼娜现象，也是ENSO海气耦合振荡的一部分。

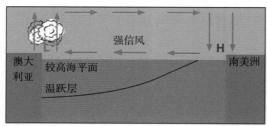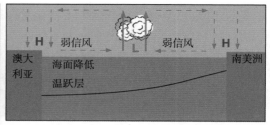

图8-11　赤道太平洋厄尔尼诺现象（引自Pidwirny，2006）

左图：正常情形；右图：厄尔尼诺情形

　　大气中的过程有时候变化频率比较高，很难预测是不是发生了厄尔尼诺；通常用海洋中的参数指示和预测厄尔尼诺。美国科学家在赤道附近放了很多浮标，主要是测量海面以下海洋温度、边界层深度等发生的变化。依据浮标的数据，就可以很好地观测到赤道暖水的运动过程，据此可以比较准确地预测厄尔尼诺的发生。

　　图8-12是厄尔尼诺和南方涛动指数（ENSO指数），每个较强的红色峰值就是厄尔尼诺发生的时间，每3~5年就要发生一次。厄尔尼诺对气候的影响非常大。首先是影响降雨过程，有些地区降雨增多，而另外一些地区发生干旱，对农业产生重大影响。靠近赤道西太平洋的马来西亚，正常条件下降雨丰沛，形成很多热带雨林。厄尔尼诺

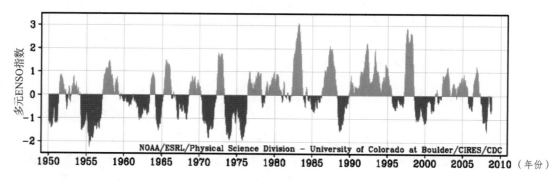

图8-12　厄尔尼诺和南方涛动指数

（http://img0.imgtn.bdimg.com/it/u=3994537454,747469370&fm=15&gp=0.jpg）

发生后，降雨带移到太平洋中部，马来西亚变得干旱，森林火灾频繁发生。厄尔尼诺期间赤道附近地区风力很弱，难以把火灾形成的烟雾吹走，导致人们呼吸困难，形成非常特殊的"烟害"。厄尔尼诺另一个重要的现象是影响海鸟的生存。在赤道东太平洋有很强的上升流，带来大量营养物质，形成很大的渔场，有很多鸟类靠吃鱼生存。厄尔尼诺发生后，赤道东太平洋上升流停止，没有营养物质供给，鱼类大量死亡或逃离，鸟类失去了食物而大量死亡。厄尔尼诺的影响不限于赤道海域，而且有着强大的全球效应，我国的气候受到厄尔尼诺的显著影响。研究表明，厄尔尼诺甚至可以对两极的气候系统产生影响。

二、印度洋偶极子

厄尔尼诺现象发生在太平洋，而相邻的印度洋发生一个与厄尔尼诺类似的现象，被称为印度洋偶极子（IOD）。印度洋偶极子和厄尔尼诺有紧密的联系，因为西太平洋与印度洋通过印度尼西亚群岛连通，发生印度尼西亚贯通流。西太平洋暖池的水体会通过印度尼西亚贯通流输送到印度洋，影响印度洋的海洋过程。厄尔尼诺发生以后，贯通流会发生改变，波及印度洋的海洋过程。来自太平洋的暖水进入印度洋之后，会受到印度洋海洋过程的支配而发生变化，产生与厄尔尼诺既有联系、又有独立特性的过程。图8-13是印度洋偶极子模态指数（DMI），定义为热带西印度洋（50° E~70° E，10° S~10° N）和赤道东南印度洋（90° E~110° E，10° S~0°）的平均海表温度距平之差。与图8-12相比可以看出，ENSO指数与DMI的周期特性很相似，有很多时候二者同时发生，也有一些时候有明显的差异。从图8-14中可以看出，印度洋偶极子的空间结构与厄尔尼诺相反，正常情况是赤道东印度洋水温高，降雨充沛；而赤道西印度洋水温低，非洲沿海国家干旱。印度洋偶极子正位相发生的时候，东印度洋海面温度下降周边陆地发生干旱，西印度洋海面的温度和降雨增加，非洲很多干旱的地方发生降雨。

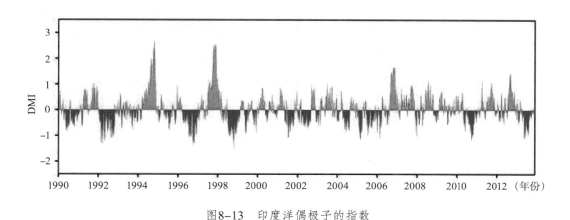

图8-13 印度洋偶极子的指数

（http://www.jamstec.go.jp/frcgc/research/d1/iod/2007/observations/dmi_recent.jpg）

由于太平洋和印度洋中间只隔了很小的距离，ENSO和印度洋偶极子是相互影响的，赤道附近的气候系统也同时受到太平洋和印度洋过程的影响，形成非常复杂的变化。气候系统的复杂化不仅影响赤道的气候，而且有显著的全球效应。对中国气候的预测而言，不仅要考虑厄尔尼诺，还要考虑印度洋偶极子。一般认为，印度洋偶极子正位相发生时，我国南方地区夏季降雨增多，西北地区夏季降水减少，而我国东部出现干旱和炎热的气候。我国的气候之所以难以预测，很大程度上是因为ENSO事件和印度洋偶极子的差动变化。

正偶极子模态   负偶极子模态

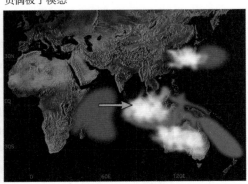

图8-14　印度洋偶极子的正负位相

（http://www.jamstec.go.jp/frsgc/research/d1/iod/iod_home.html.en）

三、太平洋年代际振荡

上面两个热带的海气耦合振荡都是3~5年的周期，体现了赤道海域海气耦合的

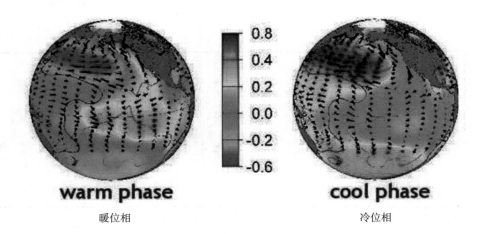

warm phase　　　　　　　　　　**cool phase**

暖位相　　　　　　　　　　　　　　冷位相

图8-15　太平洋年代际振荡的暖位相和冷位相

（http://chinawaterrisk.org/wp—content/uploads/2013/08/Pacific—Decadal—Oscillation.jpg）

时间尺度。而发生在中纬度海域的海气耦合振荡时间尺度要长得多。在整个北太平洋，海水温度存在一个周期非常长的振荡性变化，称为太平洋年代际振荡（PDO，图8-15），周期在30~50年。从1943年开始，PDO基本上是负位相；从1970年代后期开始一直是正位相，周期接近55年。而从1999年开始，PDO的位相变得模糊，似乎出现了周期较短的振荡（图8-16）。

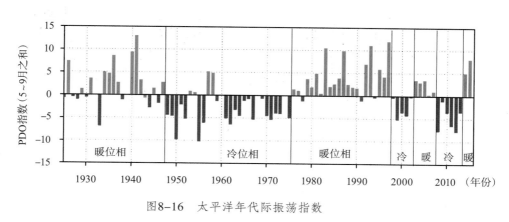

图8-16　太平洋年代际振荡指数

（http://www.nwfsc.noaa.gov/research/divisions/fe/estuarine/oeip/figures/Figure_PDO-01.JPG）

PDO现象最早是从渔业生产中注意到的。在相当长的时间里，渔民捕获的主要是沙丁鱼，加工的沙丁鱼罐头有很好的市场需求，形成了稳定的渔业经济结构。突然有一年，渔民发现海里的沙丁鱼全没有了，捕获的大都是凤尾鱼，人们不习惯食用凤尾鱼，原有的渔业经济结构被打破了。而后每年都是凤尾鱼，人们不得不改变生活习惯食用凤尾鱼。这样一个过程持续很多年，然后又会恢复为沙丁鱼占优势。鱼类主要是靠感知生存环境来运动，PDO温度变化其实并不是很大，也就是2℃左右（图8-15），但海水温度的微小变化足以对渔业产生非常大的影响。现在我们知道，渔业生产中的"沙丁鱼位相"是PDO的暖位相，而"凤尾鱼位相"实际上是PDO的冷位相。其实，不仅仅是沙丁鱼和凤尾鱼，很多鱼类的生存习性都受PDO的影响，因而影响渔获量，是太平洋沿岸国家密切关注的现象。

与赤道太平洋不同的是，赤道区域的暖池是强海气相互作用，而中纬度的海气耦合要舒缓得多，潜移默化地改变人类的生活环境和习性。PDO对环太平洋沿岸国家都有影响，影响范围从北美一直延伸到日本；而对我国只对冬季气温有一定的影响，其他影响不是很显著，主要原因是东亚季风在我国沿海的主导作用掩盖了PDO的信号。

四、大西洋年代际振荡

在大西洋，有一种与PDO类似的变化，称为大西洋多年代振荡（AMO），AMO的周期是65年到75年，也是很长周期的振荡（图8-17）。从20世纪60年代开始，AMO

一直都是负位相，1995年开始至今一直是正位相。关于AMO的形成机制还不是很清楚，一般认为与大西洋热盐环流的变异有关。

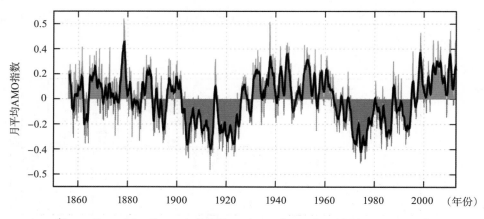

（https://en.wikipedia.org/wiki/File：Amo_timeseries_1856-present.svg）

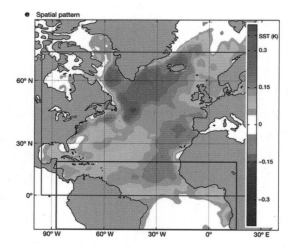

图8-17　大西洋多年代振荡指数（上图）和空间分布（下图）

（http://www.nature.com/nature/journal/v505/n7484/images/nature12945-f1.jpg）

由于AMO的温差不大，对渔业的影响不太明显，但对于气候的影响却是非常显著的。从图8-18可以看出，当AMO是负位相时，美国沿海温度偏低，飓风发生量比较少，飓风的路径最北只能到达美国东海岸的中部（约36° N）。当AMO呈正位相时，近海水温偏高，飓风发生的数量增加，可以抵达更高的纬度。加拿大的哈利法克斯（约42° N）以往很少有飓风，但21世纪以来时常有飓风到达。

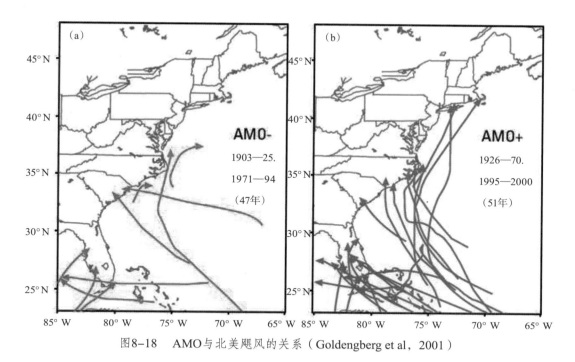

图8-18　AMO与北美飓风的关系（Goldengberg et al，2001）

五、北大西洋振荡

北大西洋振荡（NAO）原本是大气中的振荡，其指数是亚速尔高压和冰岛低压之间的气压差，未与海洋建立联系。北大西洋振荡正位相时亚速尔高压增强，冰岛低压反方向增强，西风加强。强风导致湾流及拉布拉多寒流增强，美国东南部和欧洲受加强的暖流的影响出现暖冬；而受拉布拉多寒流控制的加拿大东岸和美国东北部非常寒冷。反之，当NAO为负位相时，高低压中心的气压差减小，西风减弱，西风带南北振荡加强，海洋暖流和寒流都减弱，美国东南部和欧洲将出现冷冬，而加拿大东岸及美国东北部则比较温暖。NAO具有10年左右的周期，是影响区域气候的重要因素。NAO可以一直影响到北冰洋的边缘，在大西洋扇区，NAO对气候变化占据支配性的地位（图8-19和图8-20）。

近些年的研究表明，NAO同时也是一个海气耦合的振荡，在北大西洋发生振荡的同时，海洋环流在发生增强或减弱，表面水温也在发生着振荡性的变化，并且对大气过程有强烈的反馈，存在着明显的海气耦合特性。NAO发生区域的南部与AMO重叠，但二者的时间尺度不同，可以同时存在。

需要说明的是，21世纪发现了北极振荡（北极涛动，AO）。AO是用北半球20°N以北格点化的海面气压数据得出的，同时包括了陆地与海洋的贡献。AO指数是经验正交函数（EOF）分解第一主模态的时间系数，而NAO指数只是两点的气压差，这两个指数却高度相关，相关系数达到0.9以上，二者被认为是同一个现象的不同表达形式。与NAO相比，AO具有明确的全球图景，可以解释这种振荡的全球效应。例如，图

8-21展现了AO正负位相时西风的变化。而NAO更关注其在北大西洋的表现，为北大西洋沿岸国家高度关注。

图8-19 北大西洋振荡空间分布

（http://tle.westone.wa.gov.au/content/file/eee657a8-0bf7-fea2-f67b-be1d62609242/1/1251_
Geography_3b.zip/content/003_natural_processes/images/pic009.gif）

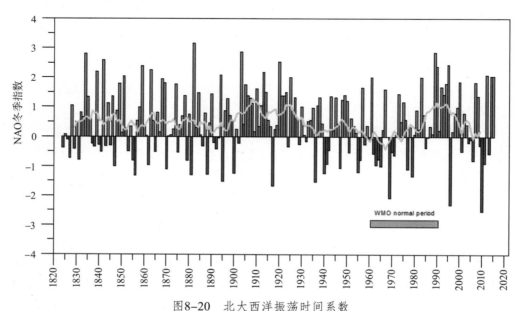

图8-20 北大西洋振荡时间系数

（http://www.climate4you.com/images/NAOwinter%20uncorrected.gif）

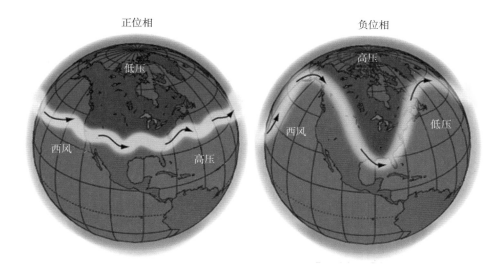

正位相　　　　　　　　　　　　　　负位相

图8-21　北极振荡（北极涛动）

（http://frontierscientists.com/wp-content/uploads/2013/06/JetStream_ArcticOscillation.jpg）

六、南极绕极波

以上5种海气耦合振荡都发生在赤道海域和北半球，南半球的海气耦合振荡尚不明显。南极大气中最主要的振荡是南极涛动（AAO），也称南极环状模，是大气系统内部的振荡，体现为南极西风带的南北摆动。这个振荡主要体现高空大气的特征，由于缺少相关的研究，其是否具有海气耦合特性还不清楚。南极的海面气压受海陆分布的影响，呈现环极的3个高压距平和3个低压距平交替配置的系统，这个系统存在高频振荡，但没有明显的海气耦合特征。20世纪后期，人们发现了南极绕极波，在整个环绕南极的海区存在两个低压距平、两个高压距平，自西向东传播，大约8年的时间绕极传播一圈（图8-22）。南极绕极波叠加在南极绕极流上，呈现为一种传播的振荡。由于南极绕极波现象是同时从海温、海面高度、气压和气温同步变化中获得的，因而是明确的海气耦合振荡。

南极绕极波作为一种传播的振荡，在全球海洋中是独一无二的。海洋中其他东西方向的振荡受限于大洋东西两侧

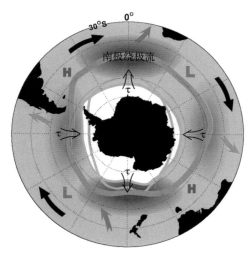

图8-22　南极绕极振荡

（http://www.spacedaily.com/images/antarctic-circumpolar-wave-bg.jpg）

的陆地边界,只能发生驻波型振荡,无法发生传播。而在绕极流海域,没有南北走向的陆地约束,绕着南极传播的振荡才有可能发生。

有趣的是,南极绕极波首次被发现时认为其发生在1985—1992年的8年间。随着数据的延长,人们对此作了更多的研究,发现南极绕极波只发生在那8年,后来又回复到3高3低配置形式。因此,南极绕极波还不是一个长期存在的海气耦合振荡,其原因尚需深入研究。

本章中介绍了6种主要的海气耦合振荡,其中,厄尔尼诺和印度洋偶极子是两个频率比较高的振荡,周期都是3到5年,影响海域主要是热带海洋。太平洋年代际振荡和大西洋多年代振荡的频率都很低,周期都是几十年,分别发生在北半球太平洋和大西洋的中低纬度海域。北大西洋振荡的周期是10年左右,影响范围主要在北大西洋和北欧海。南极绕极波的周期大约是4年,主要影响南大洋。这样6个主要振荡几乎涉及了所有的海域(图8-23),共同影响着气候系统。

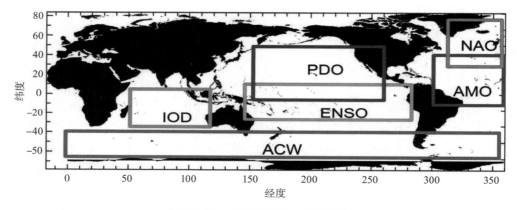

图8-23　世界海洋的主要振荡

总　结

本章中我们首先介绍了海洋是太阳能的转换器,也是海洋能量的输送者,因此海洋拥有了强大的气候效应,决定了现今气候的格局,气候及其变化与海洋密切相关。关于气候变化,我们将其分为趋势性变化和振荡性变化。在数十年时间尺度上,趋势性变化主要是大气因素产生的,与温室气体的增加有关;海洋的作用主要是产生振荡性的变化。海气耦合运动是大气和海洋相互关联的运动形式,也是海洋影响气候的主要方式。大气中与海洋密切关联的有6个海气耦合振荡系统,决定了全球气候的振荡式变化。但是,在更大的时间尺度上,海洋会影响全球变化的趋势,当全球海洋热盐环流发生重大改变时,全球气候将发生沧海桑田式的变化。

从20世纪70年代末期开始到现在,全球变暖现象已经持续近40年了。全球变暖的主要原因是大气中温室气体含量持续不断增加,因而导致地球上持续不断的增暖过程。最近十几年,气温还在缓慢升高,但增幅已经减缓,导致又出现了对全球变暖的怀疑声音。本章的海气耦合振荡的周期变化特征表明，全球变暖可能是温室气体升高引起的持续过程，还可能是一种更长周期振荡的结果。在这40年间，PDO一直处于正位相，AMO处于上升期，它们的作用都会引起海温升高，还会起到加剧全球增暖的作用。我们需要通过长期研究和监测才能最后搞清楚全球变化的真实内涵。

气候是人类的生存环境，气候变化对人类的生存与社会发展有密切关系。在地质年代中，有很多不利于人类生存的气候条件，但那都是人类出现以前的事情。现在，地球是人类的唯一家园，一旦气候发生对人类不利的沧桑巨变，其影响将是特别严峻的。因此，了解海洋与气候的关系，了解海洋对气候的影响方式，有助于我们认识地球的环境变化和人类的未来。

思考题

1. 为什么说海洋是形成气候的主要因素？
2. 海洋以什么形式向大气输送热量？
3. 全年平均海洋吸收的热量随纬度的分布有何特点？
4. 海洋的南北向流动对气候有哪些影响？
5. 气候和气候变化有何差异？
6. 什么是海气耦合？
7. 试述海洋中的6个主要海气耦合振荡。
8. 厄尔尼诺现象引发哪些自然灾害？
9. 印度洋偶极子与厄尔尼诺有什么联系？

参 考 文 献

［1］ Ashok K, Guan Z, Yamagata T. Impact of the Indian Ocean Dipole on the Relationship between the Indian Monsoon Rainfall and ENSO［J］. Geophysical Research Letters 2001, 28（23）: 4499–4502.

［2］ Burroughs W J. Climate Change, A multidisciplinary approach［M］. Combriac Combridge University Press, 2001.

［3］ Chavez F P, J Ryan S E, Lluch-Cota M Ñiquen C. From Anchovies to Sardines and Back: Multidecadal Change in the Pacific Ocean［J］. Science 2003, 299（5604）: 217–221.

［4］ Glantz M H. Currents of Change, Impact of El Nino and La Nina on Climate and Society［M］. Cambridge: Combridge University Press. 2001.

［5］ Goldenberg S B, Landsea C W, Mestas-Nunez A M, Gray W M. The recent increase in Atlantic hurricane activity—causes and implications [J]. Science, 2001, 293, 474–479.

[6] IPCC. 第五次评估报告第一工作组报告 [R]. 纽约: IPCC, 2013.

[7] Laing A, J L Evans. Introduction to Tropical Meteorology [J], 2nd Edition, produced by the COMET Program. 2011.

[8] Philander S G. El Nino, La Nina, and the Southern Oscllation [M]. Sandiego: Academic Press, Inc. 1990.

[9] Pidwirny M. El Niño, La Niña and the Southern Oscillation [EB/OL]. Fundamentals of Physical Geography, 2nd Edition, hysical Geography. net (e-book). 2006.

[10] Saji N H, Goswami B N, Vinayachandran P N, Yamagata T. A dipole mode in the tropical Indian Ocean [J], Nature, 1999, 401, 360–363.

[11] White W B, R G Peterson. An Antarctic circumpolar wave in surface pressure, wind, temperature and sea ice extent [J]. Nature, 1996, 380: 699–702.

[12] Zhao J, Y Cao, J Shi. Core region of Arctic Oscillation and the main atmospheric events impact on the Arctic [J]. Geophys. Res. Lett., 2006, 33: L22708, doi:10.1029/2006GL027590.

第九章　海洋中光的传输

光的传输是人类最早观察研究的自然现象之一，从光的直线传输，到波动特性以及波粒二象性，人们对光的特性已有了本质的理解，对光在均匀介质中的传输规律也有了清楚的了解和把握。我们关心的海洋水体，是由水分子、各种盐、可溶有机物及颗粒物等组成的混合物，光在这类随机非均匀介质中的传输规律仍有很多科学问题尚未解决。一门较新的光学分支学科海洋光学就是研究光在由多种混合组分组成的水体介质传输时所引起的光学现象，其具体研究内容包括海洋水体光学性质、光在海洋中的辐射传输、海洋光学探测及其相关学科的应用等。水体光学性质是影响光在水体介质传输的根本因素，利用水体光学性质及传输规律则可以发展各种有效的技术手段进行海洋水体性质的研究和探测。

这里讨论的光主要指可见光，波长在 380~750 nm 之间，也称光学波段，它是电磁波谱中对人们眼睛最敏感的部分。尽管它占据电磁波谱非常窄的一段（图9-1），但是该波段的光对海洋生命及认识海洋非常重要。另外，本章介绍的光有时也涉及紫外和红外波段。

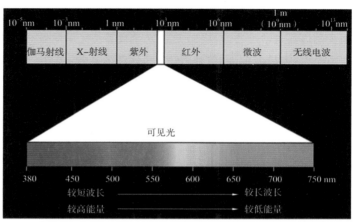

图9-1　电磁波及其可见光的波长分布

（图片来源：slideplayer.com/slide/3866525）

近两个世纪里，人类测量和认识海洋光学性质的能力已经有了很大的进步。现代海洋光学的研究一般认为始于19世纪初期，是以塞克盘研究海水透明度为标志。20世纪初，摄影方法应用于海洋光学测量是精确、定量测量海洋光学性质的开端。光电效应的发现以及光电管的发明是光学上的重大科技进步，他们很快应用于水下光的测量以及光学性质的确定。一方面这些研究为海洋光学性质的测量方法奠定了基础，另一方面，获取的海洋光学性质的数据为光与海水的相互作用理论的认识提供了经验基础，并以此建立了海水的光学分类方案。

20世纪60年代，激光的发现对光以及光与海水的相互作用的研究产生了重大的影响，强有力地促进了测量海洋光学性质的仪器和方法的发展。与声相比，光在水中衰减得非常快，因此，在水下应用领域，海军对其兴趣不大。但是，激光提供了到达潜艇所处深度的可控以及可测量的光束的可能性。据20世纪60年代早期的推测，海水可能存在一个光谱带宽非常窄的光学窗口。处在光学窗口中的光的衰减系数非常小，也就是说，海水对处在光学窗口中的光的吸收非常小。激光可能是探索和利用光学窗口（如果光学窗口存在）的工具，至少以后会有这个可能。总之，各国军方（尤其是美国军方）对激光水下应用的关注，为研究海洋中光的传播以及开发测量海洋光学性质的新型仪器提供了重要的资金来源。在这些资金的支持下，10年之内在海洋光学性质的测量和认识上取得巨大的进步。尽管冷战结束后，军方中断了大量经费的资助，但是基于以上研究基础，陆续开发出了多款商品化的海洋光学测量仪器，为海洋次表层光谱衰减以及辐射传输研究和水体光学分类所需的光学性质数据提供了强有力的工具。

从20世纪80年代发展起来的水色卫星遥感技术，引起了人们对海洋光学性质的广泛兴趣。由卫星海洋遥感传感器，可以获得全球海洋的水色空间分布。这些海水颜色的变化是由上表层水中的物质所决定的，如浮游植物、其他悬浮颗粒物及可溶有机物等。要从水色数据中确定这些物质的浓度，需要了解它们的光学性质以及它们对光传输过程的影响。在此需求的推动下，开发了大量新的、高精度的光学测量仪器，获取了先前不能测量的海洋光学性质的数据。这些光学数据还可以提供一些基本的信息，如颗粒物的类型、浓度、粒径分布，初级生产力、水体混浊度等。另外，光学数据与物理、生物、化学和地质等数据具有相关性。因此，近年来，海洋光学的研究重点是把光学作为一种重要工具用于研究物理海洋学、化学海洋学、生物海洋学及地质海洋学等。海洋光学的发展对于近海水域的生态系统、海洋环境状况、碳循环、热平衡和全球气候变化的研究具有极大的推动作用。

第一节　水体的吸收和散射性质

吸收和散射是光与水体介质相互作用而发生的最重要现象，吸收及散射等水体光学性质变化的研究是海洋光学研究的重要内容之一，是海洋光学技术及其他相关研究的基础。研究水体光学性质的变化，首先需要弄清海水中有哪些组分会影响光学性质以及每一种组分光学性质的特征等。

一、影响水体光学性质的组分

水中所含物质成分复杂，其粒径从0.1纳米（如水分子）到几十米（如鲸鱼），其中包括病毒、细菌、浮游植物及泥沙等。传统上，除了纯水外，将自然水体中的物质划分为"可溶"和"粒子"，粒子分为"有机"和"无机"，或"活体"和"非活体"等。在海洋光学中，为了研究方便，根据各种物质光学性质的特点，划分为纯海水、颗粒物、可溶有机物，颗粒物又分为浮游植物以及非浮游植物颗粒物（又称碎屑）。以下简要介绍各种组分的主要特征。

（一）海水

纯海水包括纯水和各种可溶盐。这些盐的存在，使海水的散射增加30%，而对于吸收的贡献，在可见光波段可以忽略，在紫外波段略有增加。

（二）可溶有机物

淡水或海水中都溶解有不同浓度的有机混合物，主要由腐殖酸和棕黄酸等组成，呈棕褐色。当浓度足够大时使水呈黄褐色，由于这个原因，可溶有机物又被称为黄色物质（图9-2）。黄色物质对红光吸收很少，但随着波长的减小，吸收增长很快。海水中黄色物质的主要来源是浮游植物腐烂降解，而近岸海水中的另一主要来源是陆生植物的腐烂降解，通过河流等影响近岸海水中黄色物质浓度。

（三）颗粒物质

海洋中的颗粒物质有两种截然不同的来源：生物的和物理的。有机颗粒是由细菌、浮游植物和浮游动物及这些生物死后尸体分解的产物等构成。无机颗粒是由陆地岩石和土壤的风化产生的。这

图9-2　黄色物质不同浓度下呈现的颜色
（注：图中数字单位为 $\times 10^{-12}$）

（图片来源：http://recon.sccf.org/definitions/cdom.shtml）

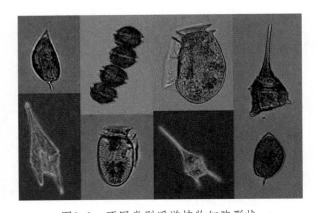

图9-3 不同类别浮游植物细胞形状

（图片来源：https://www2.uibk.ac.at/images/695×391/
limno/personnel/weisse/phyto-mo.png）

些颗粒物通常是海洋水体吸收和散射特性的主要决定因素，它们引起了大部分光学性质的时空变化。在这些颗粒物中，浮游植物的吸收性质与其他颗粒物有很大不同。因此，海洋光学中，在研究吸收性质时，将颗粒物划分为浮游植物和非浮游植物两类颗粒物分别进行研究。浮游植物是指悬浮于水中的微小藻类植物，它们在种类、大小、形状及浓度上千差万别。单细胞大小从1~200 μm，而且有些种类甚至由多个细胞组成更长的链条（图9-3）。浮游植物既是强的光吸收体，同时也是一种有效的散射物。大洋水体中，外来的颗粒物及黄色物质极少，浮游植物成了决定大洋水体光学性质的主要因素。基于此原因，海洋光学有时被称为生物光学。

二、海水中光学组分的吸收性质

光在水中的吸收是光与水体介质相互作用的主要机制之一。水中物质吸收的光，大部分转化为热能，一部分通过光合作用转化为化学能，还有一小部分变为荧光释放出来。海水中，不同组分的吸收光谱有很大的不同，它们在海洋中的作用也各不相同。下面介绍各种组分的吸收光谱特点。

（一）纯海水的吸收

纯海水的吸收光谱如图9-4所示，可见纯海水对蓝绿光的吸收较小，而对波长大于550 nm光的吸收迅速增大，对红光的吸收非常强，如波长680 nm的光经过1 m厚的纯水后衰减了约35%。当深度大于10 m，红光所剩无几。纯海水是在红光波段水体吸收的主要贡献者，其他组分的贡献相对较小。海水中各种盐对可见光波段吸收的贡献可以忽略，因此，在可见光波段内纯海水的吸收光谱与纯水的相差无几。另外，温度的变化对海水在红光波段的吸收也有一定影响。

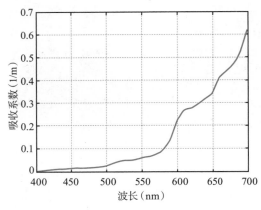

图9-4 纯海水的吸收光谱

（二）浮游植物的吸收

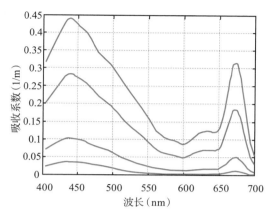

图9-5　不同浓度浮游植物吸收光谱

浮游植物的细胞是可见光的强吸收体，在确定自然水体的吸收特性时有重要作用。浮游植物对光的吸收发生在各种能发生光合作用的色素上，这其中有我们熟知的叶绿素，另外还有胡萝卜素、叶黄素和藻胆素等，叶绿素又被分为叶绿素a、b、c等。各种色素对光的吸收具有选择性，如叶绿素a在蓝和红波段存在强吸收带，峰值分别在波长443 nm和665 nm处，而在绿波段附近的吸收相对较小。某一种浮游植物的吸收光谱应是其所含各种藻色素吸收的总和，　由于不同浮游植物所含色素的种类及其比例有所不同，导致各种浮游植物的吸收光谱会存在差别。但通过大量实验测量发现水体中浮游植物的吸收光谱形状大体相似，如图9-5所示。共同特征是：440 nm和675 nm左右有明显的吸收峰；对于给定的某一种藻类，其红峰大约是蓝峰的1/3；在550～650 nm之间吸收相对较少，在600 nm左右最少，是440 nm的10%到30%。研究表明，440 nm或675 nm的吸收峰的大小与浮游植物色素具有很强的相关关系，色素浓度越高，峰值高度越高。因此，通过测量浮游植物的吸收系数可以间接获取叶绿素的浓度。

叶绿素存在于所有浮游植物中，通常以叶绿素浓度（即每立方米的水里有多少毫克叶绿素）计量海洋水体中浮游植物的含量。叶绿素在各种水体中浓度的变化范围很大，如大洋洁净海水约 0.01 $mg \cdot m^{-3}$，沿岸上升流区域可达10 $mg \cdot m^{-3}$，营养丰富的江河入海口和部分湖泊中最高可达100 $mg \cdot m^{-3}$等。全球大洋海水表面的平均值在0.5 $mg \cdot m^{-3}$左右。因此，各种水体中，浮游植物吸收的变化范围很大。

浮游植物吸收光谱的测量对于研究浮游植物光合作用以及生态环境变化非常重要。利用浮游植物在440 nm和675 nm附近的吸收估算色素浓度，可以用于海洋初级生产力的研究以及赤潮的监测等。科学家通过研究不同浮游植物吸收光谱的特征，将吸收光谱的测量技术应用于赤潮藻类的识别。另外，水色遥感是研究生态环境变化的重要手段，建立水色卫星的反演方法时需要对浮游植物吸收光谱特征有清楚的认识。

（三）非浮游植物颗粒物（碎屑物）的吸收

碎屑物是指所有颗粒物除去浮游植物后的剩余部分，既包含了有机物，也包含了无机物。有机物主要指海水中浮游植物、浮游动物等死后尸体分解的产物，另外有些通过河流输入到海水中。无机颗粒是由陆地岩石和土壤的风化产生的，这些颗粒通过多种途径进入水中，如通过沙尘暴沉降到海水中，河水也可将风化的土壤带入海中，或再通过风、海流等将水底的沉积物重新搅起,形成再悬浮。与有机物相比,无机物的吸收较弱。实验研究发现海水中碎屑物的吸收光谱随波长变化近似指数衰减。因此,碎屑物对水体总吸收的贡献主要在短波。对于近岸水域,碎屑物浓度很高(主要为无机的悬浮泥沙),其吸收也很显著,而对于大洋水体,碎屑物浓度很低,吸收较小。

(四)黄色物质的吸收

黄色物质的吸收光谱在可见光范围可以很好地用指数函数来描述,在紫波段有非常强的吸收,而在红光波段吸收很弱。可溶解有机物在海洋中分布十分丰富,特别在近岸水域具有很高的浓度。无论在近岸水体和大洋水体,黄色物质是短波辐射的主要吸收体。通常可以忽略黄色物质的散射。

黄色物质通过影响海水的光学性质来制约紫外光及可见光在水体中的

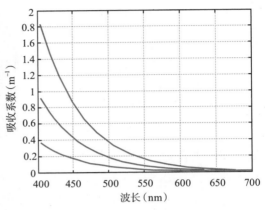

图9-6 黄色物质吸收光谱

穿透深度,进而影响海区的生物生产力和生态系统的结构。黄色物质对紫外辐射的吸收,本身对浮游植物及其他生物起着一种保护作用。另外,黄色物质在太阳辐射作用下进行光化学反应,发生光氧化现象,会产生CO、CO_2、COS、CH_4等气体物质,这些气体物质对海-气物质交换及气候变化具有重要意义。

三、 水中光学组分的散射性质

进入海水中的太阳光,大部分被水体吸收了,但大多数光子在被吸收之前,发生一次或多次的散射。散射并没有使光消失,只是改变了光原来的传播方向,多次的散射使其传输路线变成了由一系列折线组成的路径。光在水体中散射的作用和意义有:① 散射改变了水下光场的角分布,如一束准直的光束,随着传输距离的增大,其光斑面积越来越大,而且亮度越来越小;② 散射是海色卫星遥感的基础,遥感接收器接收到的信号来自水体的后向散射光,如果没有散射,水色遥感也就无从谈起;③ 由于散射的影响,大大降低了水下目标的能见度,使我们看到的物体变得模糊;④ 颗粒物的散射性质可用于分析颗粒物的粒径分布以及构成等。

光产生散射的原因是其传输时介质的密度发生了变化。光在海中传输时,介质密度发生变化可分为两种情况,一是水分子的密度涨落,另一种是颗粒物的存在。水分子密度涨落产生的散射由瑞利散射理论描述,颗粒物产生的散射由米散射理论描述。

(一)纯海水的散射

在纯海水中，随机水分子运动引起了给定体积内分子数的快速变化。瑞利散射理论将分子数密度的变化与折射率的变化相联系，折射率的变化引起散射的变化。在纯海水中，散射的基本理论与纯水是一致的，不同的是海水中离子（Cl⁻，Na⁺等）随机浓度的变化引起折射率的变化更明显，对散射的影响也更大。依据瑞利散射理论，纯海水散射与波长的$\lambda^{-4.32}$成正比，这说明纯海水散射与波长有很强的依赖性，波长越小、散射越强，波长越大、散射越小。结合纯海水的吸收及散射的光谱特性，很容易解释清澈的大洋水看起来呈深蓝色的原因。较长波长（大于550 nm）的太阳光到达海水后，被纯海水吸收，而较短波长的光，水的吸收较弱，散射很强。因此，人眼看到的光绝大部分是短波长的蓝光。

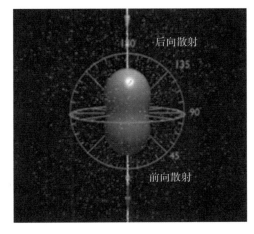

图9-7 水分子散射各角度的散射概率分布

（图片来源：www.spicosa.eu/setnet/downloads）

光子与介质发生散射后的前进方向是按一定规律分布的，这个规律通常用散射角分布函数来描述。水分子光散射角分布的特点（图9-7）是：在90°时最小，从该角度开始，随着角度的增大或减小，散射强度对称地增大，在180°或0°达到最大。另外，前向散射的光与后向散射的光相等，即各占50%。

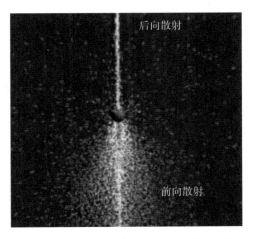

图9-8 颗粒物散射各角度的散射概率分布

（图片来源：www.spicosa.eu/setnet/downloads）

(二)颗粒物的散射

颗粒物的密度不同于纯海水密度，导致它们的折射率不同，因此，当光在水中传输遇到颗粒物时会发生散射。因颗粒物的粒径大于可见光的波长，颗粒物的散射属于米散射。颗粒物散射角分布的特点（图9-8）是前向的散射最强，90°的散射最弱，从0°到90°的散射至少有4个量级的变化，特别在小角变化尤为剧烈，在0.5°附近，每1°内差别2个量级，从90°到180°缓慢增大。后向散射光非常弱，通常只占到所有散射的

1%~5%。

影响散射大小的因素较复杂,包括颗粒物浓度、折射率及粒径分布等。其中颗粒物浓度是主要的因素,颗粒物浓度大,散射的强度就强,相反,颗粒物浓度小,散射就弱。近岸及河口附近颗粒物浓度非常高,而大洋水体颗粒物浓度非常低,因此,前者水域的散射远远高于后者,最大相差几千倍。目前,通常利用特定波长的散射系数(或后向散射系数),估算海水中颗粒物的浓度。

颗粒物的折射率是影响散射(特别是后向散射)的另一重要因素。研究发现,海水中有机颗粒物(包括浮游植物)具有较小的折射率(实部),范围在1.01~1.09内(相对于海水);无机物颗粒一般具有高折射率,在1.15~1.20范围内(相对于海水)。折射率影响着散射的性质,包括散射的角度分布以及散射的强度等,如折射率越大,后向散射越强。因此,有机颗粒物一般具有较小的后向散射比率,而无机物颗粒具有强的后向散射比率,二者有1~4倍的差别。海水中的颗粒物是有机和无机颗粒物的混合,通常利用后向散射比率估测颗粒物的构成。

颗粒物的粒径大小也会影响散射的性质。对于海中常见的颗粒物,粒径越小,其后向散射越强;相反,粒径越大,其后向散射越小。

因此,通过测量水体的散射性质,可以获取水中颗粒物的浓度、构成及粒径分布信息。这种光学测量技术已成为研究水中颗粒物性质的有效手段。

第二节　光在水中的传输

目前,海洋光学已建立了完整的海洋辐射传输理论用于描述水下的光传输过程。如果已知入射到海面的光场分布以及海况,水体的吸收和散射又是确定的,那么水下任何位置的光场也可以确定。由于水体对光的衰减作用(吸收和衰减),光在水中传输时,能量总体上是一个衰减的过程。但研究发现,还同时存在光能量增加的机制,即所谓的荧光和生物发光现象。另外,由于水体对光的强衰减和强散射,水下图像传输时,图像的质量退化严重,因此,水中的能见度比大气中要低得多。水中能见度对于水下人类的各种活动具有重要影响。

一、太阳光辐射在海水中的衰减规律

水下的太阳辐射通量可分为向上的辐照度和向下的辐照度两个方向的光子流。在假定海洋水体为一种水平平面分层介质条件下,这两个方向的光子流传输过程可用海洋光学的两流模型来描述。在此模型下,向下太阳辐照度随深度的衰减规律为:

$$E_d(z) = E_d(0) e^{-\bar{k}_d Z},$$

其中，$\bar{k}_d$为在$0 \sim z$深度处漫射衰减系数k_d的平均值。这表明，向下辐照度随深度增加快速减少。$\bar{k}_d$描述向下传输光衰减的速度，不同水体该值有很大的不同，如大洋海水在波长500 nm处，$\bar{k}_d$约0.02 m^{-1}，该光衰减到10%的深度超过百米，而近岸混浊的水体，同样波长的光$\bar{k}_d$可能大于1 m^{-1}，衰减到10%的深度只有几米，甚至不足半米。

海洋生物学家所关心的太阳辐射量为光合作用有效辐射量，是指太阳辐射中能被浮游植物进行光合作用所利用的部分，一般用PAR表示。该辐射量垂直方向随深度的变化也符合指数衰减规律。通常定义PAR衰减到海面值1%的深度为真光层深度（也叫透光层），在该层内有足够的光供植物进行光合作用。真光层在不同海区有很大不同，在清澈的大洋区，真光层可超过150米，而在近岸海区可减小为十几米，甚至更小。

图9-9显示了太阳光在三种典型水体中的穿透情况。可见，不同水体光的穿透有很大不同，如清澈的大洋水体，太阳光穿透超过百米，近海水体可能有几十米，而河口附近的混浊水体只有几米。另外，不同水体，到达一定深度后，光的颜色有很大差别，如大洋水呈蓝绿，近岸呈蓝黄，河口附近呈红色。为什么会出现这些显著的差别呢？这是由于不同水体中所含的光学组分有很大的不同，通过前面介绍的知识我们知道，不同光学组分的吸收光谱及散射光谱各不相同。对于清澈的大洋水体，其叶绿素、碎屑及

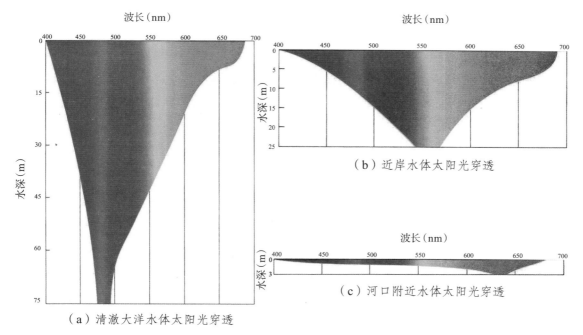

（a）清澈大洋水体太阳光穿透

（b）近岸水体太阳光穿透

（c）河口附近水体太阳光穿透

图9-9　不同波长的太阳光在三种典型水体的穿透示意图

（http://oceanexplorer.noaa.gov/explorations/04deepscope/background/deeplight/media/

diagram3_600.jpg）

可溶有机物等浓度都很低,它们的吸收及散射都很小,影响光衰减的主要因素是纯海水。对于纯海水来说,从波长550 nm开始,随着波长的增大,其吸收快速增大;而对于较短的波长,吸收很小,衰减主要由于散射的影响,而纯海水的散射随着波长的减小而增大。因此,随着深度的增加,波长大于550 nm的光逐渐被海水吸收而损失,而较短波长的光,由于散射也逐渐减小,到达一定深度只剩下蓝绿波段的光。对于近岸水体,具有较高的颗粒物浓度及黄色物质浓度,其在蓝绿光波段具有较强的吸收,红光波段纯海水的吸收很强。因此,随着深度的增加,从蓝光到绿光逐渐被颗粒物及黄色物质的吸收而损失,而红光由于纯海水的吸收而损失,到达一定深度后,只剩下黄光。对于河口附近的水体,具有极高的泥沙浓度和黄色物质浓度,不但在较短波长(蓝波段)吸收非常强,而且在绿黄光处吸收也很显著,均超过了水体对红光的吸收。因此,随着深度的增加,从蓝光到黄光逐渐被吸收而损失,到达一定深度后,只剩下红光。

光穿透的研究与生物海洋学、物理海洋学及化学海洋学的研究密切相关。以下两个例子说明光穿透与海洋生物过程及物理过程的关系。

光穿透与光合作用

图9-10为海洋食物链。浮游植物是海洋的初级生产力,是浮游动物的食物来源,浮游动物是小的鱼类的食物来源,小的鱼类是大鱼的食物来源,大鱼是我们人类的重要食物来源。因此,浮游植物对于海洋渔业生产非常重要。另外,浮游植物对于海洋生态环境、碳循环及全球气候变化也有重要的影响。

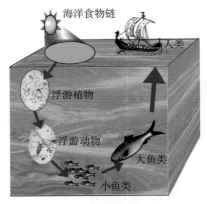

图9-10 海洋食物链
(http://hoopermuseum.earthsci.carleton.ca/impacts/bimpdrk.htm,有修改)

陆上的庄稼及其各种植物的生长都离不开光(太阳辐射),光是各种植物光合作用的能量来源。同样,海水中浮游植物的生长及繁殖也依赖水下太阳光进行光合作用。太阳辐射是制约海洋初级生产力大小的主要因素之一。影响水下太阳光辐射分布的主要影响因素是水体对光的衰减程度。如:在我国的南海(非常清澈),100 m以下还有浮游植物生长,而在黄海近岸混浊区域水下十几米甚至几米就没有浮游植物生长。因此,研究浮游植物的生长以及估算海洋初级生产力,必须研究太阳光辐射在水中的分布及其衰减情况。

光的加热效应

进入海中的太阳辐射大部分被吸收而产生了热,产生的热对海洋有什么影响呢?夏天我们在海中游泳时,感觉上层的水温较高(热),而到一定深层下水温较低(凉)。主要原因是上层受到太阳的照射,加热了水体;而较深的水层,太阳光达不到,

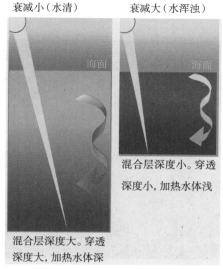

图9-11　不同性质的水体太阳辐射加热效应影响的深度

（图片来源：Sathyendranath and Platt，2007，有修改）

因此没有被加热，仍然较凉。至于能加热到多深，主要取决于水体的清澈程度（或者光的衰减大小）（图9-11）。有些清的水域可以加热到近百米，有些特别浑浊的区域可能加热几米甚至几厘米。这表明，对不同性质的水体，太阳辐射加热影响的深度有很大差别。研究太阳光的穿透特性，对于研究太阳辐射的加热效应非常重要。

研究太阳辐射的加热效应有重要的科学价值。加热效应的变化影响海洋垂直热结构及热平衡，进而影响混合层深度、海表温度及环流等，最终可能会影响全球气候变化。国际上有很多科学家在进行相关的研究。

二、水中的自然光源：荧光及生物发光

海洋中的光除了穿过海面进入海水的太阳光之外，海洋内部会产生某些波长的光。引起这种现象的物理机制主要包括荧光效应和生物发光等。

（一）荧光

光被水中物质的分子吸收后，大部分的光在水中就消失了，但有小部分又很快释放出比入射光波长更长的光，这种光称为荧光。在自然水体中，已经发现很多物质都具有荧光性，这些物质中研究最多的就是叶绿素；在活的浮游植物中发现其他色素也具有荧光性；而黄色物质中的许多化合物同样具有荧光；碳氢化合物和其他污染物常常表现出很强的荧光性，尤其是受到从300~400 nm的紫外光激发时。纯物质荧光的一个特征是发射波长与激发波长无关。如，不管激发波长是位于近紫外、绿、蓝，还是在红波段，叶绿素a发出荧光的中心波长总是位于685 nm处。

研究水中物质的荧光特性有重要的应用价值。由于具有高的灵敏度，浮游植物色素荧光广泛应用于海水叶绿素浓度的测量，包括实验室内的测量、现场测量以及卫星遥感的反演。另外，浮游植物三维荧光测量用于检测浮游植物的种群类型。黄色物质的荧光强度用于表征黄色物质的浓度，它的三维荧光用于识别黄色物质的来源等。

（二）生物发光

生活在海洋深处的鱼类，如何在黑暗的水下识别同类，寻找配偶和觅食呢？原来，许多深海鱼类都像萤火虫那样，有着发光的本领。深海的鱼类，正是靠着自发的亮光在黑暗的环境下生存及繁衍后代（图9–12）。

图9–12　俗称"驼背黑魔鬼"的雌性鮟鱇鱼点亮了它明亮的小灯笼来引诱食物上钩

（http://www.duitang.com/blog/?id=112147904&next=112148335）

除了深海的鱼类，海中其他生物有机体也有这种发光本领。海中的发光生物体大约有700种，分属于16个门类，其大小分布从单细胞的细菌到大型脊椎动物，如细菌、甲藻（主要有夜光藻、膝沟藻、梨甲藻、原多甲藻等）、放射虫、栉水母、刺胞动物、甲壳类动物（主要有磷虾、海萤、水蚤等）、棘皮动物、鱼等。生物发光在世界海洋中是普遍存在的，无论是从北极到赤道，还是从海表到海底，都能发现它们的踪迹。

海洋生物发光具有重要的生物学意义，其中包括求偶或训练的交流、吸引猎物以及从捕食者口中逃脱等。因此，发光是海洋生物赖以生存的重要手段之一。

生物发光现象是生物体将化学能转化为光能而发光的现象。海洋生物的发光器官主要靠荧光素和荧光酶这两种物质产生光。荧光酶是一种催化剂，它可使荧光素和氧结合发生氧化反应而产生光。大多数的发光生物是通过自身体内荧光素和荧光酶发光，但也有些发光生物是依靠寄生的发光细菌发光。

海洋生物发光分为火花型、闪烁型和弥漫型三种，火花型发光是由发光浮游生物引起的，闪烁型发光是由海洋动物发光引起的，弥漫型发光主要是由发光细菌形成的。前两类只在外界刺激或干扰时才发射光。最常见的诱发光的干扰是机械性刺激（图9–13），如当一有机体被带进船的汹涌的尾流中。闪烁的光、电场以及化学刺激剂也被认为是诱使生物体发光的原因。当受到干扰时，有机体将会发出能持续数十毫秒或几秒的一丝闪光。而某些细菌的发光是例外的，无论是否受到刺激，它们能持续地发射光。

科学家研究了大量发光生物所发出光的光谱特性，发现发光光谱的峰值波长在439~574 nm，平均最大发射波长在483 nm，这个波长很接近清澈海水的透射光峰值波长，而大多数海洋动物视色素的吸收光峰值波长也与此相近，所以能产生最大

（a）旅游胜地波多黎各海湾的生物发光现象

（b）2014年4月发生在大连海水浴场的生物发光现象

图9-13 海水中的生物发光现象

（http://roll.sohu.com/20140421/n398559807.shtml）

的视觉效应。另外，海洋发光生物发出的这些光都是"冷光"，在发光的同时，没有辐射热能的消耗，因而生物发光的效率很高，以节省自身的能量，这也是海洋生物仿生学的重要研究方向。

研究生物发光现象在海洋生物学、海洋渔业及海洋军事等方面都有重要意义。生物发光是生命活动的一种行为表现，往往与生物种群的生存和繁衍有关。生物发光的测量已经成为沿岸海洋环境中监测生态系统变化的一种工具。通过发光生物发光强度在时间和空间变化的测量，可监测发光生物生物量和种群结构的变化，研究其变化与生物、物理、化学等过程的关系，从而弄清整个生态系统的变化规律。

大多数发光有机体是在受到机械刺激时才会发光，这些刺激包括船的尾迹、水中迅速运动的物体（如大型动物、水下运动的潜艇、水下运动的潜水员）、鱼群等。鱼群的移动会激起该水域的生物发光，在热带和亚热带海区，人们早已根据生物发光来追踪鱼群。捕鱼者们在飞机上装备着带微光增光器的电视系统来追踪有商业价值的鱼群，可以在短时期内扫描广大地区。有经验的观察人员凭此便可鉴定鱼群的种类和大小。另外，发光生物体在受到机械刺激时发光，这在军事中有重要的应用价值。生物发光的强度为机械刺激强度的函数，这为夜间探测识别水面和次表层的船舶和运动物的轨迹提供一种直接的可视方法。因此，根据这些生物体发光的分布特点，一方面可开发被动的夜间遥感方法以探测和识别敌方船舶、潜艇和运动目标；另一方面，己方舰船在夜间航行时要采取适当的航行策略，以减少目标被探测的风险。

三、水中能见度

大气能见度是我们经常接触到的概念，水中能见度是从大气光学借用来的术语。

水中能见度即水中视程,指具有正常视力的人在当时的海水条件下能够看清楚目标轮廓的最大距离。它比大气能见度低得多,一般水平方向水中能见视程为大气能见视程的千分之一。如大气中能见度一般在几千米至几十千米,而水中能见度一般在几米到几十米。

为什么水中能见度变得如此小呢? 实际上,图像的形成源于由目标发出的穿过海水到达接收器而没被散射的光。与大气相比,海水散射强得多,大量与目标无关的光会被海水散射而进入探测器的接收视场,淹没目标图像的信息。另外,海水对光的衰减也非常大,由水中目标发出的光随距离增大迅速衰减,能观测到目标的距离大大减小。

根据海洋中辐射传递理论可证明,水中目标对比度随观察距离增加而指数衰减。当观察距离足够远时,这一对比度小于人眼或相机的阈值,图像就不能被看到。水中目标的识别,取决于目标与背景之间的辐亮度和颜色的差别。随观察距离的增大,水中的目标与背景的辐亮度的差别迅速减小,目标物变得更加模糊。

在海洋调查中,水中垂直能见度(或称透明度)是常规测量参数,它的测量使用透明度盘(也称塞克盘),透明度盘是一个直径为30 cm的白色圆盘。将透明度盘从船上垂直沉入海中,观察者从海表垂直向下观察,透明度盘沉放到刚刚消失的深度即为透明度深度,也称为该水体的垂直能见度(图9-14)。经过长时间理论及实验研究,科学家建立了能见度与水体吸收及散射的统计经验关系,根据这种经验关系,可以用卫星遥感的办法快速地获取大面积海洋水体能见度的分布(图9-15)。

就全球海洋看,水体能见度的分布具有很大的差异。能见度的大小取决于水体中物质的成分和浓度。从大洋到近岸,海水中物质的构成和浓度有很大的不同,因此,透明度也有很大的差别。近岸或河口附近具有高的悬浮体浓度和可溶有机物浓度,水体非常浑浊,具有较小的能见度,一般几米或更小,而大洋

将盘下放到看不见为止

图9-14　海水透明度的测量

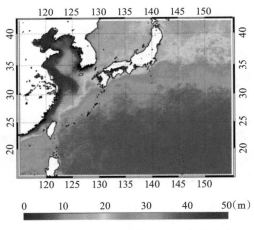

图9-15　西北太平洋海水透明度的分布

水域各种光学组分浓度都很低,水体非常清澈,能见度可达几十米,全球海洋最清澈的海水位于北大西洋百慕大群岛附近的马尾藻海,其能见度约66 m,这是迄今为止在

海洋测量到的最大能见度。

大气能见度与交通运输、军事活动、大气质量及人们的日常生活等都有密切的关系。同样,水下能见度的测量在海洋科学研究、海洋环境监测、水下工程、水下打捞及海洋军事等方面也有重要应用价值。能见度可以度量太阳辐射在水体中穿透深度大小,可以表征水质的好坏。如果某处透明度大,表明该处太阳辐射穿透海水的深度大,也说明该处水体干净。水下能见度的大小对于水下工程的监测及其维护非常重要。另外,水下能见度与水下军事活动密切相关,如水下潜艇的探测、水雷的布放以及水下特种操作等(图9-16)。

图9-16　水中能见度对于水下的各种操作有重要影响
(http://rb.lzbs.com.cn/html/2012-06/03/content_346459.htm)

第三节　海洋的光探测技术

人们要认识世界,就要感知世界,这需要借助一些技术手段。基于光学理论的光学技术是一种应用广泛的重要工具,帮助我们认识周围的事物,有些与日常生活密切相关。如我们的眼睛是一光学成像系统,是人体最重要的感觉器官之一,90%的外界信息来自眼睛。人眼有局限性,需要借助更复杂先进的光学技术来认识我们的世界。如:人眼无法看到非常小的物体,细菌、病毒等,用光学显微镜可以观察到;人眼无法看到遥远的天体,但可借助光学望远镜看到。另外,利用计算机技术对光学技术所获取的信号进行处理,可以通过复杂的解译方法,获取更多所需要的定量信息。

同样我们要认识海洋的现象和规律,也需要借助一些技术手段,提高认识海洋的能力。基于海洋光传输理论的海洋光学技术就是一种重要的观测手段。

在古代,人类已经注意到水体不同颜色的变化,从清澈深水中的深蓝色到浅海的泥红色(可能由于藻类的大量繁殖引起的)。据推测,古代的波利尼西亚探险家们,在众多环境现象中,选择海水的不同颜色来帮助他们进行非同寻常的穿越太平洋的航行。

19世纪中期,意大利天文学家Secchi提出了利用塞克盘测量水体透明度的方法。随后透明度被广泛应用于描述海水的光穿透深度以及海洋水质情况。塞克盘成为我们最早使用的海洋光学测量仪器。

人眼是最直接的并可随时接收的光学探测器,但是它不适合做精确的、定量的光学测量。

20世纪中期开始,随着光电测量技术的快速发展以及海洋观测需求的迅猛增长,一方面,众多复杂先进的海洋光学测量系统陆续被开发出来,用于海洋的观测;另一方面,先进技术应用,使人们对海洋光学性质及理论有了更深入的认识,又推动了海洋光学观测技术的进一步发展。目前,海洋光学技术在海洋研究及海洋环境监测等方面发挥了重要作用,得到了广泛应用。光学技术在海洋中的广泛应用得益于它所具有的特点。

光学技术所涉及的电磁波段(可见光波段)可以穿透一定深度的水体。图9-17显

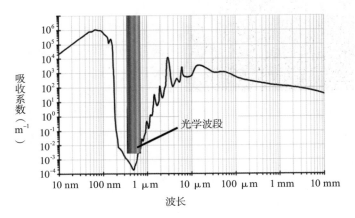

图9-17 不同电磁波段在水中的吸收

示了不同的电磁波段在水中传输时的吸收情况,可见只有可见光波段的光吸收最小,这意味着它可以传输较远的距离。这是光学波段最显著的特点,对于海洋的探测极为

重要,是光学技术在海洋中广泛应用的主要原因。在可见光波段内,不同波长的光在水中的穿透深度也有很大的差别。通常情况下,蓝光和绿光传输得最远,而其他较短波长光(紫光)和较长波长光(红光)传输距离较短。因此,在海洋的光学探测系统中,一般都采用蓝光或绿光光源。

光学系统可安装在多种海洋观测平台上(图9-18),如空中的飞机(载人或无人)、卫星、海面上的船及固定平台,水下的各种浮标、水下潜器、水下滑翔机等。这样可满足不同时间和空间分辨率海洋观测和探测的需求。如需要观测大面积的

图9-18 适合海洋光学系统的各种海洋观测平台
(http://worldmaritimenews.com/archives/63651/
committee-to-advise-leaders-on-integrating-ocean-
observation-systems-usa/)

海洋（台风等）从空中的观测最合适；如果需要观测海中一些动物的习性，则水下的观测最合适。在海洋观测和探测技术中，声学技术和光学技术是两种主要的技术手段。声波可以传输更远的距离，在水下探测及水下通信中得到了广泛的应用。而光学技术的优点是可脱离海面进行遥感观测，这是目前声学技术不能做到的。

海洋光学技术可以测量多种参数，可用于水中生物学、化学、地质学等环境参数的测量，也可用于温度、密度、湍流、光辐射海水加热等物理学参数的测量。另外，还可用于进行海底地形、水中目标探测等。主要的应用领域包括海洋科学研究（如物理海洋学、生物海洋学、化学海洋学等）、海洋环境监测（如水质监测、赤潮监测、河口近岸悬浮物的输运等）、水下工程、渔业生产、海洋军事、海底油气资源开发等。

按照工作原理及其技术特点，海洋光学技术主要划分为如下几大类：水下光学观测技术、海洋水色观测技术、海洋激光技术及水下光学成像技术等。海洋激光技术中，包括了海洋激光雷达技术、水下激光通讯技术等。

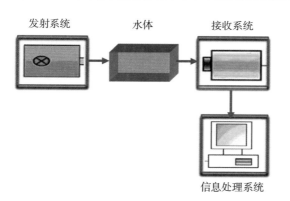

图9-19　海洋光学观测系统结构示意图

海洋光学观测系统的基本构成如图9-19所示，它主要由三部分构成：发射系统、接收系统以及信息处理系统。发射系统指光源，它有两类：自然光源和人造光源。自然光源指的是太阳光，如海洋水色观测技术利用太阳光作为光源，这类系统也称被动系统。还有一类是人造光源，它包括一般光源和激光。一般光源又分全色的和单色的。这类系统称为主动系统。接收系统是一个光电探测器，它把光信号变成电信号。如光电二极管、光电倍增管、CCD、CMOS等光电器件。它的探测方式分单波段、多波段和高光谱。信息处理系统包括了计算机以及有关的软硬件系统，信息处理的目的是将我们接收到的电信号根据测量原理把它解译为我们需要的参数。

一、水下光学观测技术

水下光学测量主要以水面和水下的固定或移动平台为水下光学观测系统的载体。这些观测平台包括：船、浮标、各种水下潜器等。其主要特点是：观测仪器结构相对简单，体积小，功耗低，灵活方便；光学测量系统具有高的采样率，可对海洋进行高时间和空间分辨率的观测，特别适合时、空尺度小的事件的观测，近距离观测精度更高；可实现长期定点连续观测或三维空间信息观测，也是目前唯一有效的海洋三维空间信息观测手段（图9-20）。

水下光学测量的主要参数包括：叶绿素浓度、悬浮物浓度、可溶有机物浓度、颗粒有机碳、颗粒物特性、营养盐、浊度等数十多个。测量原理是利用有关待测量与其光学性质（吸收、散射及荧光）的相关关系。如叶绿素的测量，目前广泛采用的是利用浮游植物色素的荧光特性；再如营养盐（硝酸盐）的测量，利用硝酸盐的紫外吸收特性；浊度测量是利用颗粒物的散射性质。这些测量参数包含了海洋中的一些基本信息，涉及海洋生物、海洋物理、海洋地质、海洋化学等方面。广泛应用于水质监测、赤潮监测、初级生产力估算、海洋生态研究、海洋渔业、生物地球化学循环、碳循环、全球气候变化等。

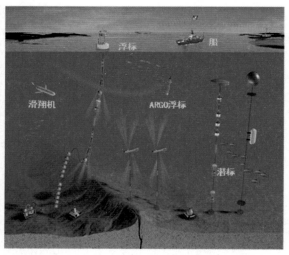

图9-20　由海面及水下平台组成的海洋观测网（http://www.whoi.edu/oceanus/feature/scientists-gear-up-to-launch-ocean-observing-networks）

为了全面深入地研究海洋的某些现象（如赤潮），需对所在区域的海洋进行全方位的观测。这需要采用多种观测平台，实现对目标海域情况的全面观测。不仅研究该区域水下不同位置上的情况，还要研究随时间的变化情况。既需要掌握三维（3D）空间上的变化信息（图9-21），也需要掌握随时间变化的信息。水下的光学观测技术可以满足这些需求。下面举几个例子予以说明。

图9-21　海洋信息的三维空间分布

（一）定点测量

采用船或锚系浮标等可以实现光学观测系统的定点测量。这种方式可实现参数某个深度上或各个深度的测量。通过连续的测量，可以获取该固定位置垂直剖面上参数随时间的变化。

图9-22显示了地中海中部某固定点从1994—2003年10年间叶绿素垂直方向上的变化。横轴为时间：1994—2003年，纵轴为深度。不同颜色代表不同的浓度：蓝色表示

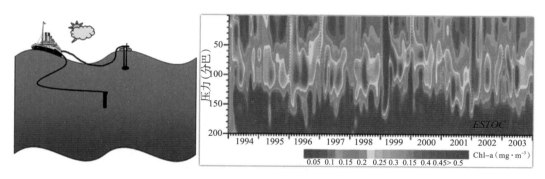

图9-22 海洋信息的定点测量

浓度低, 紫色代表浓度高。在垂直方向上, 浮游植物浓度随时间有很大变化, 如每一年的不同月份的分布有很大不同; 其次, 不同年份的分布也有很大变化。这说明该海区的生态系统发生了变化, 要根据这个变化情况, 探究其产生的原因。

(二)垂直断面观测: 2D分布信息

垂直断面观测需要利用移动的工作平台, 如水下自主航行器〔图9-23(a)〕或水下滑翔机〔图9-23(b)〕, 由海面到海底进行不间断测量来完成。图9-24(a)为水下滑翔机在美国近岸一断面测量的光学衰减系数垂直分布情况。横轴为经度, 纵轴为深度, 颜色代表数值的大小, 其中, 蓝色为小值, 红色为大值。由此可非常清晰地看到参数在垂直断面的分布情况。

（a）水下自主航行器 　　　　　　（b）水下滑翔机

图9-23 水下移动工作平台

(三)多个断面观测: 3D分布信息

同样采用水下移动平台在同一区域多个断面进行采样, 即可得到该区域的三维空间信息分布。图9-24(a)和图9-24(b)为美国研制的集成了光学浮游植物鉴别仪OPD的水下自主航行器沿航线测量的结果。根据观测提供的信息可以判断发生赤潮的种类以及发展情况, 为管理者提供决策依据。

水下光学观测技术是最有潜力的水下观测方式之一, 正处于快速发展阶段, 其主要的发展方向包括如下几个方面: (a)光学传感器方面, 基于新的测量原理, 建立新型传感器，获取更多海洋参数；发展高灵敏度的传感器，提高现有系统测量精度；发展具有体积紧凑、功耗低、适合水下长时间观测等优越性能的传感器。（b）信息处理方面，发展先进的信息提取方法，实现高精度参数的测量。（c）观测平台方面，发展平台集成技术，实现高时间和空间分辨率数据的观测。

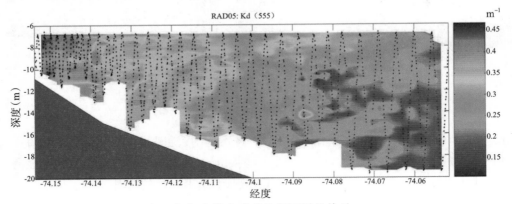

（a）光学衰减系数断面测量结果

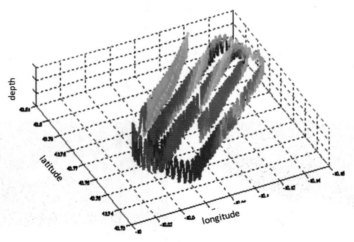

（b）光学衰减系数的三维测量结果

图9-24　光学衰减系数的二维和三维观测

二、水色观测技术

水色观测是以多光谱或高光谱辐射计为接收器，接收来自海洋水体的光谱辐射（图9-25），由获取的海水光谱辐射率，提取海洋水体中的信息。

水色观测技术的主要特点：以自然光（太阳光）为光源，属于被动探测方式；适合空中（机载或星载）遥感测量，可以大面积获取上层水中生物地球化学参数（如：叶绿素、悬浮体及黄色物质等）；但水色遥感受天气影响较大。

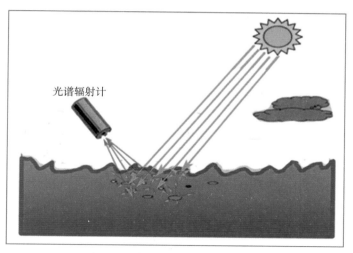

图9-25 水色观测技术原理示意图

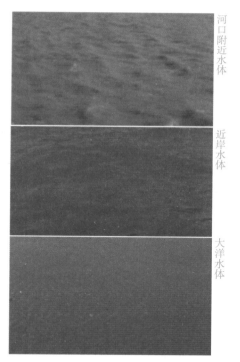

图9-26 不同水体的颜色

水色观测技术为何可以获取水中的海洋参数？大家注意到，在不同的地方，看到的水体颜色是不同的。如在上海黄浦江、在青岛近岸、或在海南岛看到的海水的颜色有很大不同。图9-26给出了三种代表性水体的颜色：上图看起来呈黄色，水非常浑浊，是典型河口附近水体特征，具有很高的泥沙浓度；中图呈绿色，是典型近岸海水特征，叶绿素浓度较高，同时其他物质也较丰富（悬浮体、可溶有机物等）；下图是大洋水体特征，呈深蓝色，非常清洁，悬浮体、可溶有机物等浓度都很低。因此，从水色我们可以知道水中大体有何种物质。图9-27中三条曲线分别对应的是由光辐射计测量的以上三种水体的光谱反射率。

从物理机制上如何解释上述现象？根据海洋光学的辐射传输理论，海面水体的光谱反射率与水体的光谱吸收及光谱后向散射密切相关，近似与水体的吸收系数成反比，与后向散射系数成正比。也就是说，吸收越大，反射率就越小；而后向散射越大，反射率越大。对于大洋水体来说，其叶绿素、碎屑及可溶有机物等浓度都很低，它们的吸收都很小。颗粒物及纯海水的散射（后向散射）随波长增大而递减，对纯海水及其他组分小于550 nm的光吸收都较小，对纯海水大于550 nm的光具有很强的吸收。因此，这种水体的光谱反射率是随波长增大而减小，也就是在短波时反射大，长波时反射小，所以

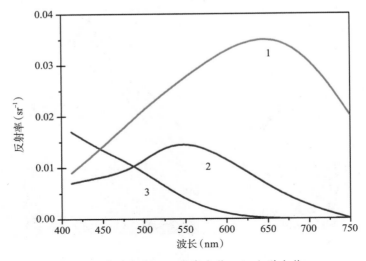

1. 河口附近水体　2. 近岸水体　3. 大洋水体

图9-27　不同颜色水体对应的光谱反射率

我们看到大洋水体的颜色是蓝色的。而河口附近的水体,具有很高的泥沙浓度和黄色物质浓度,各个波段反射率整体很大,最大值在600~650 nm之间,所以我们看到河口附近水体的颜色是黄色的。同理,也可以解释近岸水体为何呈绿色。

由海面反射率数据,可以通过反演获取海洋上表层叶绿素浓度、悬浮物浓度、可溶有机物、海水透明度、海水浊度及其他光学参数。反演方法是以海洋光学的基本理论和实验数据为基础,通过复杂的信息提取技术,获取这些参数的定量信息。如何由光谱反射率数据精确得到水中有关组分含量信息是一项很有挑战性的工作,是目前研究的一个重点方向。

基于卫星平台的水色观测技术(称为水色卫星遥感)是应用最为广泛的卫星遥感,到目前为止世界各国已发射了近30颗水色卫星传感器,广泛应用于水质监测、赤潮监测、海洋渔业生产、河口近岸泥沙输运、海洋初级生产力研究、碳循环及全球气候变化研究等方面。以下举两个应用例子。

赤潮监测

赤潮是海洋中某一种或某几种浮游生物在一定环境条件下暴发性繁殖或高度聚集,引起海水变色的一种有害生态现象。赤潮是一个历史沿用名,并不一定都是红色。发生赤潮的浮游生物种类及数量的不同,水体会呈现不同的颜色,有红色或砖红色、绿色、黄色、棕色等(图9-28)。赤潮发生的主要原因是海洋水体的富营养化。赤潮的发生对人类的健康、渔业生产及生态环境造成极大的危害,各国高度重视赤潮的监测及控制方法。海洋水色遥感的优势是直观,已成为赤潮监测的主要技术手段。赤潮发生时,最显著的现象是海水颜色的变化,依此可以判断浮游生物的种类,可以提取浮游植物色素浓度的定量信息，以此为赤潮发生的判定依据。

图9-28　赤潮爆发时水体的颜色

（http://www.china.com.cn/haiyang/2015-05/08/content_35523101.htm）

水质监测

　　水色观测技术可以高效地监测近海及河口附近的水质，包括水体浊度、透明度、悬浮体浓度等。我国的黄河和长江是世界有名的含沙量大的河流，每年向海洋中输送大量的泥沙。这些泥沙的去向一直是海洋学家非常关注的。水色遥感技术提供了一种有效的观测泥沙扩散的手段。图9-29显示了利用水色观测技术获取的长江口附近泥沙分布情况。不同季节差别很大，冬季最小，夏季最大，春季和秋季介于其间。

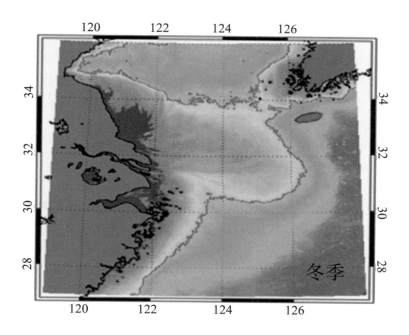

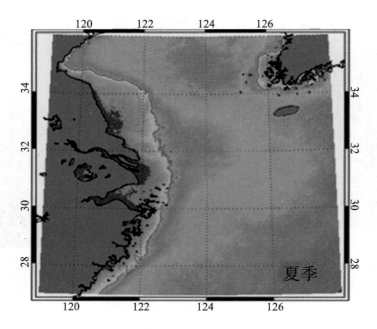

图9-29　长江口及毗邻区域夏季和冬季悬浮体分布

三、海洋激光雷达技术

雷达这个词我们并不陌生,飞机的导航及空中目标的探测等都用到,一般指的是无线电雷达。这里介绍的另一种雷达为激光雷达,以激光为探测光源。激光的特点是单色性好、方向性强、亮度高,激光雷达正是利用了激光的这些特点,使其在海洋探测中发挥着独特的作用。

海洋激光雷达主要由三部分构成:发射系统、接收系统和信息处理系统。发射系统即光源,它是蓝绿脉冲激光,且脉冲非常短,只有10^{-9} s;接收系统的时间分辨率非常高,就是响应非常快,大约10^9 Hz(相当于每秒10亿次);信息处理系统从接收的信号中提取所需的信息。

海洋激光雷达可以测量的参数包括两类:浅海水深 (海底地形、水下目标)和海面或水下的环境参数(浮游植物色素、海水温度、海面污染等)。

海洋激光雷达通常以飞机或卫星作为承载平台。它的工作方式是激光雷达先向海面发射一束激光,然后分别接收不同深度返回的信号(图9-30)。根据不同的测量原理,对返回的信号进行分析,从而获取不同深度的相关信息,实现分层测量,与医学上CT机的测量原理类似。

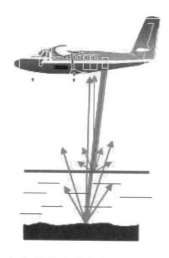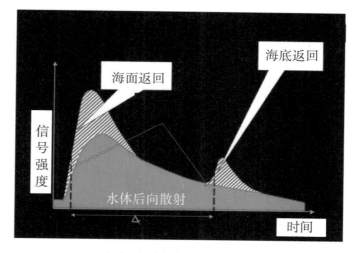

（a）机载海洋激光雷达工作
　　方式示意图

（b）海洋激光雷达回波信号

图9-30　海洋激光雷达

（http://aeromapss.com/airborne-lidar-bathymetry/）

海洋激光雷达测量水深

　　激光雷达测量水深的原理与陆上激光测距一样,它利用激光脉冲雷达到达海面以及海底之间的时间差来计算海水的深度。测深海洋激光雷达的应用,包括水深的测量、航道的测量、海底地形地貌的测量及水下目标的测量等。

　　声学测量技术是目前水深测量的常规测量技术。由于声波在水中的衰减小,因此它的测量深度大。它在海底地形测绘、水下目标探测等方面发挥着不可替代的作用。但它的缺点是不能采用空中遥感,所以它的测量速度慢、覆盖率低,另外,还要受到测量区域的限制,如浅水岛礁、敌方战场等。

　　海洋激光雷达可以采用空中遥感的方法（图9-31）,它的测量速度快、覆盖率高,

图9-31　机载海洋激光雷达测量浅海水深工作方式示意图

（http://oceanservice.noaa.gov/education/seafloor-mapping/lidar.html）

不受测量区域的限制。它的缺点是测量深度小、适合浅海的测量，如几十米以内的水深测量。测深海洋激光雷达的优点正好可以弥补声学技术的不足，在水下目标探测以及浅水深度测量方面将发挥它独特作用。

海洋激光雷达测量环境参数

根据不同的探测原理，激光雷达接收不同深度的返回信号，经过相应的信息处理，可以得到不同深度上的相关信息。测量的参数包括每一层测量水体的散射、浮游植物浓度及海水的温度等。海洋激光雷达可以实现环境参数的三维测量，与前面介绍的基于水面或者水下移动平台的光学技术实现海洋的三维信息测量相比各有优势。基于水面或者水下移动平台的光学技术空间和时间分辨率高、测量精度高，可以实现任意深度上的测量，它的缺点是速度慢，效率比较低，不适合大面积或者全球的观测。激光雷达系统可以采用空中遥感（机载或星载）的方式、速度快，适合大面积或者全球观测，是一种非常有潜力的光学观测技术，但目前技术上不够成熟，测量深度不够深，测量的参数较少。

四、水下光学成像技术

海洋中需要成像的目标有很多，小到几个微米的细菌，大到几十米的鲸鱼等。另外，还包括一些人造目标，如水雷、潜艇、水下管道等。主要应用包括水下工程、海洋科学研究、海洋渔业以及军事目标探测等。水下工程包括海上石油开采、坝体的检测、大型船体的维护以及沉船打捞等等；科学研究包括考古，动、植物习性观测等；军事应用包括目标探测，特种操作（水雷布放、水雷搜索）等。

声学成像技术和光学成像技术是两种常用的水下成像技术。声学成像技术的优点是可视距离远，缺点是分辨率较差。光学成像技术的最大优点是成像分辨率高，容易识别目标的性质，而声学技术比较困难。如两个目标，一个为鲸鱼，另一个为大小一致的军事目标，根据声学的回波信号，很难识别所测量的目标，而光学技术可以清楚地分辨出是何种目标，如图9-32所示。光学成像技术的缺点是成像距离短，不适合远

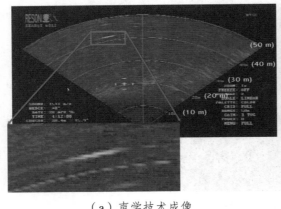

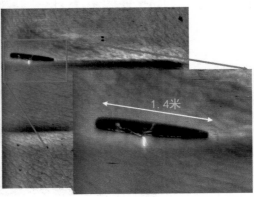

（a）声学技术成像　　　　　　　　（b）光学技术成像

图9-32　两种成像技术比较

距离目标的成像。

为了充分利用两种成像技术的优点，通常将这两种技术联合使用。如泰坦尼克号豪华邮轮的打捞，采用先进的水下机器人技术，在水下机器人上同时安装了光学和声学成像系统，通过融合这两种信息，构造了三维的沉船结构图，依此作为制订打捞方案的基础。

水中的光学成像与空气中的光学成像有何差别？空气中成像距离非常远，能见度可以达到几千米到几十千米。在水中，由于水对光的衰减很强，它的能见度一般为几米到几十米的量级，比空气中的能见度小近1 000倍。另外，水体介质里颗粒物浓度非常大，散射非常强，这会导致成像的质量退化严重。我们通过下面的光学成像模型来解释（图9-33）。相机接收的信号分三部分，一是目标直接的反射信号；二是前向散射信号，它包括了部分目标信息；三是后向散射信号，它是噪声。前向散射和后向散射是造成水下图像质量退化的主要原因。总体来说，水下光学成像的特点是图像亮度小、可视距离短、细节模糊。亮度小是由于水体的衰减大，细节模糊归因于后向及前向散射大。若要提高成像质量，对于亮度小，我们可以通过两种方式：一个是提高照明强度，如常采用激光光源，另外可以采用高灵敏度的接收器。关于细节模糊，也有两种方案：一种是通过调节照明方式或者接收方式的办法抑制后向或前向散射，另一种是采用图像处理方法。

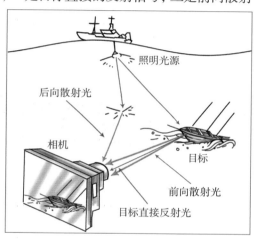

图9-33　水下光学成像模型

目前，有如下几种常见的水下光学成像方式：传统成像、距离选通、激光同步扫描、偏振光式、结构光及全息等，下面分别介绍部分成像方式。

(一)传统成像方式

传统的成像方式采用普通的光源，发散角大，接收相机也具有较大的视场（图9-34）。其优点是成像速度快，对大目标成像方便。但是散射体积很大，相机接收的后向散射比较大，所以造成了图像的严重模糊。如果把光源和相机离得远一点，可以减小散射体积，在一定程度上可以提高成像的质量。但是，如果光源和相机离得较远，会造成成像系统的体积变大，有些工作平台就承载不了。另外，这种方式对成像质量的提高也有一定的限度。

(二)同步扫描方式

这种成像方式的光源采用窄光束激光，接收器采用窄视场角的相机或摄像机。同步扫描方式可以显著提高成像对比度，它是通过减小散射体积而实现的。由于光源发

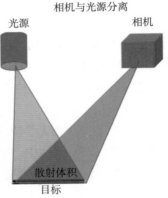

（a）传统水下成像系统结构示意图（1） （b）传统水下成像系统结构示意图（2）

（c）传统水下成像系统实物照

图9-34　水下传统成像

（http://lightfield-forum.com/wordpress/wp-content/uploads/2012/08/cafadis-prototype-underwater-test-2.jpg）

散角非常小，相机的接收视场角和对应的散射体积都很小，后向散射就比较小，从而提高了图像的对比度。但是，它带来的问题是成像范围小，对大目标进行成像困难。为

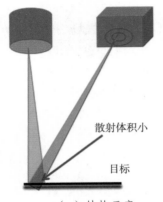
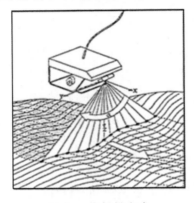
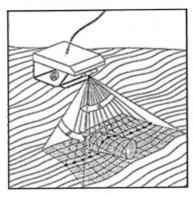

（a）结构示意　　　　　　　（b）一维扫描方式　　　　　　（c）二维扫描方式

图9-35　同步扫描水下成像系统

此，采用相机与光源同步移动的方式进行扫描成像，称为同步扫描系统（图9-35）。

（三）距离选通系统

这种成像方式的光源采用脉冲激光，脉冲非常短，接收器具有高速快门。它可以大幅提高成像的质量，其原理是通过把目标的反射信号和后向散射信号进行分离来实现的。如图9-36所示，到达探测器的目标反射信号和后向散射信号时间上是不一样的，小于目标距离的水体后向散射早于目标到达相机，而远于目标距离的水体后向散

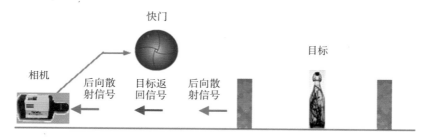

图9-36 距离选通成像原理示意图

射晚于目标到达相机。通过控制快门相机只接受目标反射信号，对于其他信号拒之门外。因此，这种观测方式称为距离选通系统。

无论是同步扫描系统还是距离选通系统，它们不但可以提高成像的对比度，也可以提高可视距离。图9-37显示了传统成像系统与距离选通系统成像质量的比较。从图中可以看出，距离选通系统成像的清晰度要比传统系统高，可视距离也远。在比

 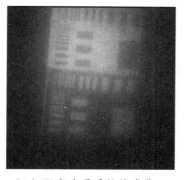 

（a）目标的原始图像　　　（b）距离选通系统的成像　　　（c）传统系统的成像

图9-37 成像质量的比较

（图片来源：Caimi 等，2010）

较清的水中，传统的成像系统可视距离为10~30 m，距离选通或同步扫描可以达到20~60 m，可视距离提高了约一倍。

（a）偏振成像系统

（b）偏振成像系统所成像

图9-38　偏振成像系统

（图片来源：www.mtsociety.org）

（四）偏振成像系统

偏振成像系统结构与传统的成像系统结构类似，主要区别是光源前面加了一个起偏器，在接收系统前面加了一个检偏器（图9-38）。起偏器把圆偏振光变成线偏振光，线偏振光被水体散射后的和被目标反射后的偏振状态发生了变化，或者说目标反射的信号和水体后向散射信号的偏振特点是不一样的，这样通过调整检偏器的取向来抑制后向散射，从而提高成像的质量。

小　结

在过去的几十年中，科学家对于海水中光传输的理论和应用研究都取得了巨大的进展。一方面，光传输理论的研究带动了许多海洋光学技术的进步，另一方面一些新的测量技术又为海洋光学新理论及模型的发展注入活力。

从根本上讲，浮游植物依靠光进行繁殖和生长。因此，光学和生物光学的知识对于研究初级生产力、海洋生态及碳循环是至关重要的。太阳短波辐射的穿透深度是由上层水体光学性质决定的。海洋上层水体中的颗粒物和可溶有机物产生的吸收和散射可改变光的穿透深度、海水的热结构及热平衡。海洋中热平衡以及碳的来源和沉降影响全球气候变化，同时，全球气候变化将影响地球的生态系统。海洋光学也可用于描述海洋环境。海水透明度（浊度）是水中物质成分（悬移质、浮游植物、可溶有机物、污染物）浓度、粒径分布和类型的指示器。水中能见度在海洋军事和水下工程中也非常重要。目前一个重要的研究方向是把光学性质作为追踪物研究水体的运动，这包括河口径流、锋面、漩涡等。以光的传输理论为基础的海洋光学技术，已成为海洋观测的重要技术手段之一。相信在不久会有更多新型海洋光学观测技术涌现出来，有更多海洋参数得到高精度的测量，更好地满足海洋科学家对海洋观测的需求。

尽管海洋光学技术得到了很大的发展，发挥了很重要的作用，但是离实际的海洋观测需求还有很大的差距。主要体现在：（a）参数的测量精度不够、水下长期观测能力不足、大面积三维观测能力不足。关于参数的测量精度问题，目前海洋中温度和盐度的测量精度可以达到千分之几的量级，但是对于光学测量只能达到5%~15%，可见如果光学测量参数的精度能达到盐度温度的水平还有很多工作要做。这些工作主要包括：建立新的测量方法，发展灵敏度高的传感器，发展先进的信息提取方法。（b）研究海洋过程需要长期的观测，需要长时间序列的水下观测数据，需要水下的光学观测系统具有长期可靠工作的能力。但是目前由于受到传感器的功耗以及海水对传感器窗口的污染的影响，这种能力远远达不到要求。因此，需要发展功耗小和具有对窗口进行高效防污的能力的传感器。（c）利用光学技术可以采用水下的或者水面的观测平台实现三维空间测量，但是这种三维测量方式速度比较慢，只适合局部海域的观测，对于大面积或者全球的测量是不能满足要求的。海洋激光雷达有这种潜力，如果采用机载或者星载激光雷达，可以获取大面积或者全球的观测数据。要实现这个目标需要做很多工作。

思考题

1. 海水中主要活性组分（纯海水、浮游植物、非浮游植物颗粒物及黄色物质）的吸收光谱各有什么特点？

2. 海水中颗粒物的散射有什么特点？

3. 太阳光辐射在水下传输，其强度和光谱会发生怎样的变化？

4. 通常不同的海区水体的颜色不同，如大洋水体呈蓝色，近岸水体呈绿色，河口附近水体呈黄色，请解释原因。

5. 研究太阳光辐射在海洋水体中的穿透有何科学意义？请举例说明。

6. 与海洋声学技术相比，海洋光学观测技术有哪些优点和缺点？

7. 为什么在水下光学成像的质量差？有哪些常用的水下光学成像方式？

参考文献

［1］杰尔洛夫 N G. 海洋光学［M］. 赵俊生，译. 北京： 科学出版社，1981.

［2］Dickey T, M Lewis, G Chang. Optical oceanography: Recent advances and future directions using global remote sensing and in situ observations［J］, Rev. Geophys. 2006, 44, doi: 10.1029/2003RG000148.

［3］Kirk J T O. Light and Photosynthesis in Aquatic Ecosystems［M］. 2nd Edition. Cambridge： Cambridge University Press, 1994.

［4］Mobley C D. http://www.oceanopticsbook.info/, 2015.

［5］Mobley C D. Light and Water, Radiative Transfer in Natural Waters［J］.

Elsevier Academic Press，1994.

　　［6］　Rich W Spinrad，Kendall L Carder，Mary J Perry. Ocean Optics［M］，Oxford：Oxford University，1994.

　　［7］　Watson J，Zielinski O. Subsea Optics and Imaging［J］. Woodhead Publishing Ltd，2013.

第十章　海洋中声的传播

　　与其他的能量形式相比，声波在海水中的衰减要低得多，使得声波在水下可以传播较远的距离，因此海洋本身可看做一个天然的声传播信道。声波、光波和无线电波在海水中的传播距离是不同的。在清澈的海水中，光波能够成像的距离在60~70 m，无线电波在水下通信的距离为60 m左右，激光通讯可以达到100~200 m的距离，而水声通讯可以超过1 km的距离。其差别之大如图10-1所示。我们都还记得，在"蛟龙"号下潜试验中，通过水声通讯，在地面指挥室里可以很清晰地接收到潜航员在水下7 km发来的语音报告。这是光波和无线电波通信所无法实现的。在海面、海底以及海水中的声速分布可以形成特殊的声道，使得声波有可能在海面声波导、深海声道中传播，或是以会聚区形式传播。这些声信道的存在使得声波可以在海洋中传播数千千米。各种海洋声学技术或仪器都是利用了声波在海水中的行为特点和规律，掌握声波的这些规律无疑有利于更好地利用声学方法和技术进行海洋研究和开发活动。

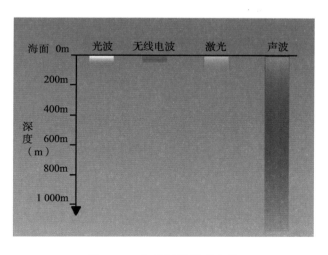

图10-1　水下探测距离比较

本章首先介绍海洋中的各种声音,讲述海洋环境噪声的基本特性。其次介绍声波的反射、折射与散射,描述基本的测距及海底地形地貌测量理论基础和分析方法,这是水下目标探测和识别的基本原理。接着在给出海洋中声速分布规律的基础上,介绍典型海洋声传播条件下声波在海洋中的传播,概述声波在海洋声信道中的远程传播特点。最后简单讲述海洋声学在海洋探测中的一些应用,介绍相关声学探测技术的基本原理。

第一节　海洋中的声音

法国著名海洋学家雅克·库斯托1956年拍摄了一部有关水下探索和冒险的纪录片《沉默的世界》,获得了戛纳电影节金棕榈奖,而很长一段时间内,人们对海洋内部的认识,与该部影片片名一样,认为海洋内部是静寂无声的。但实际情况却截然相反,海洋内部充满了各种声源产生的声音。

这些声源包括各种水下生物、自然物理过程以及同时存在的不可避免的各种人为活动。不同声源具有的声学特性如声源级、谱特性、时空结构等差异较大,对水下声环境产生不同印记。同时每个声源特性本身又受到其所在的特殊环境影响而发生畸变,导致难以对水下声环境给予一个普适性定义和描述。

早期的水下环境噪声特性的研究表明深海中非生物噪声源主要与各种地球物理现象有关,包括风生波浪、地震、降雨和冰裂等;生物噪声源则来自海洋哺乳动物、鱼类和无脊椎动物。这些非生物噪声源分类可由所谓的经典Wenz曲线(图10-2)来描述,该曲线通过频率范围和对应的平均声功率谱级区分不同的噪声来源。

由图10-2可见,海洋环境噪声谱主要分布在两条红线之间。在低频部分航运和地质

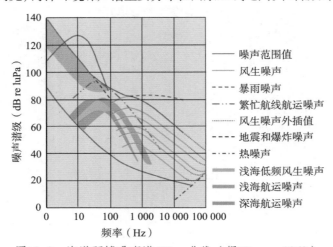

图10-2　海洋环境噪声谱-Wenz曲线(据Wenz, 1962)

噪声占主导,中频噪声则主要来源于海表面波和降雨。如地震和地质波动信号的频率范围在100 Hz以下,而风生噪声频率范围则在几千Hz以上。在高频(>10 kHz),环境噪声主要由局地声源主导。而在100 kHz以上,热噪声将是水下噪声的主要来源(图10–3)。

在浅海中,环境噪声谱分布与深海谱曲线相似,但受声环境变化而有所改变。浅

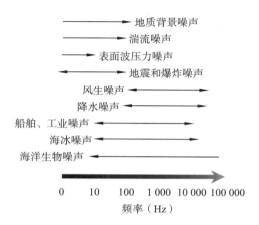

图10–3　海洋环境噪声频率分布(据Wenz, 1962)

海环境类似于高通滤波,当声波波长远大于水深时将难以在水中传播。与深海中噪声主要来源于远处声源不同,在浅海低频噪声成分主要来自于局地声源。

一、海洋环境噪声产生机理概述

水下噪声产生机理较为复杂,主要有以下几种方式。

1. 冲击噪声

冲击噪声主要来源于水体之间或水体与固体间的碰撞,包括水体与水体之间的撞击,如波浪破碎;水撞击到硬物,如波浪撞击到石头;硬物撞击水体,如冰雹撞击水面;硬物撞击海底,如沉积层噪声。该类噪声通常是宽带、瞬态噪声,当碰撞体是硬物时,通常还会出现某些共鸣频率声波。

2. 气泡噪声

在海水中存在各种气泡,但静态的被动气泡不会产生噪声。在一个能量变化和转换过程如波浪破碎或雨滴撞击水面过程中,将产生主动动态气泡。这些气泡发生振动,可产生以气泡共振频率为中心而频带较窄的声信号。

3. 湍流

湍流与海表扰动或围绕障碍物的湍急水流有关,可产生低频连续噪声。

4. 地震

海底岩层在运动过程中与水体相互作用,可产生极低频噪声。

除了自然噪声,海洋中还存在各种人为噪声,其产生机理与上述自然噪声产生机

理一致, 均可通过上述机理产生, 如船舶在水中航行时波浪拍击船体产生冲击噪声, 推进过程或航行路径上卷入水体的气泡产生气泡噪声, 水体搅动产生湍流噪声。此外还有许多其他人为噪声产生机理, 包括:

5. 空化

当快速运动物体周边流体中形成足够大负压, 将出现快速收缩的空化气泡, 相应的较大瞬态声音即是螺旋桨或水中其他快速运动物体产生的空化噪声, 对应着谱峰中心在100 Hz~1 kHz间的宽带谱。

6. 机械噪声

机械运动通常产生一个宽带连续谱, 并叠加一些与机械部件旋转速率有关的线谱, 也可能产生某些冲击噪声。

7. 发声系统

一些发声系统通常有意或无意间产生较高声级的线谱, 如螺旋桨、声呐系统、海洋动物驱赶装置等。

二、海洋环境噪声源

(一) 风生噪声

大量的海洋环境噪声观测结果表明500 Hz~25 kHz间的环境噪声与局地风速和海况密切相关。风生噪声, 实际上是风作用下产生的波浪和白沫在海表面破碎, 将气泡卷入水体中, 气泡振动产生的压力场影响邻近气泡导致共振, 从而产生声波。

如图10-2所示, 风生噪声谱为一系列的直线, 其中1 kHz以上频段的谱级具有-17dB/十倍频程的谱斜率, 且与风速和海况有关, 而在300~500 Hz之间的低频段, 变化趋势则相反。

此外, 由于大气条件和水体特性的日变化或季节性, 风生噪声对环境噪声级的贡献也有显著的日变化和年变化特征。

(二) 降雨噪声

雨、雪或冰雹形式的降水可引起1~100 kHz频带内的环境噪声。降雨噪声主要来源于: 雨滴或冰雹撞击水面产生的冲击噪声; 雨滴导致的气泡振动; 大雨滴产生的更复杂的多气泡和多重冲击噪声。在低风速时气泡振动是主要降雨噪声源, 在高风速时气泡卷入水体的概率下降, 冲击噪声则占主导, 因此降雨噪声有极强的风速依赖性。

冰雹产生的噪声在2~5 kHz间有一个较宽谱峰, 谱峰频率取决于冰雹尺寸, 且与风速几乎无关。

无风环境下的降雪将在20~50 kHz间产生一个递增谱, 有时在50 kHz以上还会存在一个谱峰, 其频率由雪花尺寸决定。

（三）近岸波浪破碎区噪声

近岸波浪破碎区指在浅水区由于水底障碍物影响水流质点运动,导致其流速不等而使波浪破碎的区域。对应的波浪破碎噪声对离岸至少9 km海域内的环境噪声场均有显著贡献。

波浪破碎噪声特性取决于波浪破碎过程,而波浪破碎与海滩地形和海滩表面物质特性(尤其是海滩沉积层粒径大小)密切相关,海滩地形与海滩沉积层粒径大小、波陡、波浪冲击海滩面积以及潮程有关。碎波噪声频率从几十赫兹到500 kHz或更高频率,与局地波浪和海滩环境有关,难以有一个明确的振幅谱表示。

砂质海滩的碎波噪声主要来自单气泡共鸣噪声,对近海环境噪声谱的贡献主要在500 Hz~1 kHz之间;鹅卵石或碎石砂砾海滩产生的碎波噪声频率范围在200 Hz~5 kHz之间, 5 kHz以上其影响迅速减小,噪声声级和频率与沉积物颗粒大小有关——随着颗粒大小增加,噪声频率降低、声级增大;礁石海岸产生的碎波噪声主要来自于湍流、气泡振动和撞击,与砂质或碎石海岸相比,由于没有海滩表层沉积物运动噪声,1~50 kHz范围内的噪声级一般较低。

（四）商业航运噪声

在深海和靠近航线的浅海海域,航运噪声是环境噪声的主要成分,其频率主要分布在50~300 Hz频带内,产生原因主要包括螺旋桨空化、推进机械振动、船体周边湍流、船体摆动等。船舶噪声谱可划分为几个区域:在1 kHz以下的低频段,存在一个连续宽带噪声谱,其中叠加一系列机械旋转产生的线谱;在1~20 kHz之间,机械噪声几乎消失,水动力噪声占主要成分;在20 kHz以上,与其他噪声源相比,航运船舶噪声谱级较弱。此外螺旋桨空化和设备故障也会产生相应噪声。航运船舶噪声谱中较强的线谱是由旋转螺旋桨、有故障的齿轮箱和发电机产生。每艘船有其特定的噪声谱特征,且这些特征随着船速、载重量以及其运动方式的不同而改变。如对渡轮快艇,主要噪声频率在5~20 kHz之间,机械噪声产生的强线谱在几百赫兹,而对浅海小型船只,所有噪声都来自于螺旋桨,频率在200 Hz以下。

全球航运噪声的空间分布是不均匀的,由于主要商业航线分布在北半球,因此北半球各大洋中的航运噪声对海洋环境噪声的贡献更大。另外航运噪声一般存在日变化(如渡轮和近海航运)和年变化(季节性变化),前者与客流量的日变化规律有关,后者则与气候有关,例如为了避免冬季和夏季的风暴,北半球航线往往是夏季偏北、冬季偏南。

（五）近海工业噪声

近海工业噪声包括近海风力发电厂运行、石油与天然气钻探、地质勘探和近海建设施工噪声等。

石油与天然气钻探噪声主要是通过桩柱传导到水体中的机械噪声,包括旋转机械产生的低频线谱(<1 kHz)和平台各部分噪声源贡献的宽带噪声。

地质勘探活动中的发声单元一般采用拖曳式的气枪阵列,通过高压将空气压迫进入水体,气泡的扩展和收缩产生所需要的高声压级,声信号频率大部分在5~300 Hz之间,声源级可达(220~230) dB re 1μPa@1 m(距声源1 m处的声源级,参考声压1μPa,下同)。例如,在大西洋深水海域整个夏季距声源3 000 km处均可持续探测到气枪声波。

近海风力发电厂运行噪声主要是通过塔架传到水中或海底的机械噪声,以及旋转叶片产生的噪声传到水面后再辐射进入水体。不同的风力发电厂产生的宽带低频噪声(10~1 kHz)声压级在(100~120) dB re 1μPa@1 m。此外风力发电厂噪声与风力大小的年变化规律有关。

(六)声呐

声呐已广泛应用在渔船、商用船只、游艇以及海洋研究和军事活动中,主要包括:回声仪、鱼探仪、渔网监控声呐、声调制解调器、浅地层成像、军用声呐等。

由于具有较低频率、较高功率和较强的水平指向性,商用渔业声呐对环境噪声的贡献十分显著,但仅集中在渔场附近。

声调制解调器通常用于从海底设施向海面传送数据,工作频率一般在2~20 kHz,取决于数据传输率和传输距离。一般应用于油气田开发以及海洋科学仪器。

水下声传播和声学海洋学研究常常采用商用声发射换能器或专门设计的发射系统,可发射不同编码、带宽、声源级和工作周期的信号。大部分实验的空间范围在几十千米,20世纪90年代早期实施了海盆尺度项目如海洋气候声学测温计划(Acoustic Thermometry of Ocean Climate, ATOC),用于研究海洋暖化,但其发射的低频声波(75 Hz)对海洋哺乳动物有较大的潜在影响。

目前没有任何公开发表的有关声呐使用统计的文献,因此难以准确判断声呐对环境噪声级的贡献。

(七)生物噪声

生物噪声的主要来源包括海洋哺乳动物、石首鱼、枪虾和某些鱼类等。海洋哺乳动物包括鲸鱼、海豚,其噪声频率范围从蓝鲸低至14 Hz的呻吟声,到瓶鼻海豚高达100 kHz的"click"声,持续时间从几毫秒到2秒。石首鱼通过其鱼鳔共振,可产生100 Hz~4 kHz频段内的噪声。石首鱼一般聚集生活在浅水区,常常同步发声从而产生较响合声,在夜间可使环境声级较正常增高5~20 dB。枪虾通过打开或闭合它们的螯,发出较高声级的声音,如同快速"click"声,听起来犹如煎炸食物时油的爆裂声,其频率范围从500 Hz~100 kHz。

生物噪声具有日变化、潮汐周期变化和年变化规律。

（八）热噪声

海洋环境噪声一般随频率增加而减小，当不存在其他环境噪声和自噪声源时，本底海洋环境噪声主要来源于分子的热扰动，频率在100 kHz以上，这种热噪声大小与频率成正比，其斜率为6 dB/倍频程。

三、海洋环境噪声发展趋势及对海洋生物的影响

（一）海洋环境噪声发展趋势

虽然对海洋中人为噪声发展趋势的研究较少，但现有观测结果清晰表明，商用船舶、包括地质勘探在内的近海油气开发、军事和其他民用声呐的大规模应用造成海洋人为噪声源数量持续增长。在加利福尼亚南部近海某地的观测数据表明，1960—2000年间（30~50）Hz范围内的低频噪声增长了（10~12）dB，平均而言，每十年低频噪声能量翻倍。而这40年间商用船舶的数量增长两倍、货运量增长近四倍，考虑到船舶航行噪声的频率范围，可以认为低频海洋环境噪声的增大来源于商用船舶航行噪声。

当然在不同海域的噪声发展趋势是不同的。虽然近海油气开发是低频海洋环境噪声的一个显著来源，但地质勘探噪声却不是北太平洋海域的主要人为噪声源。而在北大西洋沿着大陆坡（>500 m）油气开发活动愈加活跃，相应的地质勘探噪声对深海噪声环境的影响更加重要，对北大西洋的环境噪声有显著贡献。

采用中高频信号的军用和其他民用声呐随安装这些系统的船舶数量增长呈比例增长，但因中高频声波不像低频声波那样在水体中可进行远距离的有效传播，使用这些频段的声呐系统仅仅对局部和区域性背景噪声场有贡献。

渔业对噪声贡献的增长趋势还不十分清晰，在过去几十年内全球捕鱼量保持相对稳定，但现在的捕鱼船队可能使用吨位更大、噪声更强的船只，且安装了更新的、功率更大的声呐系统寻找鱼群。另一方面，近年来水产养殖业增长明显，几乎贡献了全球近一半的食用鱼。如果水产养殖区位于海洋哺乳动物活动频繁区域，常常使用声学设备来驱赶这些不请自来的"捕鱼者"，导致水产养殖对海洋环境噪声的贡献也持续增长。

（二）海洋环境噪声对海洋生物的影响

在目前的全球化经济环境下，可产生水下辐射噪声的海洋工业活动越来越多，影响范围越来越广，如近海油气勘探和开发、近海工程建设、疏浚、军事活动等，人为噪声对环境噪声场的贡献越来越显著。这些附加的人为噪声对海洋生物和海洋生态声学环境的影响引起了人们的关注。

海洋哺乳动物利用声波进行通信、个体识别、避障、捕食、定向、导航、择偶等。环境噪声对海洋哺乳动物的影响取决于其频率范围、强度和作用时间，其对海洋哺乳动物的潜在影响包括：物理伤害（如组织破裂）、生理紊乱（如临时的或永久性的听力损伤）、行为改变（如觅食或栖息方式变化），以及声掩蔽作用（由于增

长的背景噪声,无法检测重要声音)。前两种影响主要来于阵发性高声级噪声,如水下爆炸、海底地震等,后三种影响则来自于持续性低声级噪声,如远方航运噪声等。

由于海洋哺乳动物是相对长寿命物种,需在种群层次上考虑慢性噪声暴露的潜在性、长期性和迟滞性影响。如增长的环境噪声级,可形成通讯屏蔽,对动物间的通讯造成不良影响;还可能对依赖于同物种间的有效通讯或相关声信号探测等方面的行为制造障碍,从而导致出生率或存活率下降,长此以往消弱了海洋哺乳动物种群的生存能力。

大部分航运、爆炸和地质勘探噪声主要分布在低频段,而海洋哺乳动物的食物如鱼类和海洋无脊椎动物对100~500 Hz频带内声音最敏感,它们对低频噪声频发海域的不自觉规避行为,将影响海洋哺乳动物的分布和摄食率,进而影响其种群生存能力。

"维持海洋哺乳动物作为生态系统中的一个显著功能单元"是保护海洋哺乳动物的终极目标,环境噪声特性已成为海洋哺乳动物生态系统尤其是生态声学系统环境的一个基本研究因子,海洋环境噪声和海洋哺乳动物研究已密不可分。

第二节　声波的反射、折射与散射

海洋声学探测所利用的最基本声波性质是反射、折射与透射规律。声波是机械波,在传播中遇到不同介质时会发生反射、折射和透射。最常见的声反射例子是山崖前高喊的回声。图10-4给出声波垂直入射到海底时发生反射的过程。

我们可以通过平面声波在不同介质的平面界面上传播的情况,来看一看声波在什么情况下会产生反射与折射及其一般规律。

假设两种不同介质的交界面为平面,平面声波从一种介质中以某一入射角传播至交界面上,这时一部分声能量被界面反射,即为反射波,在满足一定条件时,另一部分

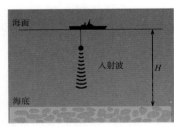 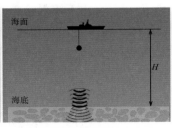 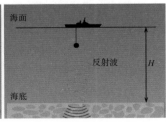

（a）声波发射　　　　　（b）声波在海底界面反射　　　　（c）反射波的接收

图10-4　声波的反射过程

声能量经界面可进入另一种介质,成为折射波(图10-5)。

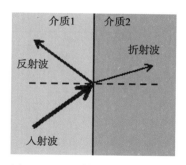

图10-5 入射波、反射波和折射波示意图

反射波和折射波的大小及角度主要取决于声波的入射角和介质的特性阻抗,其中介质的特性阻抗是介质声速与密度的乘积,对应着将介质位移所需克服的阻力。这就使得通过反射波和折射波的测量来获取介质的特性或参数成为可能。在介质内声速已知的情况下,通过测量反射波的到达时间,可以得到反射界面或者反射物与声源间的距离。这就是声学测距的基本原理。图10-6给出不同海底沉积层的声波反射和测量示意图。

除了声波的反射与折射,声波散射也是水下目标探测所应用的主要物理规律,这

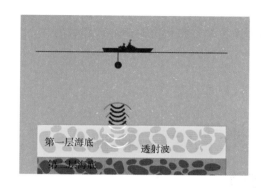

(a)第一层海底的反射

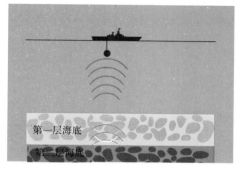

(b)第一层海底和第二层海底的反射

图10-6 两层海底反射示意图

里给出其基本原理。

当光波入射到一个比较大的界面上,界面会使光波产生反射;当光波照射在一个比较小的物体上,光波则会发生散射。声波在遇到大界面和小物体时同样会产生类似光波的反射和散射。尤其是当声波照射在一个尺度与声波波长相当的物体上,声波的散射现象尤其明显。声波的散射有着一定的规律性,利用这些规律可以对散射体的位置、大小乃至形状及种类进行探测和识别。

散射现象的一个典型例子是液体介质中刚性球在平面声波入射下形成的声散射。经过理论推导和解算,可以得到刚性球的总散射功率与入射到球的截面积上的平面波声功率之比,称其为归一化的总散射功率。归一化的总散射功率与声波频率和球半径之间的关系如图10-7所示。其中,横坐标 $ka = \dfrac{2\pi f}{c} a$,f是声波频率,c是声速,a是球的半径。当频率很低,或者是散射球半径很小,即声波波长

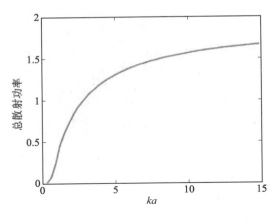

图10-7 刚性球归一化总散射功率

$\lambda=\dfrac{c}{f}$ 远大于散射球半径a时,总散射功率很小;频率增大或者球半径增大,声波波长趋近于散射球半径,总散射功率随之增大,并趋于球截面积入射功率的两倍。

由此可知,对于同样大小的散射体,其散射强度具有类似于图10-7的频率特性,体积不同的散射体具有不同的散射强度频率曲线。利用这个规律可以对水下的目标进行识别。通常用目标强度表征散射体或者目标的散射强度和特性,图10-8给出几种海洋生物的目标强度频率曲线。根据各种生物不同的散射特性,可以实现对不同生物的探测。另外,粗糙海底、粗糙海面界面对声波也会产生散射,海水中声速或密度不均匀都将会对声波产生散射。

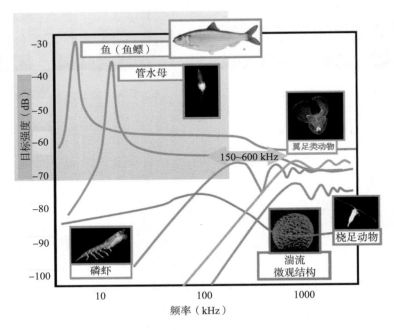

图10-8 几种海洋生物的目标强度频率曲线(Lavery等,2007)

第三节 声波在海水中的传播

利用声波在海洋中进行目标探测或通讯时, 声波需要在海水中传播一定距离。复杂的海洋环境往往对水下声波传播产生影响, 限制了声波的传播距离, 但同时也存在不同形式的声信道, 故可实现声波的远距离传播。海洋中的海水环境往往比较复杂, 海面和海底两个界面的存在无疑会造成声波反射和透射, 考虑到海面及海底的不平整性, 还会产生声波散射。从宏观上看, 海水中声速是随深度分层分布的, 声传播路径上的声速不均匀性会使声波发生折射。另外, 海洋中的各种动力过程, 如中尺度涡、内波的存在, 都使得海水中的声速分布在空间上出现不均匀分布, 且随时间发生变化, 都会造成声波折射或散射。

一、海水中的声速

在空气介质中可以使用喇叭发出声波, 使用麦克风接收声波。水中的"喇叭"称之为水声换能器或者水声发射换能器, 而"麦克风"称之为接收换能器或者水听器。当发射换能器发出声波后, 声波会在水中传播, 受几何扩展和水中介质声吸收等因素影响, 声波传播的同时其幅度还会有衰减。海洋环境影响声波的传播, 因而也影响和决定声学探测的方法和结果。海洋环境对声波的作用主要包括海面及海底对声波的限制, 以及海水中声速分布的影响。声波在声速变化海水中的传播遵循Snell定律, 声速对声波的作用类似于折射率对光波的作用, 海水中的声速分布会影响或决定声波在海洋中的传播。所以了解和掌握海水中的声速分布及其规律, 是理解海洋声学探测原理的基础。

在海面附近, 海水中声速的取值在 (1 430~1 530) m/s。海水中声速c(m/s)的大小与海水的温度、盐度和静压力有关, 随着温度、盐度和静压力的增加而增大, 其关系可以用以下简化的经验公式表示:

$$c=1\ 449.2+4.6T-0.055T^2+(1.34-0.010T)(S-35)+0.016z$$

式中, T为温度 (℃); S为盐度; 静压力由深度z (m) 代替。

海洋中温度、盐度和深度的变化, 都会使得声速发生改变, 从而导致声传播的变化。其中, 温度对声速变化的影响最大。当$T=10$ ℃时, 盐度每增加一个单位, 声速增加1.2 m/s; 深度每增加100 m, 声速增加1.6 m/s; 温度改变时, 声速变量与温度值有关, 温度较大时, 声速增量有所减小, 如在10 ℃和20 ℃时温度升高1 ℃, 声速增量分别为3.6 m/s和2.7 m/s。

二、海水中声速的垂直分布

由于季节、地理位置、日照时间的不同会使声速的分布有所不同。在海洋表面附近，海水温度受日照、海表风、季节变化的影响显著，因而海水温度的日变化和季节变化较大，声速垂直结构的变化也大。在深海温度变化相对小，声速变化也小。此外，海水的运动及变化也会导致声速分布的变化，例如海洋锋面、中尺度涡、海洋内波等。所以，海洋中声速的分布是随时间和空间变化的。在不考虑海洋水文结构对声速结构产生起伏影响的情况下，海水中的温度和盐度变化一般是垂直分层的，通常将声速分布描述为只随深度的增加而变化。

在浅海中，尤其是海面附近声速分布受季节和气候影响较深海环境更为明显。随着季节的变化，声速由海表面至海底变化的方式不同。一般情况下夏季表层水温高，声速随深度的增加而减小。冬季表层水温低而下层水温高，声速随深度的增加而增大。

图10-9是由卫星遥感数据同化后所得到的位置（20.9° N，114° E）在1月、4月、7月、10月的声速剖面，可分别代表春、夏、秋、冬四个季节的情况。从图中可以看出，这一海域的声速剖面在春、夏、秋季随海深呈负梯度分布，夏季受高气温影响声速最高，从海面到海底，声速在（1 542~1 525）m/s之间，春季、秋季声速相对要低，从海面到海底，声速在（1 537~1 525）m/s之间，可见海面上气温的变化对海深70 m处的声速已经没有显著影响。冬季由于受海面上低气温的影响，声速随深度变化基本保持不变，在1 530 m/s附近。

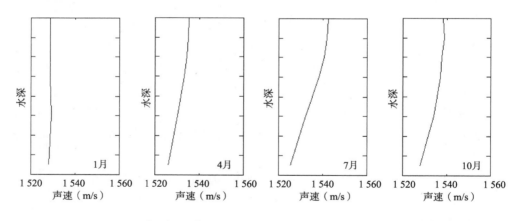

图10-9（20.9° N，114° E）位置点1月、4月、7月、10月的声速剖面

在深海中，海洋温度垂直结构基本稳定。在非极地区域，海面水温相对较高，由于风浪的搅拌作用，海面表层附近的海水在一定的深度内混合，形成一个等温层，或称上混合层。在等温混合层内声速剖面由于压力的作用随着深度的增加而升高。在上混合层之下温度随深度的增加而降低，该水层称为主温跃层，也称之为主跃层，在该

层内声速随深度增大而减小。至主
跃层下界，声速达到最小值。当深
度继续增加时，海水温度不再随深
度变化，形成了一个深海等温层，
该层内压力随深度的增加而增大，
从而使声速在达到最小值后随着
深度的增大而增大。在主跃层和深
海等温层之间声速最小值所对应
的深度称为深海声道轴，中纬度海
区一般在1 000~1 200 m之间，热带
海区可达到2 000 m，而在高纬度海
区则可接近海表面。典型的深海声
速分布如图10-10所示。

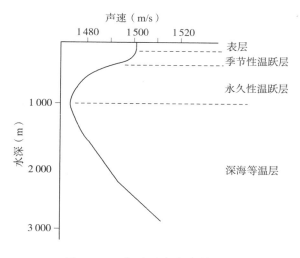

图10-10　典型深海声速剖面图

三、海水中的声传播

声波照射在不同的介质分层界面上会产生折射，折射的原因是介质的特性阻抗发
生变化，折射的规律满足Snell定律，如下式：

$$\frac{\sin\theta_2}{c_2} = \frac{\sin\theta_1}{c_1}$$

其中，θ_2和θ_1分别是声波的入射角和折射角，是声波传播的方向与界面法线之间的夹
角。c_1和c_2分别是两种介质的声速。

从Snell定律我们可以看到，如果介质声速发生变化，折射波的方向也随之发生
变化，从而使得声波在声速变化的介质中传播时传播方向将发生变化，或代表声传播
方向的声线发生"弯曲"。在声传播路径上如果声速逐渐变小，如图10-11（a）所示，由
Snell定律可知，折射角逐渐变小，使得声波的传播方向向下弯曲，逐渐往声速小的介

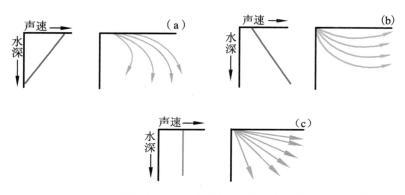

图10-11　不同声速垂直分布情况下声波传播方向的变化

质中变化。当声波在声速逐渐变大的介质中传播,如图10-11(b)所示,由Snell定律可知,折射角逐渐变大,使得声波的传播方向往上弯曲,也是逐渐往声速小的介质中变化。这就使得声在不同声速的介质层中传播时,代表声传播方向的声线往声速小的介质层里弯曲。如果声速随着深度分布是不变的,同样根据Snell定律,声波沿着原来的传播方向传播不发生变化,如图10-11(c)所示。

在典型的深海声速分布环境下,浅海混合层以下,海水温度逐渐降低,声速逐渐减小,当到达深海声道轴处声速达到最小值,其后随深度增加,压强增大,声速又逐渐增大。由前述分析可知,声线在声速变化的分层海水中总是往声速低的水层弯曲,当声源位于声道轴附近时,所辐射声信号的传播被一定程度地限制在一定厚度区域中,其传播路径既不接触海面,也不接触海底。这样的海洋声传播环境称之为深海声道。可见深海声道如同一个管道,将声波聚集在其中,由于不存在界面损失,使得声能量得以在深海声道中实现远距离传播。声波在深海声道中传播时,在离声源数千千米外可以接收声信号,某些观测表明鲸鱼常常利用深海声道进行声通信。典型的深海声道传播如图10-12所示。

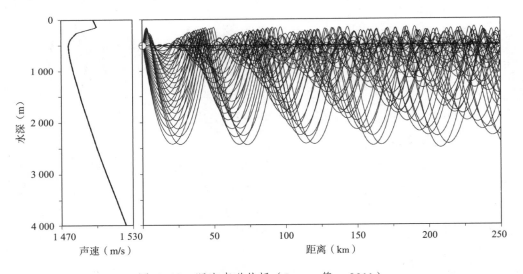

图10-12 深海声道传播(Jensen 等, 2011)

通常海面附近的声速及其随深度的分布是随着季节和海域的不同而变化的。由于海表风、降雨等原因,在适当的情况下会在海面下方出现一个等温层,同时,静压力的作用使声速随深度的增加而增加。当声源在这个深度区域发射声波时,由Snell定律的结果,声线将向声速小的上方弯曲,而海面又会将入射的声波向海面以下反射,从而使得声波被限制在海面及附近的低声速层中传播,形成了所谓的海表声波导,致使声波可以在这个表面声道中实现远距离传播,如图10-13所示。

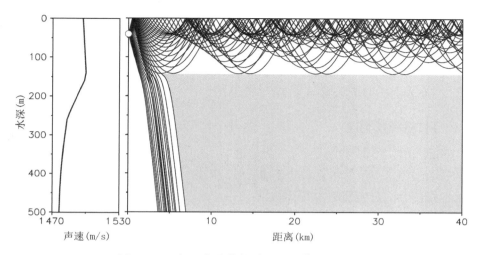

图10-13　表面声道传播（Jensen 等，2011）

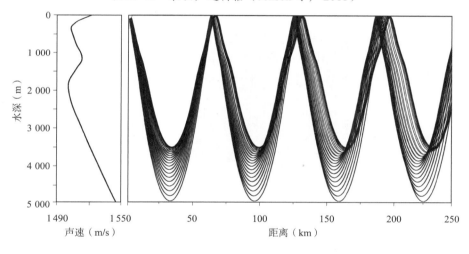

图10-14　会聚区传播（Jensen 等，2011）

会聚区传播也是深海中的一种典型声传播。由于深海海洋声学环境的特点，当声源位于海表面附近时，部分声传播路径自海面向海洋深处传播，因海表声速小于海底声速，声线在海底附近发生反转回到海面附近，如图10-14所示。在距声源数十千米以外的海面附近会相继出现一个个高声强的区域，称之为会聚区，根据离声源远近依次称为第一会聚区、第二会聚区、第三会聚区……会聚区之间的区域声强很弱，称之为声影区。会聚区的宽度随会聚区的号数增大而增加。由于许多声线汇聚于此，会聚区的声强较高，与其他区域相比可以产生约20 dB的增益。利用会聚区实现远程声探测是声呐探测的重要工作方式。声波的远程传播可以为水下远距离通讯提供环境条件，也为科学家们利用声波的远程传播实现海洋声层析——利用声波来剖析海洋并获取海洋环境参数提供了条件。

海水的深度分层可以提供远距离声传播的各种海洋声信道,使得声波在海水中得以远距离传播。当然海水对声波也存在吸收作用,会使声波在传播中衰减从而降低声波的有效传播距离。

四、海水中的声衰减与混响

(一)传播衰减概述

与光波相比,海水对声波可以认为是透明的,但海洋内部和海面、海底两个界面对声信号而言仍是一个非常复杂的传播介质,声波传播过程中会产生失真和衰减。声波传播的强度衰减(传播损失)原因包括:

1. 扩展损失(几何衰减)

声波波阵面在传播过程中向周围空间不断扩散引起声强的几何衰减,也称之为扩展损失。最简单的情况是以声源为中心,以球面对称形式向各个方向辐射声能。

对于这种无指向性的声波,若介质中声功率无损失而保持恒定,则距声源r处声功率W和声强I之间的比值是距离r的平方的4π倍。

当声波在浅海环境中传播一定距离后,声波在海面和海底处发生反射,其传播由球面对称形式转为柱状传播,此时距声源r处声功率W和声强I之间的比值是距离的平方的2π倍。

因此,对于球面波而言,从r_1处传播到r_2处时,声波扩展损失可表示为

$$TL = 20\lg \frac{r_1}{r_2} \ (\text{dB})$$

由上式可知与声源的距离增加一倍,声压级降低6 dB。

一般可把扩展损失写成:$TL = n10\lg r \ (\text{dB})$

其中,n的取值随传播条件不同而不同,具体如表10-1所示,

表10-1 不同几何扩展条件下的声传播损失

n	适用条件	TL(dB)
0	平面波传播	0
1	柱面波传播,如表面声道和深海声道	$10\lg r$
2	球面波传播,如开阔海域	$20\lg r$
3	浅海声速负跃变层环境	$30\lg r$

2. 吸收损失

吸收损失指的是介质的黏滞性、热传导性以及其他弛豫过程引起的声强衰减。

在介质中, 声吸收和声散射引起的声传播损失经常同时存在, 很难区分开来。

平面波传播距离r后, 由于声吸收而引起的声强变化为

$$I=I_0 10^{-\alpha r/10}$$

式中, α称为吸收系数, 当距离较远时, 声吸收引起的传播损失约等于吸收系数与传播距离的乘积。均匀介质的经典声吸收系数$\alpha=\alpha_\eta+\alpha_k$, 其中$\alpha_\eta$和$\alpha_k$分别为介质切变黏滞和介质热传导对应的声吸收系数。实际上海水吸收系数测量值与上述经典理论值存在差值, 称之为超吸收。

在高频段, 海水中的超吸收主要来源于海水中硫酸镁的化学弛豫过程, 虽然硫酸镁溶解度较小, 但声波作用下使硫酸镁的化学反应平衡遭到破坏, 在其达到新的动态平衡过程中造成声波能量损失。在5 kHz以下的低频段, 海水中的超吸收还包括硼酸等引起的其他化学弛豫过程。

海水中的超吸收系数与声波频率、温度、压力、盐度等因素有关, 不同的声波频率, 对应着不同的声吸收系数经验公式。

3. 散射

海水介质的不均匀性, 包括: 海水中的泥沙、气泡、浮游生物等悬浮粒子以及湍流等形成的介质不均匀性引起的声波散射, 此外海水界面对声波也有散射。

（二）海面声散射

海洋表面可看成声波的反射面和散射面, 如果海表面极为平坦, 则可看作一个理想的声反射面。海洋表面最显著的特征是呈现复杂的波动, 极难看到平坦海面。海表波浪的周期性一般采用波高、波长、周期和波速等参量描述, 而其随机起伏性则采用概率密度分布、方差和谱等参量描述。海表面对声波的影响与海表粗糙度有关, 而海表粗糙度一般可用波高描述。

声波入射到起伏的海表面时, 将同时存在镜反射和漫散射, 当海面平坦时, 发生全反射, 反射系数接近–1; 海表面波高增大时, 反射系数减小; 当声波掠射角较小时, 漫散射占主导, 散射场主要来源于海表层的气泡, 声波频率越高, 气泡散射的贡献越大。

（三）气泡引起的声衰减

海洋深处气泡密度较小, 对声吸收的影响可忽略, 但在海表面附近, 风浪作用下海表空气被卷入海水中形成气泡群, 同时船舶行进过程中也会产生气泡。尽管气泡在海水中所占体积比例很小, 但海水和气泡内空气的密度和压缩系数相差极大, 可对声传播产生较大影响。

水中气泡引起的声衰减原因包括: 声波作用下气泡压缩、膨胀导致的热交换对应的声能损失; 气泡压缩、膨胀时气泡表面受海水的黏滞作用导致的声能损失; 气泡压缩、膨胀形成的二次声辐射造成的声散射。气泡导致的声吸收系数与声波频率、气泡粒径分布有关。

（四）海底声散射

声波在海洋环境中尤其是在浅海环境中传播时，不可避免地接触海底，与海面相似，海底也会造成声波的吸收、反射和散射，且比海面更加复杂。海底复杂的地形地貌、分层结构和沉积层特性对声传播有重要影响。

海底沉积层是泥沙与海洋生物遗骸在海底所共同形成的特殊地层，由沉积物颗粒和海水双相介质组成。声波通过折射可进入沉积层，在沉积层内部发生反射，还可产生压缩波和切变波，其对应声速与沉积物孔隙率、密度和颗粒粒径有关。根据浅海大陆架海区的沉积物压缩波波速不同，可分为高声速和低声速海底，对应着不同的海底反射和吸收损失。

海底声反射主要与海底粗糙度有关。海底较为平坦时，低频声波反向散射强度与入射角和声波频率有关。而对非常粗糙海底，声反向散射强度与入射角和频率基本无关。

（五）悬浮颗粒物引起的声衰减

在沿海或港湾附近地区，江河淡水携带大量泥沙注入，同时有各种生物、非生物悬浮颗粒物存在。含有悬浮颗粒物的混浊海水将造成声衰减，产生原因包括：入射声波被颗粒物散射，偏离原有传播方向，其声能量衰减取决于颗粒物的几何尺度与声波波长之比，仅在极高声波频率或颗粒物尺度非常大时才有效果；颗粒物热传导导致的声吸收，仅当声频率在数十兆或数百兆赫兹以上时才有效果，在海水中可忽略不计；黏滞性声吸收是悬浮颗粒物产生声吸收的主要机制，声波作用下，颗粒物受激相对水质点运动，在颗粒物表面出现的速度梯度使声能转换为热能，导致声能量损失。悬浮颗粒物黏滞性吸收系数与颗粒物浓度成正比，并与声波频率、颗粒物组分比例、颗粒物粒径分布有关。

（六）混响

由于海洋中声速空间分布的复杂性，同时海水中存在各种各样的散射体，声波在传播过程中，不仅被不均匀且随机起伏的海底和海面界面反射，遇到水中散射体或不均匀水体微团时，还会发生反射和散射。因此声波在传播较远距离后达到接收器时，不仅仅是沿某条路径到达的声波，而是一系列沿不同路径到达的声波，这称之为多途效应。

不均匀且随机起伏的海底和海面界面不仅是声波的反射面，也会造成声波散射，它们与海水中的各种散射体，如海洋生物、泥砂、气泡、不均匀水体微团等一起组成一种随机分布的不均匀介质。当声波在这个不均匀介质中传播时，一部分声波将向四周发散，形成散射声场，所有这些散射波在接收点叠加即形成所谓的混响。根据散射体特性的不同，混响可分为三类：海底混响、海面混响和体积混响。海底混响对应的散射体是海底不均匀起伏和海底表面粗糙度，海面混响对应的散射体则是海面的不均匀起伏和海表附近的气泡层，体积混响对应的散射体来自于水体中的各种散射体。

混响既与声源特性密切相关，又受到海水环境的影响，往往与接收信号相混叠。

与噪声一样,混响严重影响着声学系统的工作性能,是海洋声学探测中需要去除的干扰之一。

(七)生物散射体

在海洋中存在一些由不同生物如鱼、磷虾、乌贼等头足纲软体动物、桡足类动物、管水母等腔肠动物聚集而成的复杂群体,深海中则称之为深水散射层。声波遇到这些散射体时将偏离原有传播方向,发生声散射,主动声学系统的探测性能常常受其干扰。(2~10) kHz频段内鱼鳔是主要散射源,20 kHz以上频段浮游动物则是主要散射体。由于海洋生物的活动规律与水中光照强度有关,呈现明显的昼夜间上下迁移规律,因此深水散射层日出而降、日落而升,且在白天和夜间深度基本保持不变。

五、声的多普勒频移

假设水体是静止的,声波以声速c传播。声源、接收器或散射体的运动会改变接收声信号的频率,称之为声的多普勒频移。

考虑声源和接收器在同一方向运动,若接收器固定不动,当声源向着接收器方向运动时,由于声波速度相对接收器而言变小,导致接收的声波波长变短。若声源固定不动,当接收器以某一速度远离声源时,可导致接收的声波频率变小。当声源、接收器均运动时,接收声波频率与发射的声波频率间的比值等于接收器和声源的运动速度与声速差值的比值。

同样,当固定声源辐射声波,而散射体以某一速度远离声源时,散射体处的声频率变小。若接收器位于声源处,则散射体可看做一个退后声源,接收声波频率与发射的声波频率间的比值等于散射体的运动速度与声速之差和两者之和的比值。当散射体沿任意方向运动时,多普勒频移导致的声波频率变化可正可负,取决于声源、接收器和散射体间的几何关系与运动方向。

海洋中可产生多普勒频移的散射体是无处不在的浮游生物,气泡群则是靠近海面的散射体。声学观测平台一般是固定的或其运动状态已知,声发射换能器同时发射两个反相声脉冲信号,接收的多普勒频移反向散射信号与发射信号相乘后,可获取多普勒相移角度。当距离固定时,前后相继发射的脉冲信号对应的相移可用于计算散射体平行于声波束方向的运动速度。当每秒钟内发射多个毫秒级宽度的脉冲信号时,可测得低至1 cm/s的漂移速度。多普勒速度仪已成功地应用于混合层、上层海洋动力学、内波和潮汐运动研究。

第四节　海洋声学探测技术

利用对反射波、散射波以及声波在传播过程中的变化等信息的测量可达到所需要的探测目的。所测量到的声波可以是最初由声学仪器发射后经过目标反射、散射或传播后的结果,也可以是由测量目标本身发出的声波,如鱼群所发出的声音、波浪破碎的声音。海洋声学设备主要是声呐设备,即利用声波作为信息载体进行目标探测、识别、定位、跟踪,实现海洋活动中的导航、测量和水下通讯。声呐从工作方式上可以分为主动声呐和被动声呐两种,主动声呐发射声波,声波传播过程中遇到目标产生反射或散射回波,接收器接收到回波并进行处理以获取目标信息。被动声呐本身不发射声波,通过接受目标所发出的声波来提取目标信息。海洋声学设备通常包括置于水下的声波发射、声波接收部分,称为水声换能器或者水声换能器基阵,同时还需要对接收到的声信号进行记录、处理分析、显示和输出的部分。针对海洋研究和开发利用的不同目的,目前已经有众多的成熟声学仪器和技术广泛地应用于海洋监测、开发、保护和利用中。

一、声学探测系统

图10-15显示了一个典型的声学探测系统,由模拟和数字单元组成。显示单元一般采用图像显示或打印输出。用于探测和搜索的声学系统通常包括一些控制信号长度、时变增益控制、信号校正、显示和模拟/数字信号输出单元。所有的接收单元都有一个与噪声有关的最小输出以及最大输出限值。时变增益就是用于保证邻近和远处的散射体具有大致相同的电子信号输出,以保证接收信号在最小和最大限值之间。

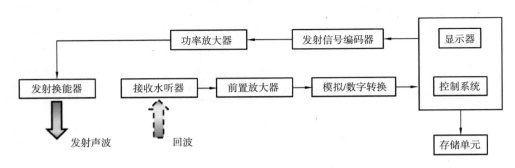

图10-15　典型的声学探测系统

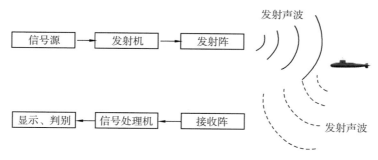

图10-16　主动声学系统

　　根据声学系统发射和接收信号的方式,可分为主动声学系统和被动声学系统,也可称为主动声呐和被动声呐。图10-16是主动声学系统示意图,首先由发射单元向海水中发射具有一定频率范围和编码的声信号,声信号在水中传播遇到水中物体或海面、海底等界面后,产生反射或散射信号,这些信号在海水中继续传播,被特定位置处的接收系统接收,转换为电信号,经处理后可获取相关的水中目标信息或海洋环境信息。大部分水下声学系统如回声仪、侧扫声呐等均为主动声学系统。

　　图10-17是被动声学系统示意图,与主动系统相比,没有发射单元,通过接收水中目标所辐射噪声,获取相关的水中目标信息或海洋环境信息。被动声学系统主要用于海洋环境噪声监测、海底地震监测、鱼群动态监测、潜艇和水中航行器探测等。

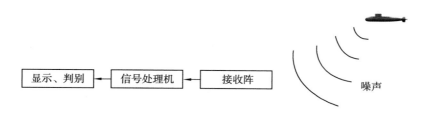

图10-17　被动声学系统

　　发射换能器是主动声学系统发射单元的重要组成,完成电能量向声能量的转换,而水听器则是声学系统接收单元的重要组成,进行声能量向电能量的转换。在打火机中点火器采用的压电陶瓷是目前最主要的电-声转换材料。由于特殊的晶体特性,不需要移动任何线圈、磁体或振膜,压电陶瓷的机械变形即可直接产生相应的电响应,从而用于声信号接收,且这种压电效应是双向的,一定的电压作用可引起压电陶瓷的机械变形,从而用于声信号发射。

　　锆钛酸铅(LZT: Lead-Zirconate-Titanate)是一种典型的压电陶瓷,目前已替代了所有其他的换能器材料,其电-声转换率可达80%以上,效率远超过电力发动机和发电机。同时LZT非常容易被加工成所需要的形状,是机械振动单元的首选材料。

二、回声仪

回声方式是最简单的测距方式,空气中的蝙蝠和海中的海豚均采用回声方式定位和导航,虽然直到现在我们还不清楚它们具体的信号处理方式。回声仪的基本思想与我们在山谷中听到自己的回声相似,通过向海底或水中目标发射声波,测量海底或水中目标反射声的到达时间即可得到海底地形或水中目标至回声仪的距离。

20世纪初,豪华游轮"泰坦尼克"号在其首次航行中撞冰山沉没后,美国人费思登和德国人贝姆分别提出了回声仪概念,希望能用于测量航船与冰山间距,提早预警以避免悲剧的再次发生。由于不了解声速垂直分布对声波在水平方向传播的影响,贝姆的首个回声仪未能成功探测冰山,但在1916年,贝姆利用其研制的回声仪测量了德国基尔海峡的水深,被认为是海底回声测量的先锋性工作。1914年,费思登利用其研制的大功率发射换能器,成功探测到两海里外的冰山。德国"流星"号科考船在1925—1927年间的大西洋探险中,使用回声仪测量了大西洋海底地形,发现了著名的大西洋中脊。

作为最常用的声呐系统,回声仪包括:一个电子信号发生器和放大器,用于将电信号转换为声信号;一个电子接收回路和显示单元,用于将声信号转换为电信号,并显示水下目标距离信息。该系统的应用范围极其广泛,从渔业器材商店里卖的便携式鱼探仪到商业捕鱼船和海军使用的多波束系统均采用回声工作方式。

一个典型的回声仪系统如图10-18所示,对应的声学图像如图10-19所示。系统通过测量声波的双向传播时间,当水中声速已知时,可获得局地水深信息,如图中底部起伏粗线即代表海底。同时系统还可以检测到水体中物体如鱼的反射回波,图中小色点是单个目标(如鱼)的回波。因为各条鱼的回波重叠在一起,一群鱼看起来则是一团回波。测距式回声仪仅仅能够获取单点水深信息,若需获取精确的大范围水下目标和

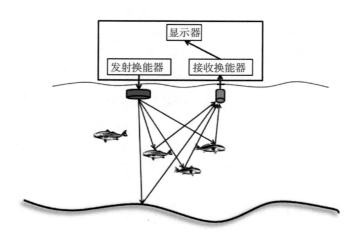

图10-18　典型的回声仪系统

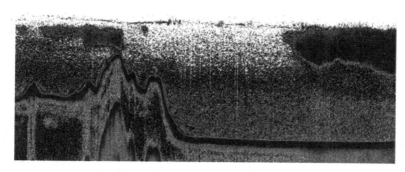

图10-19　某鱼探仪获取的声学图像

海底信息,只有加密测线,才能得到较高分辨率海底地形,但工作量极大,耗时费力。电信公司在铺设跨洋海底电缆时,急需掌握详细的海底地形,促进了海洋声学测深仪器的迅速发展。

提高声学系统的分辨率、扫描范围和图像质量,可提高工作效率,扩大测深范围。声学系统分辨率由被探测物体的空间尺寸和发射声信号波长间的匹配程度决定。声波频率越高,声波波长越短,其空间分辨率越高,而声波频率越高,衰减程度越大,传播越短。因此声学系统需要在探测距离和分辨率之间进行权衡。将声发射换能器组成一个阵列,采用扇形方式发射多波束声波,可增大声波扫描范围,但需要在发射阵列尺度和波束宽度间进行平衡。

三、多波束测深声呐

与空气中采用雷达进行目标定位相比,水中声呐在目标探测时有极大差异。雷达采用电磁波,探测30 km远处目标仅需要2×10^{-4} s,获得360°范围内的图像所需时间少于0.1 s,这个时间内飞机一般仅移动约30 m,因此雷达系统采用一个旋转结构即可获得较好图像。而声波传播速度仅为电磁波的二十万分之一,声呐探测30 km远处目标需约40 s,需要几个小时才能获得360°范围内的图像,单个回波探测时间内船舶一般航行了约100 m。因此需要在多个方向同时发射和接收声信号来获取声呐图像,从而保证船舶高速航行的同时进行大范围水深测量。

图10-20标示的是一个用于海底地形成像的多波束声呐系统,向两侧发射一组扇形波束,其中单个波束宽度在1°~3°间,由波束回波信息可获得沿着船舶航迹的一个窄条带内的水深信息。图10-21为美国新罕布什尔大学的海洋测绘科学考察队在太平洋马里亚纳海沟获得的海底地形,证实了有4条海底"桥梁"(海底山)横跨海沟。

与回声仪一样,多波束测深声呐通常安装在船体,随着船体晃动,接收阵获得的声信号来源于不同方向,需要对船体运动带来的误差进行修正。一种方法是根据GPS和陀螺仪信息对船体运动姿态进行校正,但其校正精度依旧大于部分回声仪系统的波束宽度,使接收声图像产生模糊条带。根据平面波假设,即声波传播过程中,相位相同点位于同一个平面上,通过计算不同接收阵元间声信号到达时间差,可获得接收的

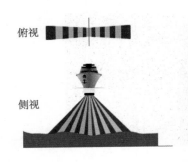

图10-20 用于海底地形成像的
多波束声呐系统

图10-21 马里亚纳海沟海底地形

反射信号方向,称之为波束形成法,依据此方法,可获得不同方向的声信号,从而得到海底地形信息。

四、侧扫声呐

多波束测深声呐仪利用声信号传播时间进行海底地形测量,但同时声回波强度也包含了丰富的海底散射信息,侧扫声呐就是这样一种回声仪,将声波束向两侧发射,碰到海底或水中物体后的反向散射波被接收换能器接收,如图10-22所示,虽然其设计概念与回声仪一样,但发射换能器产生单个扇形波束,接收换能器配有时变增益,用于距离补偿。侧扫声呐发射换能器形状细长,其波束在水平方向宽度较窄,一般小于1°,在垂直方向较宽,既可保证较高声波强度,又可获得较高水平分辨率。

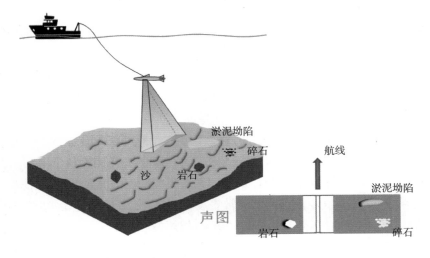

图10-22 侧扫声呐工作示意图

与多波束声呐显示的水深信息不同,侧扫声呐声图显示的是接收的散射声强,其大小与海底粗糙度和海底地质类型有关,一般采用伪彩图或灰度图表示。硬的、粗糙的、凸起的散射体对应的散射声强高,声图显示为浅色,软的、平坦的、凹陷的散射体对应的声强低,声图显示为深色,被遮挡的物体不产生回波。

侧扫声呐应用较为广泛,一般用于地质研究,可显示海底底质构造,对底质进行初步分类;获取海底地貌形态和分布,用于港口、航道和重要海区海底测绘;用于海底电缆、海底输油管线的海洋工程勘探;也可用于海底沉船定位,显示沉船海底姿态和现有状态。图10-23为加拿大公园管理局公布的一艘沉船的侧扫声呐图像,这艘位于加拿大北部海区的沉船可能是由英国著名探险家约翰·富兰克林爵士率领的北极探险队中的一艘沉船,160多年前该探险队在北极被海冰围困,因食物铅中毒全部丧生。

图10-23 侧扫声呐获得的海底沉船图像

五、浅地层剖面仪

在海洋研究、近海开发、航线勘探和近海工程中,常常配合使用多波束测深声呐和侧扫声呐进行海底地形测量,前者可提供高精度的三维信息,后者则提供小尺度的海底地形形态信息。但这两类声呐仅能提供海底表面信息,为了获得海底分层结构,则需要利用浅地层剖面仪将声波透射进入海底,进行海底分层成像。

浅地层剖面仪又称浅地层地震剖面仪,通过接收和处理海底不同地层反射的声信号,可以获得海底分层结构(图10-24)。在不同地层中由于其包含沉积物不

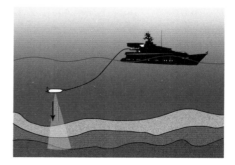

图10-24 浅地层剖面仪工作原理示意图

同，沉积物密度、声吸收系数和声速也不同，造成各界面处声反射系数不同，从而决定了声波在不同地层中的往返传播时间和各界面反射波强度，因此浅地层剖面仪终端的显示图像具有一定的层理特征，由点状、块状和线状图形组成，能反映不同地质年代、不同沉积环境和不同物理特征的沉积物层特性差异。图10-25是澳大利亚地球科学中心公布的昆士兰岛费茨罗伊河口附近的吉宝湾海底分层地层成像结果，可见吉宝湾海底平坦，在古河道上方覆盖了2~3 m厚的现代沉积物。

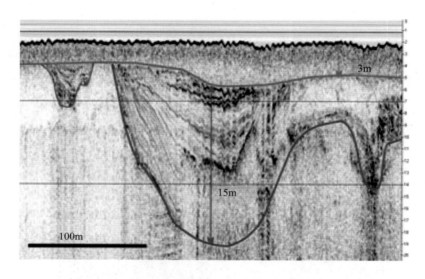

图10-25　澳大利亚吉宝湾海底分层结构

当声波频率越低，海底地层中声衰减越小，海底透射深度越深，但声成像分辨率越低。因此浅地层剖面仪需要在声波透射深度和空间分辨率间进行平衡考虑。采用低频声波可获得较高的垂直分辨率，而对应的信号频带宽度和波束宽度较大，难以获得理想的水平分辨率。

在海水中，声速取决于海水密度和压缩系数，当静压力增加时，海水密度增加，压缩系数减小，但声速随压缩系数的非线性变化大于其随密度的线性变化。在较高声压时，也会发生类似情况，即使声波频率相同，较高声压的声波的传播速度要略大于较低声压的声波。因此高声源级的单频正弦声信号在水中传播一定距离后，其波形将变为锯齿状。

利用上述特性，采用高频发射换能器，同时发射两个频率相近的高声源级单频信号，接收信号的频率将是这两个单频信号的频率和与频率差，从而在保证较大信号频宽的同时，获得较低频率的声信号，解决了浅地层剖面仪面临的声波透射深度与空间分辨率间的矛盾，也称之为参数阵回声仪。如同时发射20 kHz和22 kHz信号，频宽为频率的10%，则接收的二次频率信号为2 kHz，对应频宽为2 kHz，而直接发射2 kHz信号，对应频宽仅为200 Hz，这两个频率信号对应的空间分辨率分别为0.375 m和3.75 m。

此外, 采用电火花震源等大功率声源或发射线性调频信号, 也可以满足不同空间分辨率和透射深度的需求。

六、声学多普勒流速剖面仪

多普勒声呐可用于测量船舶相对于水体或海底的速度, 也可用于测量海表波浪流速、水中运动物体或内波速度。

声学多普勒流速剖面仪ADCP(Acoustic Doppler Current Profiler)是一种基于回声仪原理的流速遥感测量装置。通过测量流动水体中悬浮颗粒物(如浮游生物、泥沙等)的反向散射回波, 获得从海面到海底各水层的海流速度和方向信息。

船载ADCP包含至少三个高频窄带回声仪, 垂直向水下不同方向辐射声波, 各方向波束与ADCP轴线成一定夹角。因水中不同深度均存在散射体, 可接收到辐射椎体内不同距离反射回来的声波。考虑信号频率和短脉冲传播时间, 决定对应的多普勒频移。由于测量过程中ADCP及散射体单方或双方均在运动中, 多普勒频移量的大小取决于两者间相对距离的变化, 当散射体的运动方向接近ADCP时, 距离缩短, 则接收回波的频率增大。通过三个回声仪获取的流速值, 可得到不同水层海流的平均流速矢量信息, 因此一台声学多普勒流速剖面仪相当于多个单点流速仪组成的测流阵列(图10-26)。

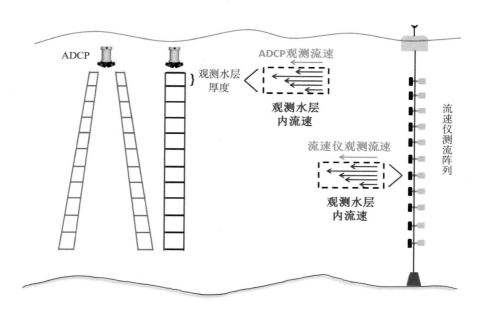

图10-26　声学多普勒流速剖面仪流速测量示意图

图10-27是美国海洋和大气管理局在距美国南北卡罗莱纳州海岸140 km处的查尔斯顿隆起利用船载ADCP测得的流速信息, 该隆起位于湾流附近, 其海底礁石群非常

适合多锯鲈鱼生长，由图可见顺着湾流方向表层流速较快，接近2 m/s，垂直湾流方向的流速则要弱得多，是一个典型的湾流区流速垂直分布结构。

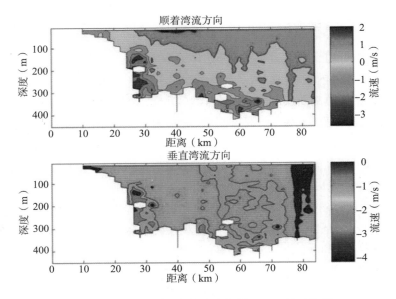

图10-27　查尔斯顿隆起处的船载ADCP观测结果

为了保证其结果准确性，ADCP一般同时包括第四个回声仪，用于评估声波辐射锥体内海水流速的水平均匀性。一般而言，在声波辐射锥体内海流水平方向上变化不大，满足流速平稳假设。

与上述四种回声仪相似，ADCP也需要在分辨率和探测距离间寻求平衡，速度分辨率实际对应着背向散射信号的频率分辨率。而为了测量结果准确性，发射声信号和反向散射声信号需要分离，因此测量水层厚度决定了对应的信号长度，进而决定了声信号的谱宽度，只有当多普勒频移量大于此谱宽度时，才能被测量到。如观测水层厚度为10 m，则信号允许长度为0.013 s，对应的频率分辨率为75 Hz。

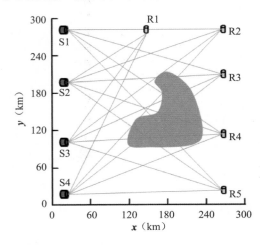

图10-28　百慕大海洋声层析实验示意图

七、海洋声层析技术

层析技术来源于医学X射线成像，通过合成不同方向获得的两维图像，该技术可得到人体内部的三维图像。海洋声层析由著名海洋学家Walter Munk首先提出，以期用于海洋中尺度现象观测，通过在水体周围布设多条水平声传播路径，采用遥感方法对海洋内部进行三维成像。在20世纪70年代，首个海洋声层析实验在西大西洋百慕大海域实施，在300 km×300 km水体周边布设4个声源、5个接收阵，总共可获得20条传播路径，通过测量双向声信号传播时间，对所包围水体的三维温度场进行重建（图10-28）。该实验的成功实施，表明可采用这种简单、有效又省钱省力的方法获取大范围的海洋环境参数信息。

与回声仪通过接收回波对海洋进行成像方式不同，海洋声层析技术通过分离布设的声源和接收器间的声传播数据对海洋环境进行成像，可同步、连续地获取大范围数据，但其弱点是较稀疏的空间分辨率。与压力和盐度相比，声波在海水中传播时温度的影响最大，因此声源和接收器间的声传播时间值可看作一种水温计测量值。X射线层析成像依赖的是不同器官和骨骼的吸收系数，海洋声层析则利用分层海水对应的多条折射路径。与传统的机动性强但费用昂贵的调查船方式不同，海洋声层析方法仅通过几个固定的声源或接收器，可测量温度场的空间平均值，从而获得连续、同步、大范围的海洋热容信息。

声传播路径上各个位置的温度均对声传播时间有贡献，因此最终获得的声传播时间可看作是局地温度信息的积分作用。若声源和接收器相距300 km，声传播时间平均为200 s，温度若变化1 ℃，声传播时间改变0.4 s。假设发射声信号频率400 Hz，带宽100 Hz，声传播时间分辨率为10 ms，因此300 km范围内声层析方法可辨识约0.03 ℃的温度变化。

在太平洋实施的ATOC计划和北冰洋实施的横跨北极声传播实验（Transarctic Acoustic Propagation, TAP）与基于水声的北冰洋气候观测计划（Arctic Climate Observations using Underwater Sound, ACOUS）已充分证实了海洋声层析技术在不同海洋环境下的声学测温能力。

由于深海是低频声波理想的传播通道，可在全球范围内测量海洋平均温度，若经历几个季度、多年甚至几十年的观测，可揭示和验证全球气候变化的长期趋势。

除了温度，海水流速在声传播路径上的投影分量也会造成声传播时间的改变，因此海洋声层析技术还可用于海流、潮流、对流和涡度观测，如在佛罗里达海峡进行的互易声层析（Reciprocal Acoustic Tomography Experiment, RTE）系列测流实验、格陵兰海对流监测实验，日本则将海洋声层析技术由深海推广应用至浅海，在近海海湾、海峡等处开展了一系列潮流观测实验。图10-29是青岛胶州湾潮流场的声层析反演结果，仅仅依靠胶州湾口布设的3个声层析站位，可获得整个胶州湾海域的潮流场时空变化信息。

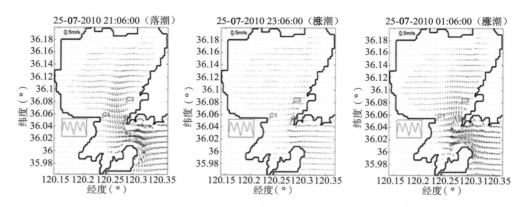

图10-29　青岛胶州湾潮流场的声层析反演结果

八、海洋环境噪声测量应用

海洋中充满了各种物理、生物和人为声音,如同空气对光波是透明的,海水对声波也是透明的,因此海洋中的各种声音照射到水中物体,并被这些物体反射或散射,通过接收这些反射或散射波,就可以识别那些水中物体。有阳光时,我们通过眼睛可以识别空气中的物体,但在水中利用噪声识别水中物体要难得多。由于海洋环境噪声的特殊性和复杂性,与其他海洋声学探测技术相比,海洋环境噪声在海洋研究等方面的应用才刚刚起步。

20世纪90年代,科学家利用美国海军在冷战期间建立的水下监视网SOSUS(Sound Surveillance System)接收的声音数据,对海底火山爆发进行了精确定位,水听器接收阵列位于美国俄勒冈和华盛顿近海,而海底火山则位于日本南部海域,同时这个观测结果证实了大洋中脊是由于地壳下面熔化的岩浆上升冷凝形成的。此外还接收到海洋生物的各种叫声,包括蓝鲸、长须鲸、小须鲸、座头鲸等。这些鲸鱼的声音甚至来源于1 770 km以外的海域。人们发现在不同季节,长须鲸的叫声是不同的,而在太平洋不同海域,蓝鲸的叫声是不同的。但到目前为止仅有极少数鲸鱼被跟踪,大部分鲸鱼的活动规律是未知的。利用SOSUS系统,可以实时跟踪鲸鱼位置。当然除了鲸鱼,在北大西洋和西北太平洋还可同时监测大量其他海洋生物。

关于鲸鱼的一个有趣现象是其如何在如此远的距离确定其运动路径,最初人们认为鲸鱼和海豚与蝙蝠一样采用回声定位方式。利用SOSUS的跟踪数据,将鲸鱼的活动路径叠加到海图上,人们发现鲸鱼可避让一个个几百海里远的海底山。可见鲸鱼不仅利用声波进行相互交流,也利用声波进行导航,用声波对海洋成像,从而确定行动路线。

由于SOSUS的数据利用仍然有一定的限制,美国海洋和大气管理局在加利福尼亚沿海的先锋海底山附近建立了第一个深海民用水听器阵列,用于海洋环境噪声及其对海洋环境影响的长期监测。

水下人为噪声如地质勘探、打桩、航道疏浚等水下作业的噪声对海洋动物的潜在影响一直受到人们的关注，为了进行海洋资源开发，保证其可持续发展，人们开展了人为噪声特性和生物声学间联系的研究。2007年年底开始，澳大利亚启动了集成海洋观测系统计划（Integrated Marine Observation System, IMOS），在悉尼、波特兰、帕斯、斯科特礁等近海海域布设了被动声学自动观测系统，其研究结果表明在接近可听度极限的非常远距离处仍可发现海洋动物对环境噪声的行为响应。这些响应包括游泳速度和方向、下潜和上浮时间和间隔、呼吸率、交流和声学行为的改变，而响应程度则取决于暴露年龄、性别、健康状态、当前行为状态。噪声还能够对海洋动物间的交流、回声定位、猎食者与猎物的声音造成掩蔽作用。噪声暴露还可能造成听力损失，测量结果表明鼠海豚的暂时性听力暂停下限对应的声暴露级为164 dB re $1\mu Pa^2$（参考值$1\mu Pa^2$）。噪声还影响海洋生物的前庭系统、生殖系统、神经系统以及其他器官和组织。但到目前为止噪声影响的生理学意义尚未了解清楚，如什么样的声级和影响能够威胁到一个种群的生存，且测量的声级不可能完全反映海洋动物的响应，还需要综合考虑行为状态、环境条件、猎物的多少、种群中个体数量等多种因素。

此外利用海洋环境噪声可测量海面降雨，全球海面降雨模式变化的监测有助于掌握气候变化（如厄尔尼诺）、典型天气现象（如暴风雨）等。采用水听器接收海面降雨噪声，将水下降雨噪声当作一个天然的雨量计，采用声学方法不仅能够测量降雨量，同时可判断从毛毛雨到雷暴等不同的降雨类型。

小　结

自第一次世界大战以来，随着人们在海洋中活动范围的扩大，海洋科学研究、海洋资源开发和军事活动越来越依赖于海洋声学基础理论研究和相关探测技术的发展，反过来，它们的这种依赖也促进了海洋声学和相关探测技术的发展。本章论述了海洋中声传播的基本原理：声波的反射、折射与散射，介绍了声波在海洋中的典型传播方式和造成声能量衰减的各种因素，描述了海洋环境噪声的产生机理和不同噪声源的声学特性，在上述理论基础上，简单介绍海洋声学在水深测量、地形地貌测绘、地质结构探查、测流等方面应用的基本原理。

思考题

1. 声波与其他能量形式相比，在水中的传播距离有何不同？为什么？

2. 海洋中主要的自然噪声源和人为噪声源各有哪几种？海洋环境噪声对海洋生物有哪些影响？

3. 影响海水中声速的因素有哪些？海水中声速随这些因素的变化规律是怎样的？

4. 什么是深海声道声传播、表面声道声传播和汇聚区声传播? 什么是声影区?

5. 造成海水中声衰减的因素有哪些? 各有什么特点?

6. 主动声学系统和被动声学系统有什么区别? 举例说明它们在海洋中的应用。

7. 回声仪、多波束测深声呐、侧扫声呐和浅地层剖面仪在探测海底信息方面有什么不同?

8. 海洋声层析技术如何探测海水内部的温度场和流速场?

参 考 文 献

[1] 汪德昭, 尚尔昌. 水声学 [M]. 北京: 科学出版社, 2013.

[2] 张海澜. 理论声学 [M]. 北京: 高等教育出版社, 2012.

[3] Hildebrand J A. Anthropogenic and natural sources of ambient noise in the ocean [J]. Marine Ecology Progress, 2009, 395 (12): 5–20.

[4] Peter C W. Sound Images of the Ocean: in Research and Monitoring [J]. New York: Springer. Stanton T K. 30 years of advances in active bioacoustics: A personal perspective [J]. Methods in Oceanography: 2012: 49–77.

[5] Urick R. Principles of Underwater Sound [M]. New York: McGraw–Hill, 1983.

[6] William M C, Richard B E. Ocean Ambient Noise–Measurement and Theory [M]. New York: Springer, 2005.

[7] Jensen F V, W A Kuperman, M B Porter, H Schmidt. Computational Ocean Acoustics [M]. 2nd ed. New York: Springer, 2011.

第十一章　海洋环境保护

受人类生活与生产活动的影响，过量的陆源排污与高强度的海洋开发造成了严重的海洋污染与生态破坏，海洋环境可持续发展面临着巨大挑战。本章主要从海洋环境污染历史、海洋环境污染现状、海洋环境污染过程及海洋环境保护策略等方面讨论海洋污染和环境保护。

第一节　海洋环境污染历史

海洋环境污染是人类活动及其影响从陆地向海洋延伸的结果。第二次世界大战之后，随着现代海洋开发活动的大量开展，海洋污染事件，如海洋溢油、核废料污染等频频发生。同时，不断发展的陆地农业和工业生产活动产生了大量的污染物，并通过河流、直排口和大气沉降等方式进入海洋，从而改变了海湾、河口与近海的物质循环，进而产生了富营养化、重金属污染等海洋环境问题。支撑现代文明的化石燃料燃烧产生了大量CO_2，其大气浓度已从工业革命前的不足$300×10^{-6}$，增加到现在的$390×10^{-6}～400×10^{-6}$，被认为是当今气候变暖的最重要原因。与此同时，CO_2在海洋中的溶解，产生了全球性的海洋酸化现象。过度的海水养殖、围填海、海底挖沙、油气开采、军事活动等对脆弱的海洋生境也产生了明显破坏，有些甚至是不可恢复的。有些海域因污染严重，处置措施不到位，还造成了公害事件，如轰动世界的"八大公害"之一——日本水俣湾汞污染事件，使人类健康受到严重损害，并发展成为水俣病。本节主要从海洋溢油、核废料污染、重金属污染、富营养化及海洋酸化等五个方面来回顾海洋环境污染的历史。

一、海洋溢油

海洋溢油是人类历史上最早出现的大规模海洋环境污染现象。人们发现在海洋底部蕴藏着丰富的石油，继而进行了海上石油的开采活动；同时，海上航运是石油全球运输的最主要方式。石油的开采和运输都有可能导致溢油，如海洋采油平台储油、输油设施的破损，油轮的碰撞、翻沉等，造成了海洋环境的污染。海洋溢油，早在100多年前就有发生，但近年来随着石油开采强度增大和规模扩张，溢油污染对海洋环境的威胁越来越大。最近几十年中，多个海域发生过溢油事故。例如，1995—2004年的10年间，溢油量在7 t以上的事故有232起，发生地点分布于全球60多个国家的邻近海域。作为世界上最大的石油进口国之一，美国是溢油事故发生频率最高的国家，这10年间共发生55起，约占全球溢油事故的24%。近年来，随着石油、天然气作业及海上运输业的飞速发展，我国近海已成为世界上最繁忙的海域之一，海洋溢油污染的隐患也日趋严重。

滞留于海洋中的溢油，除分子量较低的油分可通过蒸发进入大气，继而通过光氧化过程被分解外，绝大多数将存留于海洋及其周边海岸带，从而对受污染海域的动植物产生损害。溢油在海面会迅速扩散铺开，形成厚薄不一的油膜，由此产生的最直接影响就是阻断了水生生物与大气的气体交换，破坏了海洋中溶解性气体的平衡，水体中的溶解氧被大量消耗，有毒有害气体不能及时从水体中排除，极易造成水生生物的窒息和气体中毒。同时，海洋溢油发生后，水质迅速恶化，部分在海浪作用下被乳化的油污也极易黏附在水生动物个体上，对水生动物造成不可逆的伤害。而吸附在悬浮颗粒上的油污，可通过沉积作用形成持久性、难降解的多环芳烃（PAHs）衍生物，对水生生物产生长期的毒害作用。虽然有些海洋微生物可以降解部分油污，但这一过程往往会消耗水体中大量的溶解氧，而海水通过海气界面的复氧途径又被油膜阻隔，导致浮游动物、鱼、虾、贝等海洋动物的卵和幼体因为缺氧而窒息死亡，最终使得生物资源严重受损，海洋生态系统衰退。

2010年，墨西哥湾深海地平线钻井平台爆炸引起了大面积溢油〔图11-1（a）〕，使

（a）油井爆炸　　　　　　　　　　　　　（b）溢油污染

图11-1　2010年墨西哥湾深海地平线钻井平台爆炸

得大量原油泄露到海洋水体中, 对海洋生物及海岸生境产生了难于恢复的影响。这一溢油事件曾被称为美国史上最大的环境灾难。据报道, 约有490万桶(7桶约为1 t)的原油泄露到墨西哥湾, 导致2 500 km²的海水被石油覆盖着, 超过900 km的海岸线受到原油污染, 污染范围超过了美国密西西比州和阿拉巴马州海岸线的总长。墨西哥湾沿岸约1 609 m的湿地和海滩被毁、渔业受损、脆弱物种灭绝, 海洋生态系统受到严重破坏〔图11-1(b)〕。在较短时间内, 油膜和油块黏附了大量鱼卵和幼鱼, 导致幼鱼畸形甚至死亡, 沉入海底的石油和衍生物质对底栖生物构成了严重威胁。长期来看, 溶解到海水中的有毒物质可能会导致海洋生物滞长、生殖能力下降, 从而对未来几年或更长时期内生物种群的增长率和丰度造成较大影响。这次的溢油污染事件, 直接损失可达千亿美元。有研究者预测, 可能需要10年甚至更长的时间, 墨西哥湾的溢油才可能被清除干净; 有些生态破坏则永远无法恢复。

2011年, 发生在我国渤海的溢油事件(图11-2), 是中国近年来最引人注目的大规模石油开采引起的溢油事件。据报道, 由于石油开采过程中操作不当, 导致约700桶原油从地层泄露到渤海海面, 另有2 500桶矿物油油基泥浆渗漏, 并沉积到海床。这次事件共造成5 500 km²海水受到污染, 约占渤海面积的7%。河北、山东、天津等省市的海水养殖及油田周边的海洋生态系统遭受恶劣影响。

图11-2　2011年6~9月中国渤海蓬莱19-3油田溢油

海上石油运输过程中发生的溢油事件也屡见不鲜。据统计, 全世界因油轮事故溢入海洋的石油每年约为3.9×10⁵ t。1967年3月, 利比亚油船"托雷·卡尼翁"号在英吉利海峡触礁, 引发世界上第一次大规模油轮溢油, 附近海域和海岸被大面积污染, 使英、法两国遭受巨大的经济损失。1989年, 美国"瓦尔迪斯"号巨型油轮在阿拉斯加海域触礁搁浅,约5×10⁴ t原油流入威廉王子湾,导致海湾生态系统受损,野生动植物和渔业资源受到严重影响,石油污染对环境及生态系统的影响持续了几十年。据报道,1973—2006年,我国沿海共发生大小船舶溢油事故2 635起,其中溢油50吨以上的重大船舶溢油事故共69起,总溢油量37 077 t,平均每年发生2起,平均每起污染事故溢油量537 t。2002年11月,发生在天津海域的"塔斯曼海"号油轮溢油事故,溢油量超过200 t(图11-3)。2004年12月,珠江口撞船事故一次性溢油量高达1 200 t。2006年4月,韩国籍集装箱船在进入浙江万邦永跃船舶修造有限公司船坞时发生碰撞,造成390 t重油在船坞口泄漏进入舟山沿岸渔场,导致天然渔业资源蒙受重大损失。

图11-3   "塔斯曼海"号油轮在天津港卸载原油

二、核污染

核污染是指大量放射性物质外逸进入环境造成的放射污染,其危害来源于放射性核素发出的α、β和γ射线对人体或其他生物的辐射损伤,所以又称为放射性污染。一方面,海洋的核污染能够导致一些海洋动物死亡,还有其他一些动物遭受到基因损伤;另一方面,海洋动物摄入受到核辐射的植物和小型猎物,海洋食物链将受到污染。部分放射性核素具有生物富集效应,从藻类到鱼类,放射性核素被逐渐富集和放大;因此,可能对海洋生态系统和人体健康产生潜在威胁。

海洋的核污染最早来源于核试验。在许多人看来,海洋荒无人烟,是开展核试验的最佳场所。美国14个核试验场中就有8个设在了海岛和海洋,仅1948—1958年间,美国在南太平洋的一个试验场便进行了43次核试验。另一方面,20世纪50年代至60年代,第二次世界大战时期军备竞赛发展起来的核技术,被逐渐用在了建造核电站、核潜艇等方面,由此产生的核废料与核泄漏也造成了海洋的核污染。当时许多国家,像美国、英国、法国、苏联等,都曾将核废料倾注到不同的海区。海洋环境保护的先驱之一法国人雅克·库斯托,也是"水肺"(自携式水下呼吸系统)的发明人,早在1960年就曾向法国总统戴高乐进言,要禁止往地中海倾倒放射性工业废料。1985年,他进行了一次"重新发现世界"的远航,发现海洋污染十分严重,而对海洋环境造成破坏的,就是人类的不当行为。因此他悲愤地说,人类背叛了海洋,不再是大海的朋友。

核事故也能够引发严重的海洋污染。前苏联切尔诺贝利核电站泄漏酿成了重大核事故,美国三里岛事件以及最近的日本福岛核事故都对海洋环境造成了严重的污染。2011年3月11日,即日本东北部海域发生里氏9.0级地震的第二天,福岛核电站的核反应堆开始发生爆炸(图11-4)。核反应堆的爆炸导致大量放射性物质向福岛周边海域泄漏,爆炸发生20天后,在周边海域监测到的放射性污染物超过本地标准水平的400倍,且受影响海域范围在持续增加。图11-5分别给出了^{137}Cs在福岛核电站泄露后1.5年、3.5年和4年的影响范围。

图11-4　2011年3月福岛第一核电站爆炸

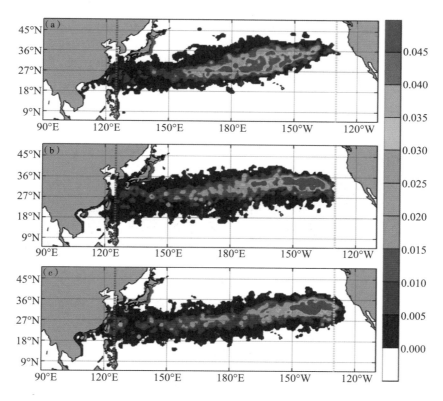

图11-5　^{137}Cs影响强度的空间分布〔(a)、(b)和(c)分别对应日本福岛核泄漏发生后的1.5年、3.5年和4年〕(韩桂军等,2013)

三、重金属污染

重金属污染具有来源广、难降解、易富集、难修复等特征。来自于陆地或海洋开发活动的重金属污染物，能够通过直接或间接的作用引起海洋生物遗传物质发生突变，导致生物生长缓慢，胚胎、幼体及成体的存活率降低等，进而造成生物物种和群落发生改变，影响生物多样性，并降低生态系统的服务功能。

环保部的一项调查显示，我国近岸海域海水样品中铅的超标率为62.9%，最大值超一类海水水质标准的49倍；铜的超标率为25.9%；汞和镉的含量也有不同程度的超标现象。2001年大陆沿海各省（自治区、直辖市）近岸海域海水中铅的平均含量见图11-6。重金属污染不仅会引起水质变化，还会危及海洋生物，并通过食物链的传递影响人体健康。历史上发生在日本九州的"水俣病事件"，就是源于甲基汞对海洋的重金属污染。第二次世界大战以后，日本开始恢复工业。九州是一个醋酸化工区，工业生产过程中需要一些氯化汞和硫酸汞作为催化剂。但催化剂在化学反应过程中并不被消耗，而是作为废物被排放到海洋中。氯化汞和硫酸汞本身就有剧毒，当它们入海并沉积到底泥中，在厌氧菌活动提供的甲基钴氨素的催化下，转化成毒性更加剧烈的甲基汞。甲基汞能损害人的脑神经，导致脑萎缩并产生一系列病变。人们吃了被甲基汞污染的鱼虾，就酿成了震惊世界的"水俣病事件"。海洋中的重金属元素不仅是汞，还包括其他一些元素，如镉、铅、锌、铬、铜，这些都可能对海洋环境和海洋生态系统造成损害，甚至影响人类。

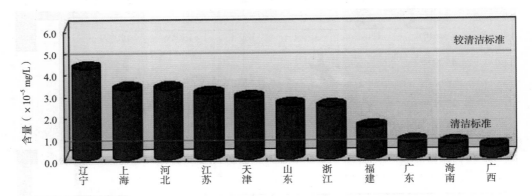

图11-6 大陆沿海各省（自治区、直辖市）近岸海域海水中铅平均含量（《2001年中国海洋环境质量公报》）

四、富营养化

富营养化是指水体中植物生长所需的营养物质（氮、磷等）过剩，并产生明显的生态效应，多发生于淡水湖泊和近海水体。工业革命以来，人们通过施用工业合成化肥来提高农作物产量。但同时,更多的氮、磷被排放到河流中,并最终流入海洋,造成了近海的富营养化现象。近几十年,更大规模的化肥(农药)使用、化石燃料燃烧等人类活动,加速了氮、磷等营养元素随地表径流和大气沉降向近海的迁移,使富营养化成为一个突出的全球性海洋环境问题。可见,富营养化与人类活动密切相关,因此也被定义为"人类活动导致的营养盐加富现象"。

近海富营养化的主要生态效应包括浮游植物生物量的大幅度提高、大型藻类的过度生长、低氧和缺氧区的形成、有毒有害藻华的发生,甚至生态系统中沉水植被的消亡和鱼类的死亡等。其中,富营养化最明显的生态效应是缺氧区的形成与赤潮暴发。

海洋的缺氧区也叫死亡区,通常以造成海洋生物生理紧张的溶解氧含量(<3 mg/L)或呼吸困难的溶解氧含量(<2 mg/L)来界定。发生在河口及近海的缺氧区,通常与富营养化的程度密切相关。近年来,对墨西哥湾、切萨皮克湾、黑海、波罗的海等海湾与近海的研究表明,由于河口及近海富营养化程度的加剧,底层水体季节性缺氧现象呈上升趋势。图11-7是全球海洋缺氧区的分布。缺氧区主要分布在近岸海域,已经遍及

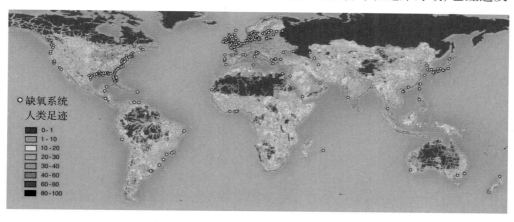

图11-7　全球缺氧区分布以及人类活动的影响(Diaz, R.J. and R. Rosenberg, 2008)

了太平洋、大西洋和印度洋的多个海域,在北半球较为严重。在我国近海的一些大河河口,如长江口、珠江口,也存在明显的缺氧区。20世纪50年代末,已有观测表明长江口外近底层水体有缺氧现象,近年来的研究发现长江口低氧面积有日益扩大的趋势。图11-8显示的是21世纪初我国长江口溶解氧含量的空间分布,存在大面积溶解氧含量<2 mg/L的缺氧水域。

赤潮,或者称为有害藻华,是指在适宜的环境条件下(富营养、适宜的温度和光照等),一些藻种能够迅速增长或聚集,使海水中藻细

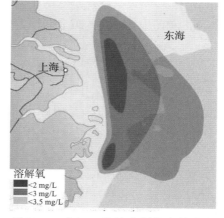

图11-8　长江口海域溶解氧含量的空间分布(Li 等,2002)

胞密度增加,导致海水颜色改变,并有可能造成海洋生物的死亡。大规模赤潮的暴发使得海洋水体中的营养盐几乎被耗光,继而导致藻类大量死亡并向底部沉降,并在沉降过程中或在海底分解,这是一个消耗海水中溶解氧的过程,当水体中的溶解氧浓度低到一定水平,就会导致水体严重缺氧和海洋生物的死亡。在养殖区也发生过很多次这样的事件,养殖区投饵会使局部区域严重富营养化,继而在合适的环境条件下诱发赤潮并使水体缺氧,导致某些生物的大片死亡。另外,危害更大的是在富营养化水体中有毒赤潮(有毒、有害藻华)的暴发,有毒赤潮能够通过多种机制,对人类健康、海洋生物和生态系统等产生危害,如产生毒素、造成物理损伤、改变水体理化特征等,通常所造成的经济损失也非常惨重。

　　图11-9是我国1990—2009年赤潮发生地的区域分布,可见在我国近海,从渤海到南海都有赤潮发生,以长江口最为多发。从1952年到2008年,有记录的赤潮达1 000多次,其中仅东海就发生了575次。有研究表明,20世纪70年代以后,近海赤潮发生频率每10年增加3倍,以东海的增加速度最快。图11-10显示,2007—2011年中国海域赤潮发生面积有逐年降低的趋势,平均而言,以东海面积最大。赤潮频发的主要原因是日益增强的工农业生产活动向海洋排放了大量营养物质。营养物质的不断积累导致近海富营养化,具备了赤潮暴发的物质基础。在合适的环境条件下,藻类的快速繁殖就成为可能。因此,赤潮暴发频率和影响范围与人类活动是密切相关的,赤潮的预防也要通过约束或调整人类活动来实现。

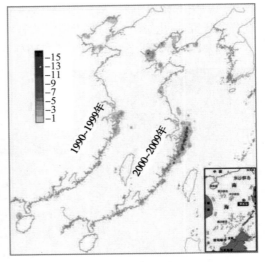

图11-9　中国海域赤潮发生频次(《2009年中国海洋环境状况公报》)

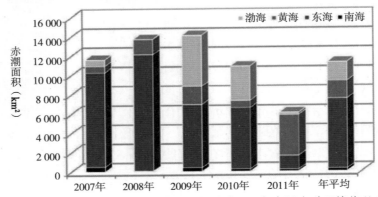

图11-10　2007—2011年中国海域赤潮发生面积(《2011年中国海洋环境状况公报》)

五、海洋酸化

工业革命以来，人类活动导致CO_2排放量迅速增加，对气候和环境造成了严重影响，主要表现为全球平均气温升高、旱涝格局发生变化等。人类活动释放的CO_2中约1/3被海洋吸收，并因此减缓了气候变暖，但也导致了海洋环境的明显变化。其中的一个重要变化就是使得表层海水的碱性下降，引起海洋酸化。CO_2是一种酸性气体，溶于水后会释放出H^+，海水中发生的这种简单化学反应，就可以使海水的pH降低（图11-11），而海洋酸化的影响是巨大的。虽然海洋酸化可能早就存在，但却是近年来才得到重视的全球性海洋环境问题。科学研究表明，由于人类活动影响，近百年来，CO_2排放已使海洋表层水体的pH降低了0.1，这表示海水的酸度，即H^+浓度已经增加了30%。有研究预测，表层海洋pH将下降0.3～0.4，这意味着海水中H^+浓度将增加100%～150%。图11-11中的化学方程显示，CO_2的增加会导致$CaCO_3$的分解，而$CaCO_3$是一些海洋动物壳体的主要成分，如贝壳、珊瑚礁等。海洋酸化会对海洋生物及生态系统造成广泛而深远的影响，然而，不同生物对酸化的敏感性和响应机制存在差异，为海洋酸化的研究带来了巨大挑战。

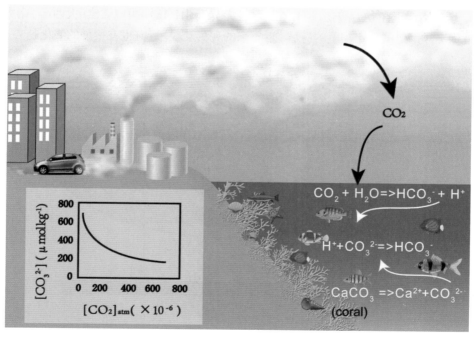

图11-11　海洋酸化示意图（https://biol326.wordpress.com/author/rohanbhan/）

最早的海洋酸化观测证据来自美国夏威夷岛的一个海洋观测站。夏威夷岛是太平洋中间的一个小岛，20世纪50年代，美国开始在此观测大气中的CO_2浓度。观测初

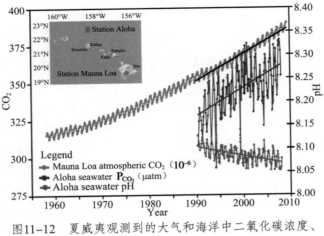

期,大气中的CO_2体积浓度约为$310×10^{-6}$,然后几乎直线升高,2010年该体积浓度已达$380×10^{-6}$(图11-12),而2013年曾记录了$400×10^{-6}$的高浓度。20世纪80年代后期,该观测站进一步开展了水体中CO_2分压(P_{CO_2})的观测。结果发现,海洋表层水体的P_{CO_2}也是逐年呈线性增加,并且大气中CO_2浓度与表层水体中P_{CO_2}浓度随时间变化的

图11-12 夏威夷观测到的大气和海洋中二氧化碳浓度、P_{CO_2}、pH的变化

(http://ioc-goos-oopc.org/state_of_the_ocean/acid/)

两条趋势线几乎平行(图11-12),也就是说,大气中CO_2浓度的增加,会导致海洋中P_{CO_2}的同步增加。海洋中pH的观测也显示,从20世纪90年代至2010年,pH已经有明显降低(图11-12),为海洋酸化提供了直接的观测证据。

全球海洋正在发生酸化,但存在区域性差异(图11-13)。可以看出,大西洋、南大洋和北太平洋都是酸化比较重的海域。近年来的观测发现,近海也有很强的酸化趋势。

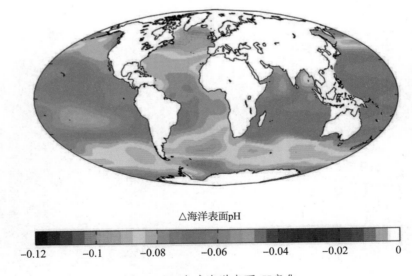

△海洋表面pH

图11-13 全球海洋表面pH变化

(https://upload.wikimedia.org/wikipedia/commons/9/9e/WOA05_GLODAP_del_pH_AYool.png)

六、围填海

如前所述的海洋环境问题,都是海洋中一种或多种污染物浓度增加导致的直接

或间接效应,我们可简单地称其为"污染性"环境问题。事实上,海洋环境与生态保护,还要考虑"非污染性"问题。例如,我国曾在20世纪50年代和80年代分别掀起了围海造田和发展养虾业两次大规模围海建设热潮,使沿海自然滩涂湿地总面积缩减了约一半。从1993年开始实施海域使用权确权登记到2010年底,全国累计确权填海造地面积达到 9.84×10^4 hm², 其中"十一五"期间,全国累计确权围填海面积 6.72×10^4 hm², 年均围填海面积 1.30×10^4 hm²。

围填海直接或间接对滨海湿地及近岸海域地形地貌和景观产生影响,导致许多重要的经济鱼、虾、蟹、贝类等海洋生物的产卵育苗场消失;同时,也加剧了我国近岸海域、海湾、河口的环境污染程度。近几年来,大规模的填海开发活动不仅是对生境的直接破坏,也表现为海洋理化环境的改变。特别是在大城市毗邻的海湾,由于填海建港、填海造地,使自然岸线缩短、湾体缩小、浅滩消失等。填海意味着破坏某些海洋生物乐于生存的栖息环境,如果处理不当会对有些濒危物种,甚至一些珍稀物种造成灭顶之灾,所以这种"非污染性"环境问题对海洋的影响也是非常巨大的。图11-14显示的是曹妃甸填海规模和布局。曹妃甸位于渤海湾北部,规划填海面积约310 km²,有8个澳门岛的大小。一项新的规划显示,到2020年以前,中国的填海面积还要超过2 000 km²,相当于几十个澳门岛大小,十几个厦门岛的面积。目前填海多是为经济利益,如果不考虑对海洋环境与生态的损害,填海的花费与购买现成土地相比要少得多。然而,在获得巨大收益的同时,大肆填海造地会带来难以治愈的后遗症。例如,1945—1978年,日本全国各地的沿海滩涂减少了约390 km²。其后多年,浅

图11-14 曹妃甸工业区填海造地布局

(http://www.tssv.cn/am900/UploadFiles_2959/200809/2008090410000497.jpg)

海滩涂仍然以每年约20 km²的速度消失。如此填海除了破坏生境，还可能间接加重海洋污染，使得近岸海域自净能力明显减弱，赤潮泛滥。后来，日本不得不采用各种办法来改变和修复近岸环境。虽然环境和生态有所改善，但付出的资金和人力是巨大的。尽管如此，要恢复到填海前的情况仍是非常困难的，日本近海的一些岸段，大面积森林消失，海洋中鱼虾绝迹，渔业遭受重大损失，生态系统彻底发生了改变。

第二节　我国海洋环境污染现状

经过多年的努力，我国已经建立了比较完善的海洋环境监测和评价体系。国家环保部每年发布《中国环境状况公报》，包含海洋环境的有关章节，从总体上把握近岸海域水质状况。国家海洋局每年发布《中国海洋环境质量公报》，以便让政府和公众全面认识我国海洋环境的基本状况，主要包括海洋环境状况、海洋生态状况、主要入海污染源状况、部分海洋功能区海洋环境状况、海洋环境灾害和突发事件等。各沿海省市也不定期发布其管辖海域的海洋环境质量公报。

我国近海分为渤海、黄海、东海和南海，通常情况下渤海和东海海水污染程度较重。近年来的公报显示，进入21世纪以来，我国海域环境污染形势依然严峻，某些海域仍有加重的趋势。

一、海洋水质等级

海洋环境污染状况可以用一个简单指标——水质来描述。根据水质的好坏，可将海水分为五类，即劣四类、四类、三类、二类、一类。其中，一类代表没有污染的清洁海水，二类及以上水体污染逐级加重。依据2001—2004年海水环境污染状况，渤海未达到清洁海域水质标准的面积有时高达渤海总面积的1/3，受污染程度较为严重（图11-15）；黄海未达到清

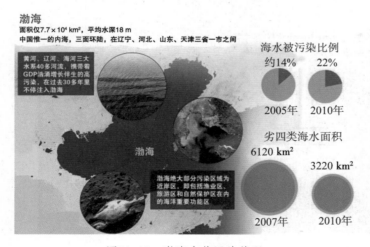

图11-15　渤海水体污染状况

（http://www.zgnyqss.com/news/zonghe/2011/0913/93489.html）

洁海域水质标准的面积中大部分为较清洁和轻度污染,受污染程度相对较低;东海主要污染区域相对集中且污染程度较重,主要集中在长江口和杭州湾海域,未达到清洁海域水质标准的面积中严重污染和中度污染比重相对较大;南海总体污染程度较低,未达到清洁海域水质标准的面积中大部分为较清洁和轻度污染,中度污染和严重污染海域主要集中在珠江口、汕头和湛江港近岸局部水域。

图11-16显示的是2000年、2006年和2012年我国管辖海域水质等级区域分布状况。可以看出,污染较重的四类、劣四类水体均出现在各大河口附近,如长江口、黄河口和珠江口等,表明陆源污染物主要通过河流入海,并对河口附近水域造成污染。此外,从图11-16还可以看出,2000—2012年,一些近岸区域,如渤海,污染较重水体的面积仍在逐渐扩大。2000年,渤海沿岸四类水体面积较小,主要集中在渤海湾,2012年,这一类污染水体的面积明显变大,已广泛分布于莱州湾、渤海湾与辽东湾。2001—2012年,渤海未达一类水质标准的海域面积的变化趋势也证实了这一点(图11-17)。这表明我国现阶段陆源排污的压力依然巨大,是造成近岸局部海洋污染严重的最主要原因。

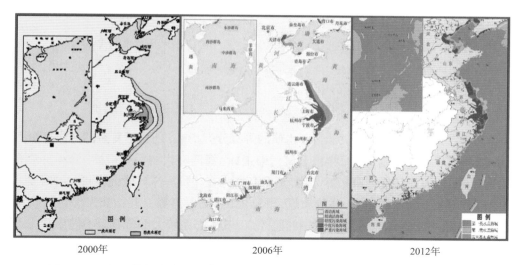

2000年　　　　　　　　　　　2006年　　　　　　　　　　　2012年

图11-16　中国管辖海域水质等级分布示意图(《中国海洋环境质量公报》)

整体来看,21世纪初至今,我国近海未达一类水质标准的污染水体面积变化并没有明显的趋势(图11-17),但需要引起重视的是,2001—2012年,污染较轻的二类水体所占比例明显变小,从最初的50%~60%降到了30%以下,这就意味着治理污染的难度越来越大。相比较而言,采取同样的治理措施,从二类轻污染水体恢复到一类清洁海水所需的时间相对较短;但从劣四类海水变成一类海水,则需要经历一个相当长的过程。因此,海洋环境污染治理工作的力度仍需加大,需要协调陆地人类活动和海洋开发活动的"海陆统筹",需要各相关部门和公众的共同努力。否则,"碧海梦"是很难实现的。

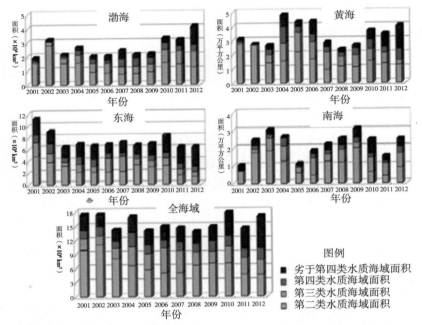

图11-17　2001～2012年中国管辖海域未达到一类海水水质标准的海域面积

（《中国海洋环境质量公报》）

二、海洋环境其他指标

事实上，描述海洋环境污染除了水质的等级分类指标，还有更复杂的海洋环境指标，如海洋环境健康指标、海洋重金属污染指标、海洋有机物污染指标、海洋富营养化指标等。以海洋环境健康指标为例，近几年国内在评价海洋环境健康状况的时候，引入了水环境、沉积物环境、生物质量、栖息地、生物群落等一些指数来综合评价海洋是否健康（图11-18）。在渤海周围的监控点，其生态系统大部分都呈不健康状态；东海和黄海的大部分监控点也呈不健康状态；长江口附近更多。而在南海，海洋健康状况明显优于渤海、黄海、东海，有些监控点（如北部湾）的生态系统呈健康状态，主要原因是这些海域受人类活动的影响相对较小，仍呈现出良好的自然状态。因此，在加大投入治理不健康海域的同时，要在环境管理上真正落实"以防为主"，对健康海域的保护至关重要。

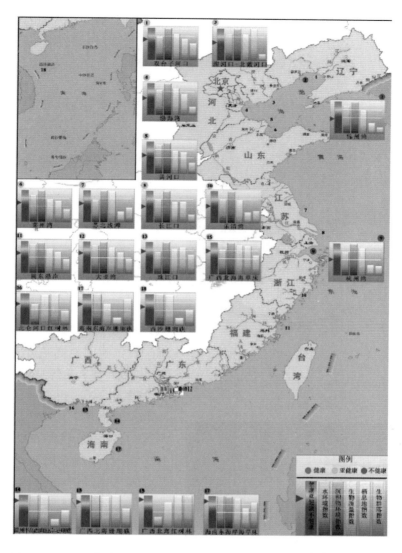

图11-18　2012年中国重点监控区典型海洋生态系统健康状况（《中国
海洋环境质量公报》，有节选）

第三节　海洋环境污染过程

海洋环境污染状况主要受四个关键过程控制，它们分别是污染物的来源与入海
量、物理迁移、化学转化及污染物的生物效应。污染物入海后，在海洋流体运动作用下
发生位置的变化，或由一种介质（如海水、沉积物、大气、生物体）向另一介质转移的

现象称为污染物的物理迁移。污染物由一种化学形态向另一种化学形态的转变则称为污染物的化学转化。污染物的生物效应是指污染物入海后对生物生长的促进或抑制作用，以及污染物在食物链中的传递及生物富集效应等。

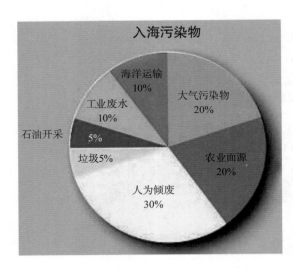

图11-19　海洋污染物的主要来源

（http://www.blueplanet.nsw.edu.au/chem—cmm—

sources-of-contamination/.aspx）

图11-20　长江口的水色分布

（http://www.ioccg.org/gallery/terra/asia/china/

yangtze_river/sep162000_large.jpg）

一、污染物的来源与入海量

海洋污染物的种类繁多，其来源也各异。总体来说，海洋污染物主要来自于陆地，约占70%，包括陆地上人类的日常生活、工业活动、农业活动、交通运输等。由图11-19可见，海洋污染物中有20%来自于大气向海洋的传输。如沙尘和灰霾天气下，大气中的颗粒物被输送到海洋上空并通过干、湿沉降过程进入海洋表面；农田施用的氮肥可挥发到大气中，以及采矿和冶炼过程释放到大气中的重金属等，也会通过大气的途径沉降到海洋中。来自于海洋的石油开采、海洋运输等活动的污染物约占15%，来自人为倾废的污染物（垃圾倾倒及污水排海）约占35%，农业面源污染入海量约占20%，工业废水排海的贡献为10%。

不同海洋污染物的来源大不相同。多数情况下，重金属，如铅、汞、铜等大多源自大气沉降，硝酸盐等富营养化物质可能以河流的输入为主。图11-20是长江口水色分布的卫星图片。从光学角度来看，河口区的海水颜色跟外海水体的不一样。这主要是由于长江携带了大量泥沙和其他陆源物质入海，其中包括工农业污染物和人们日常生活产生的废弃物。

二、污染物的物理迁移

陆源污染物经由河流和大气途径入海，在海气界面间的蒸发、沉降，进入水体后在海流、波浪、潮汐等流体动力学过程的作用下，随海水运动并经历的稀释、扩散过程，以及颗粒态污染物在海水中的重力沉降等，都属于物理迁移过程。

图11-21给出的是日本福岛核电站爆炸事故中泄漏物的迁移过程和影响范围。事故发生10天后（2011年3月21日），这些核泄漏物质影响范围很小，但随着时间的推移，它的影响范围越来越大。一年后，即2012年3月份，泄漏物已经扩散到太平洋的中部；两年后，即2013年3月份，泄漏物即将达到美国西海岸；三年后，泄漏物几乎遍布整个太平洋的中纬度区域，但对我国近海的影响还较小。究其原因，泄漏物的迁移方向和影响范围主要受海流的方向和强弱控制。太平洋中纬度海域，海洋环流的方向总体上是自西向东，美国在核事故的下游，因此受到了明显影响。而我国近海位于其背面，泄漏物对我国海域的大面积影响还需要更长的时间。泄漏物在海洋中还受到湍流扩散的影响，使污染物更加均匀地分布在海水中，从而使局部海域的污染物浓度降低。海洋是互相联通的，海水的运动形式多种多样，因此，研究海水运动的形态和变化对于认识污染物在海洋中的分布及评估其生态风险至关重要。

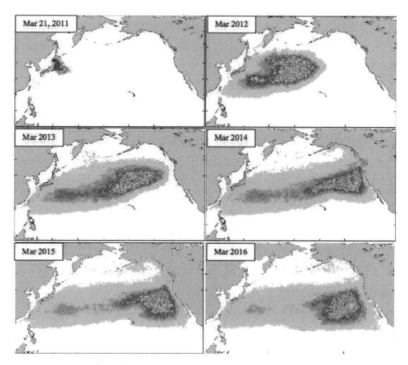

图11-21　2011年3月11日，福岛核电站爆炸泄漏物影响范围

（https://theoldspeakjournal.wordpress.com/tag/nuclear-fallout/）

三、污染物的化学转化

污染物之间或与海洋环境中的其他物质之间能够发生化学作用,如氧化、还原、水解、配位、分解等,称为污染物的化学转化。这一过程常常伴有污染物形态和性质的转变,比如从无机态变成有机态,或从有机态变成无机态;从无毒的变成有毒的,或从有毒的变成无毒的;颗粒态与气态的转变等。海洋中的化学转化过程多是在海洋生物的参与下进行的,即发生海洋生物地球化学过程。

例如,重金属污染物在富氧和缺氧条件下可发生电子得失的氧化还原反应,以及化学价态、活性及毒性等变化;或在海水中与无机或有机配位体作用生成配位化合物或螯合物,使重金属离子在海水中的溶解度增大,已经进入底质的重金属离子在此过程中有可能重新进入水体,造成海水的二次污染。此外,重金属在海水中经水解反应生成氢氧化物,或被水中胶体吸附而易在河口或排污口附近沉积,故在这些海区的底质中,常蓄积着较多的重金属污染物。

来自于溢油过程的石油烃是海洋中的重要有机污染物,其在海洋环境中的转化过程和归宿极其复杂,受到物理、化学和生物过程的共同作用。低分子量的烃类受蒸发过程影响进入大气,这些组分在大气中受光化学氧化而降解;海面油膜和表面海水中的油组分也可能通过光氧化而降解,但这种转化仅仅对低分子量的芳香烃和杂环芳香烃有较大的作用。而海洋生物参与的生物化学转化过程,则在高分子量的石油组分的去除中具有重要作用,可分为两个方面:海洋中的微生物对石油的降解作用,海洋生物对石油烃的摄取作用。

四、海洋污染的生物效应

污染物经海洋生物的吸收、代谢、排泄和海洋食物链的传递,以及尸体分解、碎屑沉降与生物在运动过程中,对污染物的搬运等物理化学过程,可能对生物的个体、种群、群落乃至生态系统造成有害影响,称为海洋污染的生物效应。污染物会在较短时间内改变海洋的环境理化条件,干扰或破坏生物与环境的平衡关系,引起生物的变化,甚至通过食物链传递对人体健康构成威胁。海洋生物对污染有着不同的适应能力和反应特点。海洋污染的生物效应可以是直接的也可以是间接的,有的是急性损害,有的是亚急性或慢性损害。海洋污染对海洋生物的损害程度主要取决于污染物的理化特性、浓度大小、作用时间和生物富集能力等。

污染物入海以后首先会发生物理迁移和化学转化,但其对海洋环境与生态系统的影响,最终是通过生物效应来体现的。20世纪80年代,在澳大利亚南部斯潘塞湾进行的一项研究显示,冶炼厂的排污(直接排海和大气沉降)造成了该湾重金属的大量富集。几乎所有生活在污染区100 km²内的植物和动物都累积有高浓度的铅、锌和锡;在污染区生长的海草表面看来长势尚好,但它们有很高的重金属含量,生产力也很低;重金属污染已经减少或消灭了20种在污染区海草中最常见的鱼（主要是小型的非商品鱼）。

污染物对生物的影响在很多情况下是长期的积累效应或食物链传递的结果。例如，《寂静的春天》书中讲述了杀虫剂的扩散与生物累积的影响。藻类吸收了水中的DDT（约10^{-6}）后，通过食物链将其传递到浮游动物以及小型鱼类，再到大型鱼类甚至鸟类，此时DDT浓度已经增加了百万倍到千万倍（图11-22），如此高的污染物浓度对生物的影响就可想而知了。

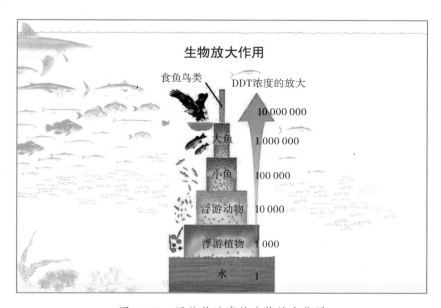

图11-22　污染物浓度的生物放大作用

（http://educ551rhainey.wikispaces.com/Biological+Magnification）

第四节　海洋环境保护策略

海洋环境被污染以后，可以通过什么方法来有效治理；或者说有没有使污染的海洋环境逐渐变好的成功先例？如果方法得当，答案是肯定的，但这需要很长时间。例如，20世纪50~70年代，日本快速的经济发展导致了严重的海洋环境污染，不过现在很多海域的环境质量已变得很好，这是后来几十年间投入大量人力、物力修复污染海洋环境的结果。地中海是一个生态非常脆弱的海区，法国曾把核废料倾倒其中。除此之外，地中海还曾受到其他来自陆地和海洋的污染，而现在那里的环境也非常好。美国的切萨皮克湾曾有丰富的鱼、蟹、贝资源，但20世70年代，该海湾富营养化严重，湿地遭受严重破坏，有害藻华频发，低氧区扩大，成为世界上典型的海洋死亡区。20世纪80年代后，经过营养盐限排和育幼场修复等，鱼、蟹、贝资源逐渐恢复。这些例子说明，我们要树立信心，并付出不懈的努力，被污染了的海洋环境一定会变好。但是措施是否得当，管理是否到位，是影响海洋环境改善的最根本因素。也就是说，除了认识海洋污染的现状及过程，还要对海洋环境进行有效的管理，才能够实现对海洋环境的有效保护。

根据竞争性和排他性，大体上可以将物品分成4类（图11-23），即私人物品、俱乐部物品、公共资源和公共物品。私人物品具有明显的排他性和竞争性，比如一件衣服是我的，其他人就不能穿。俱乐部物品的排他性是指对俱乐部以外的排他性，即这些物品归俱乐部成员所有，而非成员不可以占有，比如有线电视，只有入了

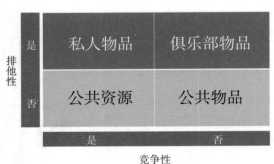

图11-23　物品性质分类示意图

网（成为注册成员）才能享用有线电视资源。公共资源不具有排他性，为大家所公有，不能说我可以去大海游泳，你就不可以去，但是存在竞争性，去的人超过一定数量，环境就容不下。还有一种物品，被称为公共物品，如路灯、国防安全等，既不具有排他性也不具有竞争性，大家可以一起享有。显然，海洋环境具有公共资源和公共物品的性质。对于这类公共资源和公共物品的破坏，即海洋环境污染和生态损害，公众会抱有什么样的态度？"公地悲剧"给出了很好的解释。

一、公地悲剧

20世纪60年代，英国科学家加勒特·哈丁写过这样一个故事。一群牧民同时在一块公共牧场上放牧。一个牧民想多养一只或者几只羊来增加个人收益，虽然他明知草场上羊的数量已经太多了，再增加羊的数目，草场的质量可能就会下降，这个牧民将如何取舍？这个牧民的通常选择是多养羊来获取个人收益，因为草场退化的代价不是由他本人而是大家共同负担。每一位牧民都如此思考和选择时，"公地悲剧"就上演了——草场持续退化，直至无法养羊，最终导致所有牧民破产。那么有什么办法或者说如何来阻止这种"公地悲剧"的发生？加勒特·哈丁给出了要阻止这种"公地悲剧"发生的3个必要条件。

第一个条件，必须建立一套"评判准则"和"衡量系统"，将那些不可衡量的变成可衡量的，对草场开展定量的分析。通俗地说，要通过科学研究告诉大家，这块牧场最多能养多少羊。如果羊的数量过度增加会产生什么样的后果？如果维持现状，草场会长得越来越好，还是长得越来越差？人们通过什么样的努力，才能使草场变得更好？

第二个条件，牢记"制约可以相互认同"，并正确加以应用。制约可以相互认同，是指针对牧场和放牧，大家必须有维护草场可持续发展的"公共意识"，并建立一条约束放牧的"公认规则"，谁也不可以打破。也就是说，第一，要用科学家的视野去认识草场到底能养多少只羊；第二，大家必须形成保护草场和有序放牧的共识，并坚定地遵守这个共识。

第三个条件，"评判标准"及"制约"所支持的有效管理，将能够阻止"公地"被进一步破坏。这就是说，规则建立之后，还需要第三方的有效管理，才有可能阻止草场的破坏。对公共资源和公共物品来讲，第三方就是政府，管理也就是公共管理。所以说，科学研究+公众意识+公共管理，才有可能使"公地"破坏被阻止。

海洋环境污染和生态破坏的"公地悲剧"正在上演，并仍将在相当长的时间内存在。海洋环境污染问题的治理，或者说海洋环境保护，也需要满足上述三个条件。海洋环境保护，政府的管理起主导作用，但需要科学研究、企业自觉、公众意识等多方面的有效协调和密切配合。

二、海洋环境管理的具体措施

海洋环境管理属于公共管理，主要是运用行政、法律、经济、科技等手段，维持海洋环境的良好状态，防止、减轻和控制海洋环境的破坏、损害或者退化的行政行为。它包括四个要素，即主体、客体、目的和结果（图11-24）。四要素之间通过一

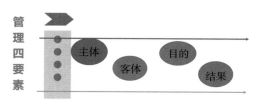

图11-24　环境管理四要素示意图

定的规则发生作用。海洋本身是一个复杂的生态系统，错综复杂的生物链及其与环境的相互作用维持着海洋生态系统的平衡。海洋环境管理就是从生态系统的角度出发，规范人类自身的行为，以实现人类与海洋的和谐共处、经济开发与环境保护的协调发展。

海洋环境管理是一个多主体、多目标的行政行为，其基本功能是协调客体之间的利益关系，以达到管理结果的最优化。关于海洋环境管理的基本理论与方法，读者可以参考相关专业书籍，这里仅介绍几个重要的基本概念。

（一）容量总量控制和目标总量控制

这两个概念包含了一个共同的词汇——总量控制，就是说要想改善或保证海洋环境的良好，对排污要实行总量控制，但如何控制则体现在两个不同的词汇，即"容量"和"目标"上，两个总量控制的概念也因此区别开来。容量总量控制规定的排污量受客观条件的限制，是根据海洋客观存在的环境容量确定污染物排海总量，即确保海域良好水质环境的前提下，控制企业或排污单元的排污量，以达到控制污染物排海总量和保持水质良好的双重目标。目标总量控制是以某一段主要污染物排放量为基数，根据规划的污染控制目标，安排下一步的削减指标和排放总量。两相比较，容量总量控制对于保护海

洋环境更为有利,但是这一管理方案的实施要以对排污单元和海洋环境的特点(尤其是环境容量)有非常深刻的理解为前提。就目前来看,由于排污口位置的设置、各排污单元现有排放量及其潜在排污量的具体限制,以及对环境容量认识的严重不足,以环境容量作为总量控制的依据实施环境管理仍然存在较大的难度,可操作性较差。因目标总量控制具有便于考核和控制,以及利于排污削减责任分配等优点,得到了普遍的应用。目前,国家环境管理部门也在积极推行从目标总量控制到容量总量控制的转变,以推进海洋环境的有效管理。

(二)海洋环境影响评价与海域使用论证

这也是我国推行海洋环境保护的重要措施。海洋环境影响评价,是根据环境质量目标,针对建设项目,如海岸工程建设、围海造地、油气开发、采挖砂石等,按照一定的评价准则和方法,对于海域环境要素和质量进行评价和预测。主要内容包括陆源污染物入海对海洋环境产生危害程度的评价;海上重大工程设施的兴建和海事活动,如码头、海上运输等对海洋环境影响的评价;海洋资源开发,如海上石油平台、海底矿产开发等对海洋环境影响的评价。海域使用论证,即通过科学的方法对我国内水、领海持续使用固定海域3个月以上的排他性用海活动进行的可行性分析。海域使用论证应坚持开发与保护并重,实现经济效益、社会效益、环境效益的统一;坚持集约节约用海,促进海域合理开发和可持续利用;坚持统筹兼顾,促进区域协调发展;坚持以人为本,保障沿海地区经济社会和谐发展;坚持国家利益优先,维护国防安全和海洋权益。主要内容包括:① 用海必要性分析,② 用海资源环境影响分析,③ 海域开发利用协调分析,④ 用海与海洋功能区划及相关规划符合性分析,⑤ 用海合理性分析,⑥ 海域使用对策措施分析。现阶段,我国的海洋环境影响评价和海域使用论证分别归口国家环保部和国家海洋局,但许多海洋开发项目同时要求开展两类评价或论证。

(三)基于生态系统的海洋综合管理

该综合管理是指在可持续发展目标驱动下,在对海洋生态系统组成、结构和功能充分认识的基础上,对人类开发利用海洋和保护海洋环境的行为实施的管理,以维持其良好的生态系统服务功能。传统的海洋管理是以海洋行政管辖区为基础,主要采用条块分割式的行业管理模式,管理的主要对象是人类活动。显然,基于生态系统的海洋综合管理方式更加合理,但也更加复杂。它要求管理者具有更高的素质,在管理过程中必须考虑人类活动及海洋环境与生态系统的多个方面,以及其动态变化过程(表11-1)。这一概念是20世纪90年代提出的,目前,世界各国都在尝试用这种方式来管理海洋,管理的目标不再以经济利益为主,而是海洋生态系统的健康和可持续的海洋生态系统服务价值。

表11-1　基于生态系统的海洋综合管理和传统管理的比较

管理属性	传统管理	基于生态系统的综合管理
管理主体	主管部门	相关管理机构
管理客体	人类活动	人类活动与生态系统
空间尺度	局部海域	区域海洋
时间尺度	短期变化	长期趋势
管理手段	政策性管理	适应性管理
管理目标	经济利益为主	生态系统服务功能

（四）海洋生态损害赔偿

海洋生态损害是指由于人为因素造成人身伤亡、财产损害、海洋生态要素灭失以及有害影响，进而导致生态系统紊乱，海洋生态性能、利用价值下降或灭失的不利影响。海洋生态损害赔偿，则是根据海洋生态损害的严重程度，由责任主体给予的经济或其他形式的补偿。我国海洋生态损害赔偿第一案是天津海事法院2004年判决的马耳他籍"塔斯曼海"号案。而在渤海蓬莱19-3油田溢油事件中，康菲公司与中海油支付16.8亿元人民币，用于赔偿生态损失和承担保护海洋环境的社会责任，则开创了我国石油勘探海洋污染事故生态赔偿的成功先例。1982年出台并在1999年进行修订的《中华人民共和国海洋环境保护法》的第八十五条规定："违反本法规定进行海洋石油勘探开发活动，造成海洋环境污染的，由国家海洋行政主管部门予以警告，并处二万元以上二十万元以下的罚款。"这部法律及相关法律中并没有提到石油勘探开发造成污染的生态赔偿问题。这个事件及其后期的生态损害索赔，使大家明白了一个道理——损害了公共的海洋环境与生态系统，就要有赔偿。这对我国海洋环境保护及其相关法律的修订具有划时代的意义。

我国正值经济社会快速发展时期，随之而来的海洋环境问题层出不穷，但我们希望海洋环境污染和生态破坏得到有效遏制，在未来不长的时间内回归到良性发展的轨道上来。这就要求认识海洋和管理海洋齐抓共管，需要自然科学与社会科学的交叉研究，需要"海陆统筹"，需要海洋环境管理各相关职能部门的共识和协调。

小结

在人类活动的强烈影响下，陆源和海源污染物入海量明显增加，海洋环境污染呈加重趋势，不仅表现为传统污染物（氮、磷、重金属等）在河口、海湾的逐渐积累，一些新兴污染物（如杀虫剂、抗生素、持续性有机污染物等）在近海区域也普遍检出。与此同时，海洋生态系统健康受损，滨海湿地遭到严重破坏，生物多样性下降，赤潮、绿潮、水母暴发等生态灾害频繁发生。因此，海洋环境保护的主要任务，不仅包括控制各类污染物的入海量，也包括修复和恢复海洋生态系统的功能，这将极大地依赖于科技支撑能力和环境管理水平的提高，以及海洋环保产业的发展。

思考题

1. 如何理解海洋富营养化？
2. 海洋酸化的主要原因和后果有哪些？
3. 海洋污染物的主要来源有哪些？
4. 我国海洋污染的特点是什么？
5. 论述海洋污染的生物效应。
6. 什么是海洋环境自净能力？
7. 讨论海洋环境管理的主体和客体。
8. 什么是基于生态系统的海洋综合管理？

参 考 文 献

［1］牟林，赵前. 海洋溢油污染应急技术［M］. 北京: 科学出版社，2011年.

［2］韩桂军，李威，付红丽，等. 日本福岛核污染对中国和美国近海影响的集合统计预测［J］. 中国科学: 地球科学，2013，43（5）: 831–835.

［3］刘慧，苏纪兰. 基于生态系统的海洋管理理论与实践［J］. 地球科学进展，2014，29（2）: 275–284.

［4］唐启升，陈镇东，余克服，等. 海洋酸化及其与海洋生物及生态系统的关系［J］. 科学通报，2013，58（14）: 1307–1314.

［5］张明慧，陈昌平，索安宁，等. 围填海的海洋环境影响国内外研究进展［J］. 生态环境学报，2012，21（8）: 1509–1513.

［6］张志锋，韩庚辰，张哲，等. 经济发展影响下我国海洋环境污染压力变化趋势及污染减排对策分析. 海洋科学，2012，36（4）: 24–29.

［7］DIAZ R J, ROSENBERG R. Spreading Dead Zones and Consequences for Marine Ecosystems［J］. Science, 2008, 321: 926–928.

［8］SANDERSON E W, JAITEH M, LEVY M A, et al. The Human Footprint and the Last of the Wild, BioScience, 2002, 52（10）: 891–904.

［9］LI D J, ZHANG J, HUANG, D J, et al. Oxygen depletion off the Changjiang（Yangtze River）Estuary［J］. Science in China: Series D, 2002, 45（12）: 1137–1146.

［10］HUIJER K. Trends in Oil Spills from Tanker Ships 1995 - 2004: International Tanker Owners Pollution Federation（ITOPF）Handbook［M］. London: ITOP F, 2009: 1–14.

第十二章　海洋调查

人类到目前为止还只能定居在陆地上，至多像蛋家人一样长期生活在船上。但是即使是这样，他们也离不开陆地的支撑。那么人类关于海洋的认识是从什么地方得来？特别是有关大洋深处的认识是从何而来呢？这就不得不从海洋调查说起了。海洋调查就是人类通过诸多技术手段对海洋中发生的各种现象及各种过程进行探查的一种活动。一方面，海洋调查使得人们了解海洋；另一方面，海洋调查为人类开发、利用、保护海洋打下基础。本章将从海洋调查的起源、现代海洋调查手段和海洋监测网等3个方面讲述海洋调查。

第一节　海洋调查的起源

现在很难找出明确的证据来说明海洋调查起源于什么时间或者起源于什么事件。其实和许多事情一样，人类的海洋调查萌发于早期的人类活动中，主要的驱动力是人类好奇的天性和对辽阔海域的向往。就像现在，人们来到海边坐下，一般来说会选择将椅子摆放得面向大海，这就体现了人们对大海的一种向往。

很多住在内地的人往往会觉得不可思议——海水怎么会是咸的呢？因此，不少初次来到海边的游客会有偷偷品尝海水的经历。这就是一种好奇心在驱使着人们去了解海洋里边的各种现象。海水的味道可以去品尝，海水的温度可以去感知，然而海洋中有许多变量不是人类的感官所能觉察到的，即使是温度等人类感官能够感受到的物理量，也会因为海洋的广度和深度限制了人类直接接触到的范围，而且这些量仅靠人类的感官也是不能精确地度量的。因此，海洋调查实际上是人类感触海洋世界活动的一种延伸，通过这种延伸，使人类达到对海洋较为全面的了解。

也许海水的味道是人们对海洋最早的认识。除此之外，水深应该是人们在对海洋认识过程中较早获取的一种数据。人们在迁徙过程中遇到大海的阻隔，肯定首先想知道水有多深，能不能对前进带来阻碍。这应当是在对水深进行科学测量之前人们就开始的活动。但是，水深的测量远远不限于这种用途。

众所周知，郑和是我国的著名航海家，在世界航海史上也流芳百世，他率领当时世界上最庞大的船队驰骋于大洋之上，创造了巨大的航海成就。然而在其生前及身后近500年间，他的巨大成就并没有被中国人所认识，甚至受到了非议。存于兵部的郑和航海档案，在郑和身故三四十年后就神秘失踪了。然而，仍有很多遗迹在民间被保留了下来，其中包括一些文献。比如在《武备志》中收录的一张图，就被认为是郑和当年航海时所绘制的海图。图中有许多标注，指示船只航行的路径，其中有一句话是"船取孝顺洋，一路打水九托，平九山"。

这句话中的"打水"就是测量水深的意思；"孝顺洋"指的是现在舟山海域牛鼻水道一带海域。这句话的意思是船在这个地方航行的时候，要一路不停地测量水深，沿着水深为九托的航线航行，就会到达九山这个海域了。一托即一庹，是指人平伸手臂后两指尖之间的长度。从这里看出，水深的测量不仅仅是用来防止船舶触礁搁浅，而且还是一种导航手段。

水深的测量不仅出现在古代中国，在世界其他地方也有。图12-1是近代西方的一艘战舰，从图中可以看出几名水手站在船舷外，手持一圈绳索，绳端系有重物，正在向海中抛掷来测量水深。测量水深的绳子被称为测深绳，一般地，绳头系着金属重块，从绳头开始在绳子上每隔一定距离做上标志。测深绳使用时，将带有重物的绳子抛到海中，令其自由下落。此时，绳子是绷紧的，一旦重物触底，绳子会出现松动。这时，根据绳子上的标记，就可以知道水深。

著名美国作家马克·吐温早年在密西西比河上做水手，耳边经常响起测量水深时的报数声。当测深绳端的重物触底时，水手会根据水面处测深绳上的标记喊："By the mark..."意思是水深到达哪一个记

图12-1　水手在战舰上测量水深
（http://en.wikipedia.org/wiki.Sounding_line，2014年4月25日下载）

号处了。马克·吐温把笔名取作 "Mark Twain" 即来源于此，意思是水深两英寻。英寻起初也是按照人平伸两臂后两指尖之间的距离来定义的，后来统一规定为6 ft，约合1.828 8 m。一英寻比中国的一庹要长，可能是西方人身材较高的缘故吧。

测深绳端的重物也藏着秘密，在其头部有一个凹洞，必要时里面塞上一些油脂或者蜡。当它到达海底时，会黏取一些海底的表层物质。船长根据粘上来的底质成分，结合积累下来的航海经验，可以对到达的海域做出判断，另外也可以对于船的抛锚等作业提供基础信息。

人们在对海洋的不断探索中积累了许多新的发现。其中，早期比较著名的就是湾流的发现。湾流是北大西洋副热带总环流系统中的西边界流，其流速强、流量大、流幅狭窄，具有高温、高盐的特征。这股强流将低纬度海区的大量热量输运到高纬度海区，使西北欧原本寒冷的地区变成温暖适居的地区。

湾流最早于1512年见诸文献，但是直到1770年，美国的富兰克林发表了湾流海图，才真正让大众认识到这一著名的洋流。富兰克林是美国著名的政治家，关于他大家所熟知的是他进行的用风筝引雷电的实验，实际上他对海洋科学也作出了贡献。

在美国独立之前，他担任英国驻北美殖民地的副邮政总监。他在工作中发现，英国的邮政船和美洲商船同时从英国出发而到达美洲的时间不同，邮政船往往要慢1~2周。对此，他感到非常奇怪。恰好他的一位表兄弟是位捕鲸船船长。经过和这位船长讨论发现：英国邮政船驶往美洲时，总是逆着一股海流航行；而美洲商船则对此海流有一定的了解，可以选择在这股海流的边缘航行，这样受到的阻力小，船自然就快一些。认识到这一现象后，富兰克林和几位捕鲸船的船长们通过观测海水的温度和水色把这支强流在海图上加以标示，并出版出来，供航海者使用。但这一发现并没有引起英国人的重视，直到几十年后这一海洋调查的成果才被他们采用。

在那一个时代运用海洋调查获取海洋知识然后加以应用的例子还有很多，但那些海洋调查活动都是零星且不成体系的，直到1872年，英国改装了一艘海军旧军舰，使其专门服务于海洋调查。这艘船被命名为"挑战者"号，英国人利用它开展了一次历时3年半的环球航行。"挑战者"号的整个航程近7万海里，途中进行了362个站次的测量，使人们对大洋洋底地形、海水温度乃至海水成分有了基本的认识；同时，还开展了大洋深层生物以及底层的底质采样。"挑战者"号的这次环球调查十分重要，它标志着现代海洋学研究的真正开始。这次全球大洋的调查拓宽了人类的视野，比如：此前人们并不知道海有多深，但这次调查使人们知道了海洋的深度远远超过人们过去的想象。1875年3月23日，他们在关岛和帕劳之间的海域测得的水深为8 184 m，是挑战者号航程测得的最深之处。1951年，就在此点附近"挑战者2"号发现了目前世界上已知最深的海底，水深超过10 000 m，科学家将其命名为"挑战者深渊"。

"挑战者"号另外一个更加重要的贡献是为现代海洋调查奠定了基础。目前，海洋调查船的许多做法仍然沿用当时的理念。"挑战者"号改装过程中，拆除了原有的18门大炮中的16门，这样就将主甲板腾出专门用来进行科学研究。船上的海图室中存放着水文、磁力和气象仪器，由船上海军的科研人员来操作使用。他们还负责测深、底拖网以及水温测量等外业工作。

"挑战者"号新增加了一个重要的实验室，那就是自然历史工作室，这在当时其他的考察船上是没有的。根据其功能来看（见图12-2），它是一个生物实验室，是将陆地上的生物实验室移植到了船上，并且针对海上航行做了许多细致的改动。在这个实验室中，可以将现场采集到的生物样品进行观察研究并制成标本。"挑战者"号上还有一个实验室是

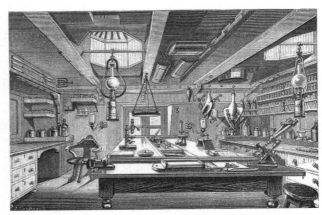

图12-2　"挑战者"号上的自然历史工作室（摘自Thomson，1877）

化学实验室，主要是对海水及沉积物的成分进行分析。科学家们还利用这个实验室对海水中溶解的气体进行了研究。这些研究直到现在还在继续，仍然很具有现实意义。

由于探测深海海底是挑战者号的一项重要任务，底拖网和测深就是非常重要的两项内容，为此"挑战者"号专门建造了一个平台来完成这两项任务，而且设计了专门的装置来进行拖网和测深。比如，测深装置是长1.67 m、直径6.35 cm、壁厚0.64 cm的铁管，外挂数百千克的压载（见图12-3），船上的考察人员使用绳子将此装置下放。当其触到海底时，铁管插入海底，重物脱落。根据放出的绳子长度，就可知道水深；而铁管中的沉积物，也同时被取了回来。"挑战者"号的测深装置实际上吸取了过去船舶航行中的测深经验，而"挑战者"号的海洋调查方式对现在仍有借鉴意义。

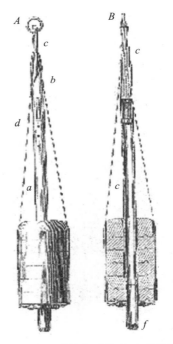

图12-3　"挑战者"号上的测深装置（摘自Thomson，1877）

第二节　现代海洋调查手段

以现代观点来看, 海洋调查就是借助技术手段对一定时空范围内海洋自身状态以及海洋内部过程给出定量结果的人类活动。由于人类不能天然地生活在水中, 所以只能借助一定的平台才能接触到海洋的全部; 因此, 海洋调查的技术手段首要的就是平台, 以便承载我们人类去观察海洋。采取什么技术手段去观察海洋可以分为两种: 一种是现场测量, 即采用某种仪器设备直接测量海洋的某一状态变量, 比如海水的温度、盐度或者水位、流速; 另外一种就是取样分析, 也就是要借助某种设施将海洋中的水、生物、底质等取到实验室中进行分析、获得结果。对海洋的某些变量来说只能通过现场测量来获得, 比如流速, 它是海水的运动状态而不是海水的特性, 因此只能现场获取; 另外一些则在目前的技术条件下只能取样分析, 比如许多有关海洋生物的特性, 只有获取样品回到实验室进行分析才能获得。现在的趋势是不断发展新技术, 将需要采样才能获得的数据变为现场获取。其中, 最成功的是盐度, 已经完全摆脱了取样后进行的复杂化学分析, 从而可以高时空分辨率地去获取数据, 这一突破极大地方便了海洋环流的研究。以下将以海洋调查所依托的平台为线索分别介绍现代海洋调查的各种手段。

一、船基观测

船基观测指的是借助科学考察船或其他船舶开展的海上调查活动, 比如"挑战者"号进行的环球考察就是典型的船基观测。一般来说, 在调查船上既可以开展现场测量, 也可以开展取样分析活动; 但有些调查船具备非常强大的特定海上调查功能, 这些就是特种专业调查船; 也有许多科考船是多用途的综合考察船, 可以开展多方面的综合调查。在这样的综合科考船上, 可以对海洋上空的大气进行观测, 比如风速、气温、湿度、大气压强和太阳辐射等; 也可以对水体进行观测, 比如海水的温度、盐度、海流和水位等; 还可以对海洋中的声、光、电现象进行观测; 另外, 海底的地形、地貌乃至地层结构等地质数据也可获取。上述这些要素都是用仪器就可以直接获得或者经过一定的数据处理就能提取的; 还有一些则必须取样后通过实验室分析才能获得, 如海水中的营养盐、溶解氧、二氧化碳、污染物等海洋化学相关的要素, 以及浮游生物、底栖生物等海洋生物相关的信息。由于船基海洋调查的内容极为丰富, 下面选择几种有代表性的进行描述。

(一)深度测量

海洋深度的测量尽管古已有之, 但就前述的测量方法来看, 其效率是很低的, 需要水手一个点一个点来测量。如果进入到深海区, 则会带来更多问题。首先, 准备这么长的绳子就有很大难度,而收放这些绳子则需要特殊的装备,而且绳子本身的弹性在深海测量中也会带来不小的误差。因此,目前海洋深度测量是依赖于特殊的声学测深仪器进行的。这个仪器的原理是简单的:在调查船上安装声学发射和接收装置,声学发射装置向海底发射声波,声波传播到海底会产生反射;反射波到达海面后被船上的接收装置听到,记下声波发射时间和收到反射波的时间;二者之间的时间差乘以声波在海水中的速度就可以计算出水深。原理尽管简单,但是若想使测量结果达到一定的精度和分辨率,仍然有许多因素需要考虑的。比如,声波的波束随着传播不断加大,到达海底后其覆盖的范围是较大的;如果海底地形复杂,其测量结果的代表性是值得怀疑的。

目前,在深海进行深度测量,普遍采取的是多波束测量的方式,也就是在调查船上同时发出一系列的声波波束,呈扇形分布传向海底(图12-4)。调查船接收多束反射波,然后通过一系列的数学计算,就可以得到调查船下方一个区域内的水深分布。这种测量方式可以在船舶运行时进行,这样在船舶运行的航迹下方获得了一个条带区域内的水深分布。如果船舶反复运行,就像拖拉机耕田一样,就可以获得整个区域内的水深分布。

目前,多波束测深的应用非常广泛,除了能够获得水深数据为进一步开展水下作业打下基础外,对大洋水深分布的认识也会带来基础科学研究上的深入。比如,对洋中脊的认识,就离不开高分辨率的水深数据。另外,多波束测深仪还被用来探查沉到海底的物体,其精度和分辨率足以分辨出海底沉船(图12-5)。

图12-4　多波束测深示意图
(http://www.coml.org/edu/tech/measure/
smfes-1.htm)

图12-5　多波束测深仪探测出的海底沉船
(http://en.wikipedia.org/wiki/Multibeam_
echosounder)

(二)流速测量

海水处在永无休止的运动中,对海水运动最原始的测量方式就是在海面上扔一节枯枝,看其漂流的速度大小和方向。这种测量方法的粗糙程度自不待言,其测量的局限性也是很明显的,比如对于深层流速的测量,它就束手无策了。这个问题直到100多年前才被瑞典海洋学家埃克曼解决。他发明了埃克曼海流计,能够在海洋深层同时测量流速流向,并且记录下来。其设计十分巧妙,完全使用机械装置来测量。该海流计应用十分广泛,直到20世纪70年代末期仍在使用。

随着电子技术的发展,目前的海流计已经很少采用机械方式了,而多采用电磁式以及声学的方式来进行测量。电磁式海流计只可以进行单点的测量,当调查船稳定不动时,从调查船上将海流计随绳子下放到某一深度处,可以测得那一点的流速;而声学式海流计则更多地进行流速剖面的测量,将仪器安装在船底或船侧,这样能测量流速剖面分布。

声学式海流计利用的是多普勒原理。海水中存在着一定数量的颗粒物,它们在很大程度上是随着水运动的。当声学式海流计发射出的声波打到这些颗粒物上时,会产生反射。但由于颗粒物是在运动的,因此反射回的声波在频率上会产生一些变化,就像火车经过时汽笛声调发生变化一样,这就是多普勒效应。根据这种频率变化就会推断出水中颗粒物的速度,也就得到了海水的流速(图12-6)。由于声波会穿透一定厚度的水体,在其传播过程中会不断遇到颗粒物,于是海流计不断收到回声。根据收到回声的先后,能确定测得的是离开海流计多远距离处的流速。安装在船底或船侧的声学流速仪,可以在调查船的航行中进行测量。这样能得到船的航迹之下水流速度的分布。

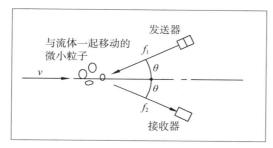

图12-6 声学流速仪测量原理
(http://www.wswj.net/dt2111111307.
asp?DocID=2111115239)

(三)水样采集及温盐剖面测量

要想获知海水的性质,必须获得海水。如果只想获取表层海水,相对是比较容易的,就像在井里打水一样用一个桶拴一根绳就可以办到。然而要想把海洋深层的海水取上来就不是一件容易的事了。特别是要精确地取特定深度处的海水,则更需要使用特殊手段了。使这一技术变得成熟的是挪威著名海洋学家南森,他在前人的基础上,发明了一种采水器,被称为"南森采水器"。

南森采水器是采水和测温相结合的观测仪器,其工作原理见图12-7。南森采水器由一个金属圆筒构成,圆筒两端有可开关的活门,由连接杆连在一起,控制两个活门同时开关。下放时,两端活门敞开,采水时活门关闭。采水器通过下端的固定装置及上端的释放装置固定在钢丝绳上。下放钢丝绳将采水器放到预定深度,沿钢丝绳滑下一个重块(称为使锤),撞击释放器,使采水器上端脱开钢丝绳,绕下端固定装置翻转;同时,关闭活门,将水样密闭起来。使锤继续下滑到达采水器下端,会停在那里并触发下一个预先放置的使锤。该使锤将沿钢丝绳下滑,对下方的另一个采水器进行触发。如此反复,可以使成串南森采水器工作,于是一次就可以采到不同层次的水样。

水温的测量并不能通过直接测量取得的水样来完成，因为在水样提升过程中，温度计会与周边的海水发生热交换而发生温度变化。为了解决这一难题，人们发明了一种特殊的温度计，称为颠倒温度计。它会随着南森采水器一起下放（即图12-7中采水器外附的细管状物），到达指定位置后，经过几分钟的感温时间，温度计中的水银柱高度不再发生变化，即与水温达到平衡。温度计是特殊设计的，当南森采水器发生翻转进行采水时，附在采水器上的温度计同时颠倒过来，温度计中的水银柱会与水银泡断开，水银柱的长度不再变化。这时，再将温度计提至水面，就可以知道采水器所处水层的现场温度。

南森采水器结构简单、工作可靠、使用方便，是各国早期常规使用的一种观测仪器，广泛应用在常规水文、化学和生物调查中。随着海洋研究的深入，南森采水器已不能满足现代海洋调查的要求了。比如，采水的深度是预先固定的，采水体积较小，而且由于海流的作用，下放采水器的钢丝绳并不能在水中保持铅直状态，因而不能准确地知道采样的深度。同样，颠倒温度计的数据空间分辨率低，不足以识别海洋的精细结构。

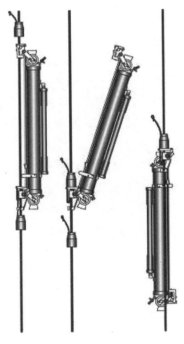

图12-7　南森采水器工作原理（http://oceanworld.tamu.edu/students/satellites/satellite2.htm）

以温盐深剖面仪（CTD）为代表的剖面观测系统和采水器系统是在南森采水器基础上的革命性进步。CTD的水下部分通过电缆与甲板单元连接，使用时，将仪器由海面匀速地下放，仪器同时测量所经过水体的温度、盐度以及测量时仪器与水面的距离；如果加装其他探头，还可以测量如溶解氧、叶绿素等参数。仪器可以实时地将数据传递回调查船的实验室中，让调查队员在仪器下放时了解海水结构，制定最优的采水方案。现代采水器仍采取一个圆筒两端加盖的形式。两盖之间用橡皮筋连接，使用时，多个采水器一起环绕在不锈钢架之上，采水器两盖开启，固定在位于不锈钢架中央的控制机构上（图12-8）。海洋调查队员可以在科考船上通过信号线向采水器控制机构发送信号，单独控制每个采水器关闭盖子来采水。与颠倒温度计相比，CTD可以在铅直方向上高空间分辨率地采集数据，得到整个水体温度、盐

图12-8　现代采水器的控制机构

度等的垂直剖面。

(四)海底沉积物的采集

　　泥沙、粉尘等颗粒物质会进入海洋,海洋中的生物过程也会产生一些颗粒物,最终它们会沉降到海底积累起来,其中蕴含着各种各样的海洋信息。因此,人们需要采集海底沉积物的样品进行分析。前面提到,古人在测量水深时也会顺便采集海底表层沉积物样品,但那时对样品的应用需求是很简单的,因此,所谓采样也是很粗糙的。

　　实际上,针对不同的研究需求,沉积物样品的采集有多种方式。最简单的一种是使用蚌式采样器(图12-9),其形状就像一个河蚌。下放前,将蚌壳张开,并用一机械装置固定其开口;然后用钢丝绳将其下放到海底,采样器碰到海底时机械装置会脱开对蚌口的固定;提拉钢丝绳,蚌口插入海底沉积物中并闭合,将其提升到调查船上,则可获得海底表层沉积物样品。这种采样器比较轻便,适用于近岸浅水使用;但是只能笼统知道采集的是海底表层的沉积物样,并不知道具体的深度。

图12-9　蚌式采样器
(http://www.watertools.cn/uploadfiles/hhs/Van%20Veen_1.JPG)

图12-10　箱式采样器
(http://www.gmgs.com.cn/klmmr/UploadFiles/20121228145623448.jpg)

　　另外一种则是箱式采样器(图12-10)。其外形是一个方箱,箱子的截面是边长15~30 cm的正方形,高度为几十厘米。箱底为可开合的装置,称为闭合铲。下放时,闭合铲打开;当采样器到达海底时,在自身重力作用下采样器插入海底沉积物中,提起时有机械装置使闭合铲闭合,将沉积物封闭在采样器中。由于采样器截面较大,取样时,采样器中部的沉积物基本不受扰动,这样就能把样品原状地取上来,对泥样可以进行分层地处理。另外,采样器上部也有活盖,泥样上部的海水也能被采集上来,这样就能研究海底界面处的物质交换。

还有一种取样器可以采集更长的样品,称为重力取样管(图12-11)。其主要结构是一个长取样管外加铅块作为重物。使用时,取样器在钢丝绳的控制下铅直下落到海底;在重力作用下插入海底;取样管的前端有一个经过特殊设计的刀口,使长取样管更易于插入海底且能防止进入管中的沉积物滑出取样管。这种方式可以取得数米长的沉积物样品,其中可能封存着几千年来的海洋环境遗痕,对于我们认识海洋环境的演变有极大帮助。

图12-11 重力取样管

由于进入取样管的沉积物与管壁之间有摩擦力,而随着进入管内的沉积物长度增加,摩擦力会随之加大,因此,沉积物达到一定长度后就无法再继续取样了。20世纪40年代,瑞典的海洋学家将取样管中加入一个活塞,就像注射器吸入药液一样。活塞与采样管之间的相对位置变化,就将沉积物样品更多地吸入到采样管中。这种方式可以使得取样长度达到或超过50 m,一方面大大地提高了取样深度,另一方面减轻了对沉积物样品的扰动。图12-12给出了重力活塞取样器的工作流程。从图中第一步可以看出,主取样管由黑色的钢丝绳牵拉着,还通过横梁悬挂着另外一个重物,在主取样管前部有一个红色活塞,连接在红色的钢丝绳上。第二步,科考人员在调查船上通过释放黑色钢丝绳下放整个装置,当重物到达

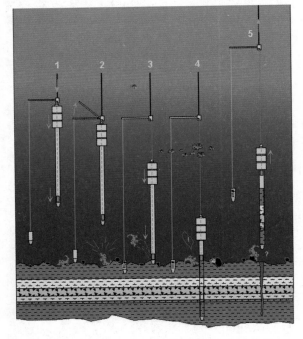

图12-12 重力活塞取样器取样过程示意图
(http://geologie.mnhn.fr/Collection_Marine/
moyens_mer/Carottage.GIF)

海底时,停止释放黑色钢丝绳,主取样管脱离黑色钢丝绳,自由下落。第三步,当主取样管到达海底时红色钢丝绳恰好伸直,将红色活塞位置限定住在海底处。第四步,主取样管继续下落插入海底,红色的活塞相对取样管则是向上运动,辅助沉积物进入管

内。第五步则将取样管取回调查船上。

（五）海洋浮游生物样品的采集

海洋中生活着各种各样的生物，针对不同的生物，采样方式也是不同的，此处仅对浮游生物采样进行简单描述。浮游生物的采样一般是使用网采的。浮游生物网的网目是不同的，可以采集不同体型大小的浮游生物。常规的浮游生物采样是采用垂直拖网（图12-13），网长一般在几十厘米到数米。采样时，将浮游生物网由细钢丝绳放到水底，然后垂直向上拖动。这时，海水会通过网口进入网中，大于网孔径的浮游生物留在网中，其他的则随着海水过滤出去。这样，由海底到海面以网口口径为底，整个水柱内大于网孔径的浮游生物都留在网中了。到达海面后，

图12-13　浮游生物垂直拖网

用海水从外部冲洗网具，就会把粘到网壁上的浮游生物都冲到网底的收集瓶中，在实验室中进行进一步分析。

还有一种是浮游生物的分层拖网。其基本原理是多套网具同时放到水下，每一套网具有自己单独的开口，人们可以控制何时开闭网口，这样在不同的水层可以只打开某一个网口，于是不同水层的浮游生物就可以被收集起来。

以上方法都是直接采样的手段。现在人们开发出图像采集系统来研究浮游生物的部分特性，这就是数字化自动浮游生物影像记录仪。它相当于把特制的摄像机放到水里，拍摄水中的情景。使用图像分析技术将摄像机中拍摄到的物体与已知的浮游生物进行比对，这样可以将许多浮游动物甚至部分大型浮游植物识别出来，提高了数据采集的时空分辨率，大大地提高浮游生物研究效率。

（六）深潜器的深海探索

借助海洋调查船对海洋进行探索，往往需要将仪器设备用绳索放到海中，这样人们就能获得对海洋深处的一些认识。但是，人们亲身到达海底去直接观察深海的愿望一直存在，载人深潜器的出现使这一愿望得以实现。实际上，人们一直进行着载人潜器的研究。在几百米的水深范围内，潜水艇技术已经变得十分成熟了；而科学上使用的载人潜器则下潜得要深得多。目前，最成功的载人潜器是美国的"阿尔文"号。它于1964年下水，其下潜深度为4 500 m，可以到达地球上63%的洋底。经过不断升级改造，至今已运行50年，成功下潜4 900多次，超过14 000人次随它下潜。它具有标志性的

科学成就是20世纪70年代末期发现的海底热液喷口, 为发现新的生命形式打下了基础。此外, 它还执行了许多次著名的任务, 比如: 1966年, 它在地中海发现了丢失的氢弹; 1986年, 对"泰坦尼克"号沉船进行了探查。

中国也在大力发展深海探测技术。自2002年国家设立"863计划"重大专项启动"蛟龙"号(图12-14)载人深潜器研制工作, 到2012年6月30日14时33分, "蛟龙"号浮出水面, 完成了中国"蛟龙"号7 000 m级海试的全部试验, 历时10年, 使中国成为世界上少数拥有载人深潜器的国家之一。2013年, "蛟龙"号完成了3个航段的试验性应用, 在南海开展了定位系统的试验, 在中国大洋协会多金属结核合同区进行海底视像剖面调查和取样, 以及在西北太平洋富钴结壳资源勘探区开展近底测量和取样。"蛟龙"号必将为中国在深海大洋研究中发挥巨大作用。

图12-14　"蛟龙"号载人深潜器入水
(http://finance.qq.com/a/20101018/001349.htm)

(七)深海保真采样

一般来说, 深海环境具有压强大、温度低以及无光等特点; 而在特殊的环境下, 如海底热液喷口附近, 温度则很高。因此, 在这些环境下采集到的样品不论是生物样品、沉积物样品乃至水样在上升到海面的过程中, 会经历非常大的环境变化。当样品到达海面时, 很可能已经无法体现其在深海时的性状了。以海水为例: 海水中溶解着各种气体, 当水样到达海面压力变小时, 其中溶解的气体便会散逸很多。因此, 将样品保持在采样时的环境下到达实验室中是非常重要的, 这就是保真采样。

保真采样首先要做的是保压, 也就是要保持压强, 这就需要一个特殊的容器来储存样品。2010年, 墨西哥湾"深海地平线"原油泄漏事件中, 由于事发在深海, 美国科学家就是利用保真采样器将泄漏出来的原油取样后, 在保真状态下运回到实验室进行分析。

（八）走航连续观测

调查船的作业方式往往是航行到一个站点进行采样、观测，然后再继续航行到下一个站点。现在，人们利用航渡过程开展一些走航连续的观测。在现代调查船上，会专门布设管道将表层海水抽到船上，然后将其送入不同仪器设备，可以测量得到表层海水的温度、盐度，营养盐、浮游生物、二氧化碳等的含量。这一切都是自动进行的，在船的航迹上就会得到表层海水各种性质的分布，而且这种采样的时空分辨率是很高的，能够发现一些中小尺度的现象。这种观测方式也被推广到一般船只上，比如定期的班轮，这样就能得到表层海水的性质的时间序列，可以进行时间演变的研究。

二、岸站、浮标、潜标、海床基定点观测

调查船是非常重要的海洋调查手段，然而它不适于进行长期定点的连续观测，而这样的观测，对于海洋科学的研究是十分必要的。定点连续的观测有多种方式，可以分为近岸的海洋站观测、浮标的观测、潜标的观测以及海床基的定点观测。

近岸的海洋站观测由来已久，其观测的主要要素是水位，往往在一些主要的港口设立观测站。它们最初并不是为海洋研究来设立的，纯粹是来源于生产实践的需求。由于船只进出港必须考虑到潮汐的情况，这就要求人们对水位有一个认识。在荷兰的阿姆斯特丹有一处历史遗迹，自17世纪以来，记录了阿姆斯特丹每天的最高、最低潮位。据称它是世界上最早开展潮汐观测的地方，这就是最早海洋站的雏形。而目前最长的潮位连续记录，是开始于1774年的瑞典斯德哥尔摩的水位观测。在我国，最早开展潮汐观测的地方是上海。由中国人自己设立的验潮站，则是开始于1930年的浙江玉环坎门验潮所。始于1900年的青岛大港验潮站，由于其数据序列长且质量优良，此点处的平均海平面成为中国大地高程基准。现在在沿海及岛屿有很多个海洋站，除了观测水位外，还观测水温、盐度、波浪等要素。

海洋非常广阔，仅靠岸边的几个海洋站不能对海洋有全面的认识。为此，人们在海洋中布设了不少浮标，在离岸的海域实时自动地监测着海洋。浮标的主体是一个大型浮体，它由几副锚将其固定。在浮标的海面以上部分装有气象观测仪器，水面以下部分装有温度、盐度、流速、叶绿素等探头，浮标体内则装有加速度传感器用来探测海浪。所有仪器探测到的数据，由数据采集器收集起来，通过卫星将数据实时地发回到陆地实验室中。整个系统一般采用太阳能供电（图12-15）。

在海上的浮标是非常明显的，它容易受到人类活动的影响，比如被过往船只刮碰甚至遭到人为的破坏。而且海面的自然条件也比较恶劣，风暴等会对浮标带来不好的影响。另外，浮标的观测往往只注重海洋表层，如果还关心从海面到海底整体的变化，则需要采取其他的方式，比如潜标。顾名思义，潜标意味着将浮体浸没在水下，浮体用一条长缆通过声学释放器与重块相连来将其固定。潜标的浮体距水面可以达到100~200 m

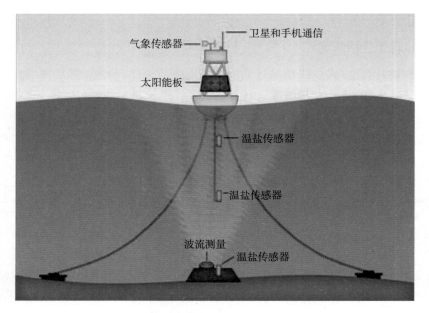

图12-15　浮标及海床基观测示意图

深，这样在水面上几乎无法发现它。缆绳上则可以布放各种仪器，比如温度、盐度、流速等传感器，一般来说这些仪器是各自独立的，自己具有电源和存储系统。回收时，人们可以通过遥控声学释放器使浮体脱开重块浮到水面，将各个仪器回收，从中获取数据。

如果只想获得流速剖面，则可以使用海床基的观测方式，即将测流仪器沉到海底，向上测量流速剖面。由于从仪器到海面的水中没有任何物体，既有利于仪器测量，也有利于仪器的安全。可用于海床基上的仪器有多种，比如，可以使用声学多普勒海流剖面仪（ADCP）来测量流速剖面，也可以使用压力传感器来测量水位的变化（图12-15）。这些仪器获取的数据，只能在仪器回收之后才能获得。有些海床基观测设施可以长期在水下工作，比如英国国家海洋中心的水位观测海床基设备，可以在水下工作10年。为解决数据回收周期太长的问题，工作人员在海床基上加挂数据浮标，每年有一个数据浮标脱离海床基并浮上水面，然后通过卫星将数据传回。这样既保证了有较好的数据获取周期，又保证了数据安全。

三、岸基、空基、天基遥感

调查船可以在海洋上驰骋，岸站、浮标、潜标和海床基观测实现了定点的连续观测；但是这些方式获取的数据仍是稀少的，而且花费巨大。随着遥感技术的发展，海洋观测和监测进入到了新的时代，从其所依托的平台分可以分为岸基、空基和天基。

岸基遥感是指将仪器布置在海岸而对海洋进行的一种观测，其中比较成熟的技术是高频地波雷达。雷达原本是用来发现舰船、飞机、冰山和导弹等海空目标的，但如果向海面发射高频短波，利用海洋表面对高频电磁波的散射机制，则可以从雷达反射波中获取风场、浪场、海面流场等信息。使用高频地波雷达测量表面海流时，测得的是离开雷达的速度。所以要想获得海面流速矢量，必须有两部雷达交叉地向海面发射无线电波，组合起来就能得到海面的流速分布。高频地波雷达作用距离可以在几十到几百千米，可以实现对海洋表面动力环境大范围同步的实时监测。目前，国内已有数套设备在业务化运行。

空基遥感是指利用飞机携带遥感仪器进行海洋遥感监测的方式。目前，这一方式相对不成熟，主要的困难在于遥感仪器平台。一般的载人飞机对起降有很高的要求，无人机的使用可能是未来发展的趋势。如果无人机能跟随调查船一起出航，具备在调查船起降的能力，则对调查船来说是一个很好的补充，可以快速地对调查船周边发生的海洋现象进行高分辨率的同步观测。

目前，应用最为广泛的遥感方式是天基遥感，即使用卫星作为平台进行对海洋的遥感。由于卫星轨道较高，可以大面积地对海洋同步进行观测，对许多海洋参数来说一周左右的时间就能达到对海洋的全覆盖，也就是说一周就能得到全球海洋表面的一幅图像。卫星遥感由于其覆盖范围大、时间分辨率高，开阔了人们的视野。比如，大洋中重要的波动形式罗斯贝波，尽管理论上已进行过确认，但只有在人们掌握了卫星遥感手段后，才真正地在海洋中看到这一波动的传播过程。另外，海洋遥感加深了人们对海洋的认识。有了卫星遥感获得的海表面温度分布后，人们才发现，原来海水在海洋中并不是那么平顺地流动，而是有许多中尺度现象存在。这大大地改变了人们对海洋的认识。2004年，人们从卫星遥感得到的海面高度异常中发现了印度洋海啸波传播的信号，这是人们首次在海洋中捕捉到海啸波传播波形。

四、水下航行器

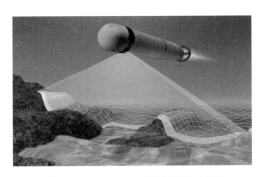

图12-16　AUV海底观测示意图
（http://www.cantechletter.com/2015/09/from-air-to-water-the-next-investment-frontier-for-drones/）

深入到海洋内部仍然是对海洋最直接的观测方式，因此，人们发明了水下航行器来对海洋进行观测并开展作业。有一种像潜艇一样航行的水下航行器，被称为自主式水下航行器（AUV）。它自身带有电源、导航和推进系统，可以沿着预先设定的航迹航行（图12-16）。2014年，参与搜寻马来西亚航空公司MH370航班的"蓝鳍金枪鱼"就是这样的系统。它上面携带着可以高精度探测海底地形的声学仪器，可以发现沉在海底的失事飞机残骸。

还有一种是水下遥控航行器（ROV），调查船通过一条电缆与其相连，将电力输送给ROV，并与ROV之间交换信息。人们在甲板上通过这条电缆向ROV发出指令，ROV上安装的摄像头则将图像等信息实时地传输到调查船上，方便人们操作。ROV上可以搭载各种传感器，但更重要的是它可以带有机械手，人们通过遥控使其完成各种动作（图12-17）。

图12-17　布放ROV
（http://www.hainei.org/thread-1442904-1-1.html）

不管是AUV还是ROV，其活动范围是有限的。前者受制于其自身携带的电量，后者则由于拖带着电缆也不可能离开调查船太远。这些都限制了它的应用，而且加大了使用成本。

五、漂流浮标、水下滑翔机

海洋研究受制于数据的稀少，而高昂的调查费用是关键原因。近30年来，发展低成本的海洋数据获取平台，成为重要的研究内容，漂流浮标等成为可能的方式之一。很早以前，人们就会利用海面上的漂浮物来确定海流的方向。当全球定位系统和卫星通讯系统建立起来后，将定位及通讯系统部件和其他的传感器封装在一个漂浮体中。该漂浮体受表层海流和海面风共同作用，可以在海洋中自由漂动，在其轨迹上，获取海洋表面的信息。

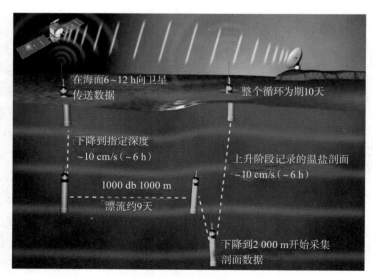

图12-18　ARGO剖面漂流浮标观测示意图
（http://celebrating200years.noaa.gov/magazine/argo/profile_cycle_650.html）

相对海洋表面而言，海洋内部信息的获取更加困难，考虑到海洋中海水的密度基本上是由表至底逐渐增加的，而且差异很小，人们设计出一种可以自行上下迁移的漂流浮标，称为ARGO剖面漂流浮标（图12-18），这种浮标在水中上下移动是通过调节其自身的密度实现的，其中一个方法是改变自身的体积。就像注射器一样，将活塞从针筒中抽出多一些则体积大些，进入针筒多一些则体积小些，由于质量不变，则密度就会有相应改变，这样仪器就能自如地在水中上下浮动。由于垂向上海洋密度变化很小，这种操作耗费的电力不大，仪器可以长期地在水中工作，目前，标准的ARGO剖面漂流浮标先下潜到1 000 m水深处，漂流9天，再继续下潜至2 000 m水深处，整个过程不断进行温盐剖面观测，然后上浮定位并发送数据，完成一个循环。每个ARGO剖面漂流浮标的设计标准是可以进行150个循环观测。

这些ARGO剖面漂流浮标只能随波逐流，在水平方向上没有自主航行的能力，这就无法执行人们事先确定好的调查任务。水下滑翔机（图12-19）的问世突破了这一限制。它同样也是通过调节自身的密度使其在海洋中上升下降，但同时它装有机翼，就像滑翔机一样巧妙地将垂直运动转换为水平运动，配合上尾翼就可以定向运动，沿着规定的航线行驶。一般情况下，水下滑翔机每经过几个周期要上升到海面进行位置的校准和数据传输，这时可以接收新的指令并驶向新的目标。目前，水下滑翔机经过为期约半年的航行可以横渡大西洋，使得观测成本大大降低，代表了未来海洋监测的发展趋势。

图12-19　水下滑翔机

（http://auvac.org/configurations/view/49）

六、海洋观测信息网络

传统的海洋调查，往往是一个航次回来经过长时间的样品分析、资料整理、深入研究然后得到结果，整个周期很长。随着海洋科学技术的发展，人们对海洋信息实时性的需求越来越强，海洋观测数据产生的速率也越来越快。新的观测手段要求人与观测设备之间、各观测设备之间能够进行大量而快速的信息交换，需要有相应的信息技术对海洋调查进行支撑。

现今，海洋观测信息网络的研究已经提到议事日程上了。这其中包括硬件技术上的突破，比如水下互联网的建设。目前，人们正在研究能否使用声学技术在海洋内部建设互联网。如果有了这样的网络环境，再开发出相应的应用程序，人与仪器之间、各仪器之间也许就像现在我们使用手机一样，可以极其方便地交流。做到这一点似乎还很遥远，但现在美国已经在湖泊中建设了试验网，也许这一天已经不远。

即使技术问题能够解决，建设全球海洋观测信息网络仍然存在着难点，原因是在国家之间、一国之内各部门之间存在着利益的纷争。不过目前世界范围内气象资料已经共享，且推动了气象预报的发展，预期在将来大部分海洋资料的全球实时共享是有可能实现的。

第三节 海洋观测网

当今，世界海洋调查在很大程度上已不是探险，人们对海洋已经有了基本的认识，需要更细致地对海洋中的各种时空尺度的过程进行研究。因此，需要将全球的观测力量整合起来，共同认识海洋，这就是海洋观测网的概念。

一、全球海洋观测系统（GOOS）

图12-20 全球海洋观测系统（GOOS）示意图
（http://unesdoc.unesco.org/
images/0018/001878/187825E.pdf）

目前，国际上有一个重要的国际合作计划，叫做全球海洋观测系统计划。这个计划的目的是鼓励各国合作使用各种技术手段，获取一定时空覆盖率的海洋数据，建立信息系统使各自获取的海洋数据能快速集中汇总并分发出去。这些数据将被决策部门用来进行海洋管理，同时公众也可以利用这些数据加深理解变化中的海洋。图12-20是全球海洋观测系统计划的示意图。从中可以看到，前面提到的多种现代海洋观测仪器，如调查船、浮标、漂流浮标、自主式水下航行器、水下滑翔机等，都可以在海面通过与卫星的通讯连接在一起。

全球海洋观测系统是将现有的相互独立的观测系统整合起来，其中非常重要的一个就是ARGO系统。ARGO本身就是一个国际合作计划，各国自己投资将ARGO剖面漂流浮标布放到各自感兴趣的海域，所获得的数据汇入到ARGO数据平台。各国获得的所有数据向公众开放。ARGO计划开始于2000年，截至2007年11月，ARGO计划获得了100万条温盐剖面，这远远超过了有史以来人类获得的海洋垂向剖面数据。从空间上看，ARGO获得的数据使人们对于全球2 000 m以浅的上层海洋状态有了更加

334

全面的认识。在时间上，数据获得后的几个小时之内公众就可以得到，而经过处理则可以得到月平均的格点数据；如果放低质量要求的话，周平均或旬平均的数据也可以得到。由于各国不断地投入新的浮标，目前仍有3 900余个ARGO剖面漂流浮标在运行（图12-21）；但是浮标的分布并不均匀，有些地方仍是空白。在深度上，这些浮标只能到达2 000 m以浅，需要发展深海ARGO剖面漂流浮标。

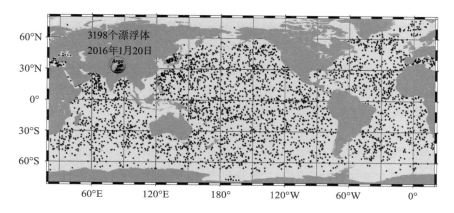

图12-21　ARGO剖面漂流浮标分布图（2016年1月20日之前一个月内活跃的）
（http://www.argo.ucsd.edu/index.html）

在全球观测网中还有一个重要的浮标阵列即TAO/TRITON浮标阵列（图12-22）。这个浮标阵列是在热带海洋全球大气（TOGA）国际合作计划支持下，从1985—1994年历时10年布设完成的，沿着赤道太平洋从亚洲一直布放到美洲，约有70套锚系浮标组成。这套系统主要测量海表面的气象条件和海洋500 m以浅的水温剖面。依靠这套浮标系统提供的数据，人们解释了厄尔尼诺这一气候现象，推进了海气相互作用理论的发展。现在人们依然依靠这套浮标的数据在监测、预测厄尔尼诺事件的发生。

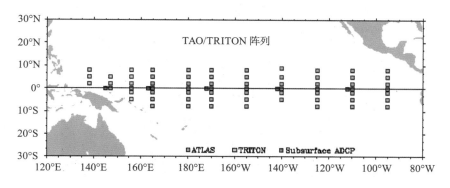

图12-22　TAO/TRITON浮标阵列分布图
（http://www.pmel.noaa.gov/tao/proj_over/proj_over.html）

二、海洋观测网的应用

现代海洋观测网的应用是非常广泛的。首先，它对于人类认识海洋乃至认识自然起到了不可或缺的作用，如前所述的TAO／TRITON浮标阵列对热带海洋动力学理论的贡献即是一例。另外一个例子是夏威夷海洋时间序列项目（HOT），自1988年开始人们每月一次前往夏威夷瓦胡岛以北100 km处进行观测，观测项目包括水动力、化学、生物等各种指标。其中的指标有二氧化碳分压和pH。目前，这个研究已经持续了26年，航次超过260次。根据这些观测得到的数据可以看出，近20多年来，海洋中的二氧化碳持续上升，pH持续下降，而且这种变化表现出表层比底层大的趋势。这就说明海洋的酸化越来越严重，且向深海扩散。这些认识如果没有HOT站的观测数据支持是无论如何得不出的，因此长时间序列的观测十分必要。

海洋观测网第二个重要作用是服务于海洋气象预报。地球表面70%以上被海水覆盖，也就是说大气的下方大部分是海水。因此，海水的变化肯定要影响大气的活动，海洋和大气之间存在着强烈的相互作用。海洋遥感可以较准确地给出海表面的温度分布，为准确的气象预报提供了保证。对海洋自身的预报来说，目前的观测数据比较稀少。采取数据同化技术可以将这些观测数据引入到预报系统之中，为提高预报精度做贡献。

另外一个例子是海洋灾害的预警，现在已经将海洋监测应用到海啸预警中了。海啸是由于海底地震或火山引起的，目前受制于对地震的认识，海啸的预警时间窗口

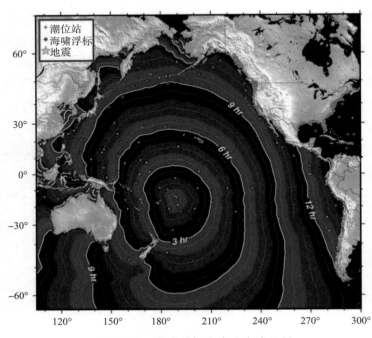

图12-23　海啸浮标分布及海啸示例
（http://victoriastaffordapsychicinvestigation.wordpress.com/）

只能在侦测到发生地震后到海啸波到达之间。由于刚发生地震时对于海底变形并不能清楚了解，因此，海啸波能否形成，向何处传播也就无从得知。这样会导致海啸的误报、漏报。为此，人们发明了海啸浮标，将其布置到海啸波可能出现的路径上（图12-23）。海啸浮标的核心传感器是布放在海底的压力传感器，利用它测到的压强可以反算出水深，在海洋中水深的变化主要是潮汐引起的，非常有规律，事先可以进行准确的预报。而海啸波传来时，水深会发生异常变化。这时，浮标可以将此信息迅速传回实验室，人们据此可以做出较为准确的预警。

小　结

海洋科学是一门以观测为基础的科学，而对海洋的观测是伴随着人类开始利用海洋而产生的，远远早于海洋科学的诞生。早期观测的要素和手段极为有限，只能借助于简单的测深绳测量水深，用漂浮物估量海表面流速，或者用肉眼目测海况及水色、透明度等。直到近代，人们才开始使用特制的仪器设备来开展观测活动，比如原位测量海洋表层以下的水温、流速，采集大洋深处的水样、生物样或者沉积物样品等。这时，人们可以有针对性地对某一海域开展综合系统的观测，这就是海洋调查。这些仪器和设备最初都是机械式的。自20世纪80年代起，电子技术应用到海洋仪器领域。CTD、电磁式海流计开始广泛应用，声学、光学技术的融入，使得仪器的测量空间范围和要素种类有了长足进步。比如，ADCP可以同时测量一个剖面上的流速分布，光学传感器可以现场测量叶绿素浓度等。特别是发展出了非接触式测量的方式，也就是遥感技术的应用，使得人类可以大范围同步地获得一些海面的参数。

由于人类生活于陆地之上，因此要开展海洋调查必须依赖于一些平台。船是最常见、最重要的观测平台，而新近发展了各种海洋平台，包括漂浮式、锚系式、坐底式、升降式、自航式、岸基式等平台。这些平台搭载着各种仪器和传感器，在海洋中进行观测，结束了过去单一的船舶观测的局面，大大丰富了对海洋的观测能力。

海洋宽广深邃，一台海洋仪器或者一次海上调查只能获得非常有限的离散海洋信息，显然不能满足人们全面了解海洋的需要。这样就出现了海洋观测网的概念，将各种仪器平台集成在一起，获得的信息及时地汇总到数据中心，进行加工处理，然后及时地分发，为专业人员、决策者和公众服务。

海洋观测是了解海洋的手段，海洋观测技术是支撑海洋观测的手段。因此，海洋科学的进步形成了对海洋观测及观测技术的巨大需求，吸引了越来越多的人员投身到海洋监测领域中。

思考题

1. 海洋调查的起源是什么？

2. 水深测量的作用是什么?

3. 深海调查与太空探索相比其难度有哪些?

4. 试列出几种海洋调查的要素和仪器。

5. 为什么说英国 "挑战者" 号的环球考察奠定了海洋学的基础?

6. 海洋卫星遥感获取数据的优势是什么?

7. 试想一下, 信息技术在海洋调查中会发挥什么作用?

8. 海洋调查目前面临的挑战是什么?

参 考 文 献

[1] 侍茂崇, 高郭平, 鲍献文. 海洋调查方法导论 [M]. 青岛: 中国海洋大学出版社, 2008.

[2] JOSEPH A. Measuring Ocean Currents: Tools, Technologies, and Data [M]. Amsterdam: Elsevier, 2013.

[3] ROBINSON IS. Measuring the Oceans from Space: the principles and methods of satellite oceanography, Berlin: Springer, 2004.

[4] THOMSON C W. The Voyage of the Challenger: The Atlantic Vol. 1 [M]. Cambridge: Cambridge University Press, 187.

[5] DEXTER P, SUMMERHAYES C P. Ocean Observations-the Global Ocean Observing System (GOOS) [M] // PUGH D, HULLAND G. Troubled Waters: Ocean Science and Governance. Cambridge: CUP, 2010: 161–178.

[6] MIKHATLOV N N, VYAZILOV E D, LOMONOV V I, et al. Russian marine expeditionary investigations of the World Ocean [C] // International Ocean Atlas and Information series: 5. Silver Spring: NOAA, 2002.

词汇表

ADCP

ARGO

AUV

CTD

GOOS

传感器

低潮

保真

副热带

厄尔尼诺

原位

取样

叶绿素

同步

回声

定点

岸基

岸站

拖网

校准

样品

水层

水样

水温

水色

沉积物

沉降

浮游生物

海啸

海图

海平面

海流

海浪

漂流浮标

潮汐
监测网
考察船
透明度
遥感
遥控
酸化
验潮站